本試験によく出る！

甲種危険物

テキストがいらないくらい解説が充実した

問題集

工藤　政孝【編著】

弘文社

まえがき

本書は，「わかりやすい！甲種危険物取扱者試験（弘文社刊）」の続編として企画，編集されたものです。

その主な編集方針は，かつて乙４危険物の問題集にも記しましたが，「**問題集は最高のテキストである**」という言葉に尽きると思います。すなわち，テキストには，一般的に試験で出題されるポイントに対して，かなり多めの範囲まで網羅されているのが一般的です。

それに対して問題集の場合は，それがすぐれたものであるほど，出題のポイントばかりをよくついた内容となっています。つまり，**無駄が少ない**…言い換えれば，**効率的な内容**となっている，といえるのではないかと思います。よって，ある程度の予備知識がある方なら，問題集を先にやってポイントを把握し，テキストは，そのポイントを補足する資料として利用する，という方法が，合格への効率的学習法ではないかと思います。

本書は，このような考え方に基づいて，企画編集した問題集です。

その主なポイントは，次のとおりです。

- 本試験でよく出題されている問題には，それにふさわしい**マークを表示して**“メリハリ”を付け，短期合格を目指す方にとっても使い勝手がよいように工夫した。
- 重要な問題には，テキストが不要だと思えるくらい，**解説を充実させた**。
- **出題の可能性のある問題**をできるだけ取り入れた。

以上のような特徴によって編集してありますので，「自分は時間が多少かかっても，確実に合格通知を受け取りたい」という方はもちろん，「重要マークの問題を中心にして短期合格を目指したい」という方にとっても，そのニーズに応えられる問題集であると確信しております。

ぜひ，本書を有効に利用して，合格の栄冠を見事，勝ち取っていただきたいと思います。

著者

本書の使い方

本書を使用するにあたり，次の点に留意してください。

なお，問題の並び順は，「わかりやすい甲種危険物取扱者試験」に準じています。

1．特急マークと急行マークについて

本書においても，「わかりやすい甲種危険物取扱者試験」同様，非常に重要な問題には特急マーク 特急★★ を，重要な問題には急行マーク 急行★ を問題番号の横に表示してあります。

従って，すべて問題を一通り解いたあとに，時間がない場合は，この特急マークと急行マークを優先的に解答していけば，より時間を効率的に使うことができます。

なお，特に出題頻度の少ない問題には イマヒトツ… マークを表示してあります。

2．解答番号について

本書では，問題を解いている際に，解答番号が目に入らないよう，問題の解答は，原則として，次ページの下欄に表示してありますので，注意してください。

3．解答カードについて

本書の 411 ページには，解答カードを表示してあります。本試験では，この解答カードとほぼ同様なカードを使って記入していきますので，このようなスタイルに慣れておいてください。

4．<問題＋α><解説＋α>について

本文中の問題や解説を補足する場合に付け足してあります。

5．分数の表し方について

たとえば，$\frac{1}{2}$ を本書では 1/2 と表している場合がありますので，注意をしてください。

contents

受験案内

(1) 試験科目，問題数及び試験時間数等は次のとおりです。

種類	試験科目	開題数	合計	試験時間数
甲種	① 危険物に関する法令	15問	45問	2時間30分
	② 物理学及び化学	10問		
	③ 危険物の性質並びにその火災予防及び消火の方法	20問		
乙種	① 危険物に関する法令	15問	35問	2時間
	② 基礎的な物理学及び基礎的な化学	10問		
	③ 危険物の性質並びにその火災予防及び消火の方法	10問		
丙種	① 危険物に関する法令	10問	25問	1時間15分
	② 燃焼及び消火に関する基礎知識	5問		
	③ 危険物の性質並びにその火災予防及び消火の方法	10問		

(2) 試験の方法

甲種及び乙種の試験については五肢択一式，丙種の試験については四肢択一式の筆記試験（マークカードを使用）で行います。

(3) 合格基準

甲種，乙種及び丙種危険物取扱者試験ともに，試験科目ごとの成績が，それぞれ60%以上であること（乙種，丙種で試験科目の免除を受けた者については，その科目を除く）。

つまり，甲種の場合，「法令」で9問以上，「物理・化学」で6問以上，「危険物の性質」で12問以上を正解する必要があるわけです。この場合，例えば法令で10問正解しても，「物理・化学」が5問以下であったり，あるいは「危険物の性質」が11問以下の正解しかなければ不合格となるので，3科目ともまんべんなく学習する必要があります。

(4) 受験願書の取得方法

各消防署で入手するか，または（一財）消防試験研究センターの中央試験センター（〒151－0072　東京都渋谷区幡ヶ谷１－13－20　TEL 03－3460－7798）か各支部へ請求してください。

(5) 受験資格

乙種，丙種には受験資格は特にありませんが，甲種の場合，次の受験資格が必要となります。

対　象　者	内　　　容	願書資格欄記入略称	証明書類
〔1〕大学等において化学に関する学科等を卒業した者	大学，短期大学，高等専門学校，専修学校大学，短期大学，高等専門学校，高等学校，中等教育学校の専攻科防衛大学校，職業能力開発総合大学校，職業能力開発大学校，職業能力開発短期大学校，外国に所在する大学等	大学等卒	卒業証書写し又は卒業証明書 化学に関する学科又は課程の名称が明記されているもの
〔2〕大学等において化学に関する授業科目を15単位以上修得した者	大学，短期大学，高等専門学校（高等専門学校については専門科目に限る），大学院，専修学校（以上通算可） 大学，短期大学，高等専門学校の専攻科防衛大学校，防衛医科大学校，水産大学校，海上保安大学校，気象大学校，職業能力開発総合大学校，職業能力開発大学校，職業能力開発短期大学校，外国に所在する大学等	15単位	単位修得証明書又は成績証明書 化学に関する授業科目を証明するもの
〔3〕乙種危険物取扱者免状を有する者	乙種危険物取扱者免状の交付を受けた後，危険物製造所等における危険物取扱の実務経験が２年以上の者	実務２年	乙種危険物取扱者免状写し及び乙種危険物取扱実務経験証明書
	次の４種類以上の乙種危険物取扱者免状の交付を受けている者 ○第１類又は第６類 ○第２類又は第４類 ○第３類 ○第５類	４種類	乙種危険物取扱者免状写し

〔4〕その他の者	修士，博士の学位を授与された者で，化学に関する事項を専攻したもの（外国の同学位も含む。）	学位	学位記等写し化学に関する専攻等の名称が明記されているもの

なお，過去に甲種危険物取扱者試験の受付を済ませたことのある方については，その時の受験票又は試験結果通知書（資格判定コード欄に番号が印字されているものに限る。）の原本（コピー可）を提出することにより受験資格の証明書に代えることができます。

(6) 受験申請に必要な書類等

一般的に，試験日の1か月半くらい前に受験申請期間（1週間くらい）があり，その際には，次のものが必要になります。

① 受験願書

② 試験手数料（甲種6,600円，乙種4,600円，丙種3,700円）

所定の郵便局払込用紙により，ゆうちょ銀行または郵便局の窓口で直接払い込み，その払込用紙のうち，「郵便振替払込受付証明書・受験願書添付用」とあるものを受験願書のB面表の所定の欄に貼り付ける。

③ 既得危険物取扱者免状

危険物取扱者免状を既に有している者は，科目免除の有無にかかわらず，免状の写し（表・裏ともコピーしたもの）を願書B面裏に貼り付ける。インターネットによる電子申請は一般財団法人消防試験研究センターのホームページを参照して下さい。https://www.shoubo-shiken.or.jp

(7) その他，注意事項

① 試験当日は，受験票（3.5×4.5 cmのパスポートサイズの写真を貼る必要がある），黒鉛筆（HB又はB）及び消しゴムを持参すること。

② 試験会場での電卓，計算尺，定規及び携帯電話その他の機器の使用は禁止されています。

③ 自動車（二輪車・自転車を含む）での試験会場への来場は，一般的に禁止されているので，試験場への交通機関を確認しておく必要があります。

※受験案内の内容は変更することがありますので，必ず早めに各自でご確認ください。

(8) 受験一口メモ

① 受験前日

これは当たり前のことかもしれませんが，当日持っていくものをきちんとチェックして，前日には確実に揃えておきます。特に，受験票を忘れる人がたまに見られるので，筆記用具とともに再確認して準備しておきます。

なお，解答カードには，「必ずHB，又はBの鉛筆を使用して下さい」と指定されているので，HB，又はBの鉛筆を2～3本と，できれば予備として濃い目のシャーペンと，消しゴムもできれば小さ目の予備を準備しておくと完璧です（試験中，机から落ちて“行方不明”になったときのことを考えて）。

② 集合時間について

たとえば，試験が10時開始だったら，集合はその30分前の9時30分となります。試験には精神的な要素も多分に加味されるので，遅刻して余裕のない状態で受けるより，余裕をもって会場に到着し，落ち着いた状態で受験に臨む方が，よりベストといえるでしょう。

③ 試験開始に臨んで

暗記があやふやなものや，直前に暗記したものは，問題用紙にすぐに書き込んでおいた方が安心です。

試験会場にいくと，たいてい直前まで参考書などを開いて暗記事項を確認したりしているのが一般的に見られる光景です。

仮にそうして直前に暗記したものは，試験が始まれば，問題用紙にすぐに書き込んでおくと安心です（問題用紙にはいくら書き込んでもかまわないことになっています）。

④ 途中退出

試験開始後35分経過すると，途中退出が認められます。

乙種の場合は，結構な数の人が退出しますが，甲種の場合は問題数が多いこともあって，ごく少数の人しか退出しないのが一般的です。

しかし，少数とはいえ，自分がまだ半分も解答していないときに退出されると，人によっては“アセリ”がでるかもしれませんが，ここはひとつ冷静になって，「試験時間は十分にあるんだ」と言い聞かせながら，マイペースを貫いてください。

実際，2時間半もあれば，1問あたり3分20秒くらいで解答すればよく，すぐに解答できる問題もあることを考えれば，十分すぎるくらいの時間があるので，アセる必要はないはずです。

◆◆◆◆◆◆◆◆◆◆◆◆ 合格大作戦 ◆◆◆◆◆◆◆◆◆◆◆◆

ここでは，できるだけ早く合格ラインに到達するための，いくつかのヒントを紹介しておきます。

1．虎の巻をつくろう！

特に，第3編では，多くの危険物の性状等を暗記する必要があります。

これらを，ただやみくもに丸暗記しようとしても，データの量が多すぎてなかなかインプットできないのが一般的ではないかと思います。

そこで，本書では何箇所かに「まとめ」を設けてありますが，それらのほかに自分自身の「まとめ」，つまり**トラの巻**を作ると，より学習効果が上ります。

たとえば，液体の色が同じものをまとめたり，あるいは名前が似ていてまぎらわしいものをメモしたり……などという具合です。

また，本書には数多くの問題が掲載されていますが，それらの問題を何回も解いていくと，いつも間違える苦手な箇所が最後には残ってくるはずです。

その部分を面倒臭がらずにノートにまとめておくと，知識が整理されるとともに，受験直前の知識の再確認などに利用できるので，特に暗記が苦手な方にはおすすめです。

2．問題は最低3回は繰り返そう！

その問題ですが，問題は何回も解くことによって自分の“身に付きます”。

従って，最低3回は繰り返したいところですが，その際，問題を3ランクくらいに分けておくと，あとあと都合がよくなります。

たとえば，問題番号の横に，「まったくわからずに間違った問題」には×印，「半分位解けていたが結果的に間違った問題」には△印，「一応，正解にはなったが，知識がまだあやふやな感がある問題」には○印，というように印を付けておくと，2回目以降に解く際に問題の（自分にとっての）難易度がわかり，時間調整をする際に助かります。

つまり，時間があまり残っていないというような時には，×印の問題のみをやり，また，それよりは少し時間があるというような時には，×印に加えて△

印の問題もやる，というような具合です。

3．マーカーを効率よく利用しよう

マーカーはその使い方によっては非常に有効な受験アイテムとなります。

というのは，人間の脳は情報を映像化したりイメージ化すると，文字だけの場合に比べて比べものにならないくらい，その暗記力が増大するのです。

その暗記力も，映像に色が付いていると，さらにパワーアップするのです。

従って，マーカーで単なる文字であったものに色を付ければ，脳は映像として認識し，その暗記力が増大する，というわけです。

4．インターネットを利用しよう！

本書の第3編には，数多くの危険物が“ところ狭し”と並んでいます。

本書では一応，ポイント部分を中心にくわしく解説してありますが，もう少し情報が欲しいという方は，インターネットを利用すれば，より詳細な危険物の情報に出会うことができます。

また，危険物の情報以外にも不明な用語なども検索することができるので，インターネットの有効活用をおすすめします。

5．場所を変えてみよう

場所を変えるのは，気分転換の効果をねらってのことです。

これは，短期合格を目指す際には有効となる方法です。

たとえば，1時間自室で「法令」を学習したあと，自転車で30分移動して公園のベンチで「物理・化学」を1時間やり，そこから再び30分移動して図書館で「危険物の性質」を1時間やる，という具合です。

こうすると，自転車で移動している間に大脳の疲労が回復し，かつ，場所を変えることによる気分転換も加わるので，学習効率が上がる，というわけです。

以上，受験学習の上でのヒントになると思われるポイントをいくつか紹介しましたが，このなかで自分に向いている，と思われたヒントがあれば，積極的に活用して効率的に学習をすすめていってください。

第1編

危険物に関する法令

傾向と対策

（1） 危険物の品名

よく出題されているので，**危険物や指定数量などの定義**や**法別表第 1 の品名欄に掲げる物品**および**危険物の種別**や**性質**，**品名**，さらに**危険物として規制される危険物の範囲**等によく目を通しておいた方がよいでしょう。

（2） 指定数量の倍数計算

過去の出題数を見てもダントツに多く，それもほとんどが**第 4 類危険物**なので，第 4 類危険物の指定数量は必ず暗記する必要があります。

また，たまに，**赤リン**，**硫化リン**，**鉄粉**などの第 2 類危険物や**カリウム**，**ナトリウム**，**黄リン**などの第 3 類危険物，**硝酸**などの第 6 類危険物も指定数量の提示なく出題されているので，**第 2 類**，**第 3 類**，**第 6 類**の主な危険物の指定数量は覚えておく必要があるでしょう。

（3） 製造所等関連

共通の基準である**保安距離**，**保有空地**の出題が多く，また，**製造所等の区分**もよく出題されています。

個別では，**屋内貯蔵所**，**屋外タンク貯蔵所**，**給油取扱所**，**移動タンク貯蔵所**などの基準がよく出題されています。

（4） 製造所等の各種手続き

基本的な問題は少なく，具体的な事例を出して正誤を問う応用問題が目立つので，もう，これは，そのような問題を数多く解いて慣れるしかないでしょう。

（5） 危険物取扱者

テキストどおりの出題もありますが，最近は，非常に凝った出題も見受けられるので，これも，そのような問題を数多く解いて慣れるしかないでしょう。

（6） 危険物の保安関係

危険物保安監督者の出題が圧倒的に多く，「危険物保安監督者を定めなければならない製造所等」などのオーソドックスな出題がまだまだ多い傾向にあります。

(7) 定期点検，予防規程

ともに出題頻度は相変わらず多いですが，出題傾向はそれほど変わっていない感があります。ただし，定期点検で「**漏れの点検**」の出題が目立つようになりました。

(8) 危険物の貯蔵，取扱いの基準

それほど凝った問題は少なく，テキストどおりの出題が多い傾向にありますが，**移動タンク貯蔵所における貯蔵，取扱い基準**については，ダントツに数多く出題されています。

(9) 運搬基準

全般的に非常によく出題されており，細かな規定も暗記しておく必要があるでしょう。なお，「**指定数量の 10 分の 1**」に関する基準もたまに出題されているので，注意してください。

(10) 移送

運搬の **3 分の 1** 程度の出題頻度ですが，内容はテキストどおりの出題が多いようです。

(11) 消火設備

非常によく出題されており，**設置基準**のほか**消火設備の種類**を問う出題が目立ちます。

(12) 標識及び掲示板

出題頻度は少ないですが，「**標識の大きさと色の組み合せ**」の出題に見られるように，細かい部分を問う出題が目立ちます。

(13) 警報設備

出題頻度は少ないですが，出題内容は，**警報設備の種類**がメインなので，比較的得点源になりやすい分野でしょう。

法令の重要ポイント

●甲種スッキリ！重要事項No.1

(1) 指定数量について

・指定数量以上⇒**消防法**の適用　　・指定数量未満⇒**市町村条例**の適用

・運搬の場合は指定数量以上，未満にかかわらず消防法が適用される。

(2) 製造所等の各種手続き

原則として，**遅滞なく届け出る**。ただし，「危険物の品名，数量または指定数量の倍数を変更する時」は変更しようとする日の**10日前**までに届け出る（注：製造所等の設置及び位置，構造，設備の変更は**許可**が必要）。

(3) 仮貯蔵・仮取扱い

⇒ **消防長または消防署長の承認**を得れば**10日以内**に限り可能

(4) 仮使用

⇒ **市町村長等**の**承認**を得て変更工事以外の部分を仮に使用する。

(5) 義務違反に対する措置

① **許可の取り消し，または使用停止命令**

1．（位置，構造，設備を）**許可を受けずに変更**したとき。

2．（位置，構造，設備に対する）修理，改造，移転の**措置命令に違反したとき。**

3．完成検査済証の**交付前**（＝完成検査前）に製造所等を使用したとき。または**仮使用の承認を受けないで**製造所等を使用したとき。

4．**保安検査**を受けないとき（屋外タンク貯蔵所と移送取扱所のみ）

5．**定期点検**を実施しない，記録を作成しない，または保存しないとき。

② **使用停止命令**

1．危険物の貯蔵，取扱い基準の**遵守命令**に違反したとき。

2．**危険物保安統括管理者**を選任していないとき，またはその者に「保安に関する業務」を統括管理させていないとき。

3．**危険物保安監督者**を選任していない，またはその者に「保安の監督」をさせていないとき。

4．危険物保安統括管理者，危険物保安監督者の**解任命令**に従わないとき。

(6) 各危険物施設の基準のまとめ

表1〈距離や高さ〉

	屋内タンク貯蔵序	屋外タンク貯蔵所	地下タンク貯蔵所	簡易タンク貯蔵所	移動タンク貯蔵所	給油取扱所
① タンクと壁	0.5m以上		0.1m以上	0.5m以上		
② タンク相互	0.5m以上		1.0m以上			
③ 防油堤の高さ		0.5m以上				
④ 給油空地						開口10m以上 奥行6m以上

表2〈タンクなどの容量や個数〉

タンク容量（屋外タンク貯蔵所と給油取扱所の専用タンクは容量制限なしです。）	指定数量の40倍以下。第4類は20,000ℓ以下（第4石油類と動植物油類除く）	制限なし	制限なし	600ℓ以下	3万ℓ以下（4,000ℓ以下ごとに間仕切り必要）	専用タンク：制限なし廃油タンク1万ℓ以下

表3〈その他〉

① 消火設備			第5種消火設備（小型消火器）が2個以上		第5種消火設備（自動車用消火器）が2個以上	
② 敷地内距離		必要				

表4〈屋内貯蔵所と屋外貯蔵所の比較〉

	屋内貯蔵所	屋外貯蔵所
① 貯蔵できる危険物が限定されている施設は？（注：販売取扱所は指定数量で限定）		○（**第2類**は**硫黄**と**引火性固体**。特殊引火物除く**第4類**（第1石油類は引火点**0℃以上**のみ））
② 危険物の温度に規定があるものは？	○（55℃以下にする）	
③ 容器の積み重ね高さは？	3m以下*	3m以下*

（*第4類の第3，第4石油類，動植物油類のみの容器なら**4m以下**，機械により荷役する構造の容器なら**6m以下**とすることができる。）

表5〈天井について〉

天井を設けてはならない施設（注：屋根は設けてもよい）	屋内貯蔵所，屋内タンク貯蔵所

(7) 保安距離と保有空地　（製造所等の外壁から保安対象物の外壁まで）

① 保安距離が必要な施設

製造所，屋外タンク貯蔵所，屋内貯蔵所，一般取扱所，屋外貯蔵所

② 保有空地が必要な施設⇒　保安距離が必要な施設

＋**簡易タンク貯蔵所**（屋外設置）＋**移送取扱所**（地上設置）

(8) 免状の手続きにおける申請先

・再交付：免状を**交付**した知事，免状を**書換えた**知事

・書換え：免状を**交付**した知事，**居住地**の知事，**勤務地**の知事

(9) 保安講習

a. 従事し始めた日から**1年以内**，その後は，「講習を受けた日以後における最初の4月1日から**3年以内**」に受講する。

b. ただし，従事し始めた日から過去**2年以内**に**「免状の交付」**か**「講習」**を受けた者は，「その交付や受講日以後における最初の4月1日からからかぞえて**3年以内**」に受講すればよい。

(10) 危険物保安監督者

「甲種または乙種危険物取扱者」で，製造所等において「危険物取扱いの実務経験が**6ヶ月以上ある**」者から選任して**市町村長等**に届け出る。

☆　乙種は免状に指定された類のみの保安監督者にしかなれない。

☆　丙種危険物取扱者は保安監督者にはなれない。

①　（指定数量に関係なく）選任する必要がある事業所

製造所，屋外タンク貯蔵所，給油取扱所，移送取扱所

（ゴロ合わせ⇒監督は外のタンクにせい いっぱい給油した）

②　選任しなくてよい事業所（＝保安監督者が不要な事業所）

移動タンク貯蔵所

(11) 定期点検について

①　定期点検を必ず実施する施設（移送取扱所は省略）

⇒　地下タンクを有する施設と移動タンク貯蔵所

②　定期点検を実施しなくてもよい施設

⇒　屋内タンク貯蔵所，簡易タンク貯蔵所，販売取扱所

③　地下貯蔵タンク，地下埋設配管の漏れの点検

1．点検実施者

点検の方法に関する知識及び技能を有する**危険物取扱者**と**危険物施設保安員**

2．点検時期と保存期間

完成検査済証の交付を受けた日，または前回の点検を行った日から次の時期まで超えない日までに**1回以上**行い，記録を下記の期間**保存**する。

	点検時期	保存期間
地下貯蔵タンク，地下埋設配管	**1年**	
・**完成検査から15年**を超えないもの ・二重殻タンクの強化プラスチック製の**外殻**	**3年**（⇒緩和されている）	**3年**
移動貯蔵タンク	**5年**	**10年**

⑿ 貯蔵，取扱いの基準のポイント

① 許可や届出をした**数量**（又は指定数量の倍数）を超える危険物，または許可や届出をした**品名**以外の危険物を貯蔵または取扱わないこと。

② 貯留設備や油分離装置にたまった危険物はあふれないように**随時**くみ上げること。

③ 危険物のくず，かす等は**1日に1回以上**，危険物の性質に応じ安全な場所および方法で廃棄や適当な処置（焼却など）をすること。

④ 危険物が残存している設備や機械器具，または容器などを修理する場合は，**安全な場所で危険物を完全に除去してから行う**こと。
(換気に注意しながら行う…というのは誤りなので注意。)

⒀ 運搬と移送

① 危険物取扱者の同乗
運搬 ⇒ 不要
移送 ⇒ 必要

② 運搬の主な基準
・容器の収納口を**上方**に向け，積み重ねる場合は，**3m以下**とすること。
・固体の収納率は**95％以下**，液体の収納率は**98％以下**
・指定数量以上の危険物を運搬する場合は，車両の前後の見やすい位置に，**「危」**の標識を掲げ，運搬する危険物に適応した**消火設備**を設けること。

③ 運搬容器の外部に表示する事項
「危険物の**品名**と**化学名**」「**危険等級**」「第4類危険物の水溶性の危険物には**水溶性**の表示」「危険物の**数量**」「危険物に応じた**注意事項**」

④ 移送の主な基準

・移送する危険物を取り扱うことができる危険物取扱者が乗車し，**免状を携帯すること**

⒁ 消火設備

① 消火設備の種類

第1種	屋内消火栓設備，屋外消火栓設備
第2種	スプリンクラー設備
第3種	固定式消火設備（「……消火設備」）
第4種	大型消火器
第5種	小型消火器（水バケツ，水槽，乾燥砂など）

② 主な基準

・地下タンク貯蔵所には第5種消火設備を**2個**以上，移動タンク貯蔵所には自動車用消火器を**2個**以上設置する。

・電気設備のある施設には100㎡ごとに1個以上設置する。

・消火設備からの防護対象物までの距離

第4種消火設備 ⇒ 30 m 以下

第5種消火設備 ⇒ **20 m 以下**

ただし，**簡易タンク貯蔵所**，**移動タンク貯蔵所**，**地下タンク貯蔵所**，**給油取扱所**，**販売取扱所**は，「**有効に消火できる位置**」に設ける。

・危険物は指定数量の**10倍**が1所要単位となる。

⒂ 警報設備

① 指定数量の**10倍以上**の製造所等には警報設備を設けるが，**移動タンク貯蔵所**には不要である。

② 警報設備の種類：「① 自動火災報知設備 ② 拡声装置 ③ 非常ベル装置 ④ 消防機関に報知できる電話 ⑤ 警鐘 」

（ゴロ合わせ ⇒ 警報の字書く秘書K）

1 危険物と指定数量の問題

<危険物>

【問題1】 急行★

法令上，危険物に関する記述について，次のうち誤っているものはどれか。

(1) 危険物とは，法別表第1の品名欄に掲げる物品で，同表に定める区分に応じ同表の性質欄に掲げる性状を有するものをいう。

(2) 危険等級については，ⅠからⅢまで区分され，収納する運搬容器に関しては，その規制が異なる場合がある。

(3) 引火の危険性を判断するための政令で定める試験において示される引火性によって，第1類から第6類までに区分される。

(4) 酸化性固体，可燃性固体，自然発火性物質及び禁水性物質，引火性液体，自己反応性物質，酸化性液体に分類されている。

(5) 1気圧において，常温（20℃）で気体状であるものは，危険物には該当しない。

解説

(1) 正しい。

(2) 正しい。運搬容器の構造及び最大容量は，危険物の類別や危険等級に応じて定められています。

(3) 誤り。危険物は(1)にあるとおり，その**性状（性質）**により，第1類から第6類までに区分されています。

「引火の危険性を判断するための政令で定める試験において示される引火性によって」というのは，下記の可燃性固体に関する性質です。

「可燃性固体とは，固体であって，火炎による着火の危険性を判断するための政令で定める試験において**政令で定める性状**を示すもの又は引火の危険性を判断するための政令で定める試験において引火性を示すものであることをいう。」

(4) 正しい。酸化性固体は**第1類**，可燃性固体は**第2類**，自然発火性物質及

解答は次ページの下欄にあります。

び禁水性物質は**第 3 類**，引火性液体は**第 4 類**，自己反応性物質は**第 5 類**，酸化性液体は**第 6 類**の危険物です。

⑸　正しい。消防法における危険物は，常温（20 ℃）で液体又は固体のものをいい，プロパンなどの気体状のものは，該当しません。

なお，引火性液体の定義は，「引火性液体とは，液体（**第 3 石油類**，**第 4 石油類**及び**動植物油類**にあっては，1 気圧において，温度 20℃ で液状であるものに限る。）であって，引火の危険性を判断するための政令で定める試験において引火性を有するもの。」となっています。

【問題 2】 急行★

法令上，危険物に関する記述について，次のうち誤っているものはどれか。

⑴　危険物を含有する物品であっても，政令で定める試験において政令で定める性状を示さなければ危険物には該当しない。

⑵　法別表第 1 に掲げる品名のほか，政令で定められている品名がある。

⑶　危険物について，その危険性を勘案して政令で定めた数量を指定数量という。

⑷　危険物の性質により，第 1 類から第 6 類までに区分されている。

⑸　1 気圧において，温度零度で固体又は液体の状態であるものと定義されている。

解説

⑵　別表の品名欄に掲げる物品以外に，「その他のもので政令で定めるもの」という規定により加えられた品名のものもあります（4 類は除く）。

⑸　前問の⑸より，温度零度ではなく，常温（20 ℃）で液体又は固体のものをいいます。

【問題 3】

次のうち，消防法別表第 1 に危険物の品名として掲げられているものはいくつあるか。

「酸素，赤リン，塩酸，プロパン，黄リン，硫酸，窒素ガス，合成樹脂」

⑴　1 つ　⑵　2 つ　⑶　3 つ　⑷　4 つ　⑸　5 つ

解答

【問題 1】⑶

解説

酸素，プロパン，窒素ガスは気体なので，消防法の危険物には該当しません。

赤リンは，第2類の可燃性固体です。

塩酸は，消防法の危険物には該当しません。

黄リンは，第3類の自然発火性物質です。

硫酸は，かつては濃硫酸が危険物に指定されていましたが，現在では消防法の危険物ではありません。

合成樹脂は，法別表第1には含まれていません。

従って，消防法別表第1に危険物の品名として挙げられているものは，下線部のある，酸素，プロパン，窒素ガス，塩酸，硫酸，合成樹脂以外の2つになります（⇒赤リン，黄リン）。

【問題4】

法別表第1に掲げる危険物の種別，性質及び品名で，正しいものの組合せはどれか。

	類　別	性　質	品　名
(1)	第1類	酸化性固体	過塩素酸 ヨウ素酸塩類
(2)	第2類	可燃性固体	ヒドロキシルアミン 鉄粉
(3)	第3類	自然発火性物質及び禁水性物質	赤リン 有機金属化合物
(4)	第5類	自己反応性物質	硝酸エステル類 有機過酸化物
(5)	第6類	酸化性液体	ハロゲン間化合物 アルキルアルミニウム

解説

(1)　過塩素酸は第6類の危険物です（過塩素酸塩類が第1類の危険物）。

(2)　ヒドロキシルアミンは第5類の危険物です。

解答

【問題2】(5)　　【問題3】(2)

⑶ 赤リンは，第２類の危険物です。
⑸ アルキルアルミニウムは，第３類の危険物です。

【問題５】
法令上，次の文の（ ）内のA〜Cに当てはまる語句の組合せとして，正しいものはどれか。

「自己反応性物質とは，（A）であって，（B）の危険性を判断するための危険性を判断するための政令で定める試験において政令で定める性状を示すもの又は（C）分解の激しさを判断するための政令で定める試験において政令で定める性状を示すものであることをいう。」

	A	B	C
⑴	固体	発火	発熱
⑵	固体又は液体	爆発	加熱
⑶	固体	着火	発熱
⑷	固体	発火	加熱
⑸	固体又は液体	爆発	発熱

解説

法別表第１備考18そのままの文章です。

【問題６】
次の文中の（ ）内に当てはまる数値及び語句の組合せとして，消防法令上，正しいものはどれか。

「アルコール類とは，１分子を構成する炭素の原子数が（　　）までの飽和１価アルコール（変性アルコールを含む）をいい，組成等を勘案して総務省令で定めるものを除く。」

⑴ １個　⑵ １個から３個　⑶ ２個
⑷ ３個から５個　⑸ ５個

解説

解答

【問題４】⑷

「1分子を構成する炭素の原子数が1個から3個」が正解です。

なお，アルコール分子中のヒドロキシ基の個数をそのアルコールの**価数**といいます。

【問題7】

法別表第1に掲げられている「アルコール類」に該当しないものは，次のうちどれか。

(1) エタノール
(2) 1−ペンタノール
(3) 変性アルコール
(4) 2−プロパノール
(5) メタノール

解説

1−ペンタノールの分子式は $C_5H_{12}O$ であり，炭素数が5個なので，前問のアルコールの定義「1分子を構成する炭素の原子数が**1個から3個**」より，アルコール類には該当しません（第2石油類の非水溶性になる）。

【問題8】

次のうち，法別表第1に掲げてある品名の説明として，正しいのはどれか。

(1) アセトンは，第2石油類に属する危険物である。
(2) 重油は，第4石油類に属する危険物である。
(3) ジエチルエーテルは，第1石油類に属する危険物である。
(4) 灯油は，第3石油類に属する危険物である。
(5) グリセリンは，第3石油類に属する危険物である。

解説

(1) アセトンは，**第1石油類**に属する危険物です。
(2) 重油は，**第3石油類**に属する危険物です。
(3) ジエチルエーテルは，**特殊引火物**に属する危険物です。
(4) 灯油は，**第2石油類**に属する危険物です。

解答

【問題5】(2)　　【問題6】(2)

【問題 9】 急行★

法別表第 1 備考に掲げる品名の説明として，次のうち誤っているものはどれか。

(1) 特殊引火物とは，ジエチルエーテル，二硫化炭素その他 1 気圧において，発火点が 100 ℃以下のもの又は引火点が－20 ℃以下で沸点が 40 ℃以下ものをいう。

(2) 第 1 石油類とは，アセトン，ガソリンその他 1 気圧において引火点が 0 ℃未満のものをいう。

(3) 第 2 石油類とは，灯油，軽油その他 1 気圧において引火点が 21 ℃以上 70 ℃未満のものをいう。

(4) 第 3 石油類とは，重油，クレオソート油その他 1 気圧において引火点が 70 ℃以上 200 ℃未満のものをいう。

(5) 第 4 石油類とは，ギヤー油，シリンダー油その他 1 気圧において引火点が 200 ℃以上 250 ℃未満のものをいう。

解説

第 1 石油類は，引火点が **21 ℃未満**のものをいいます。

なお，アルコール類と動植物油類については，次のようになっています。

アルコール類：1 分子を構成する炭素の原子数が **1 個から 3 個**までの**飽和 1 価アルコール**（変性アルコールを含む）をいう（含有量が **60 %未満**の水溶液を除く）

動植物油類：動物の脂肉等又は植物の種子若しくは果肉から抽出したものであって，1 気圧において引火点が **250 ℃未満**のものをいう。（注：下記の表で引火点を再確認しておこう）

特殊引火物	第 1 石油類	第 2 石油類	第 3 石油類	第 4 石油類
－20℃以下	21℃未満	21℃以上70未満	70℃以上200℃未満	200℃以上

（例題：引火点39℃の酢酸は何類？⇒上記の表より，第 2 石油類となる）

＜指定数量＞

【問題 10】 急行★

指定数量に関する説明として，次のうち正しいものはどれか。

解答

【問題 7】(2)　　【問題 8】(5)

(1) 危険物についてその危険性を勘案して法（消防法）で定める数量。
(2) 危険物についてその危険性を勘案して省令（総務省令）で定める数量。
(3) 危険物についてその危険性を勘案して政令（危険物の規制に関する政令）で定める数量。
(4) 危険物についてその危険性を勘案して規則（危険物の規制に関する規則で定める数量。
(5) 危険物についてその危険性を勘案して市町村条例（火災予防条例）で定める数量。

解説

消防法第9条の4には，「**危険物についてその危険性を勘案して政令で定める数量**（以下「**指定数量**」という。）**未満**の危険物及び……（中略）……の貯蔵及び取扱いの技術上の基準は，**市町村条例**でこれを定める。」となっています。

【問題 11】 急行★

指定数量未満の危険物について，法令上，次のうち正しいものはどれか。

(1) 指定数量未満の危険物とは，市町村条例で定められた指定数量未満の危険物のことをいう。
(2) 指定数量未満の危険物を貯蔵し，又は取り扱う場合の技術上の基準は，市町村条例で定められている。
(3) 所轄消防長又は消防署長の許可があれば，指定数量未満の危険物を10日以内の期間，仮に貯蔵し，又は取り扱うことができる。
(4) 指定数量未満の危険物を車両で運搬する場合の技術上の基準は，市町村条例で定められている。
(5) 法別表第1に掲げる品名が異なる危険物を同一の場所で貯蔵し，又は取り扱う場合，品名ごとの数量が指定数量未満であれば，指定数量以上の危険物を貯蔵し，又は取り扱う場所とみなされることはない。

解説

(1) 誤り。前問より，指定数量は**政令**で定められています。
(2) 前問より，正しい。
なお，「製造所等以外の場所における指定数量未満の危険物の貯蔵及び

解答

【問題 9】(2)

取扱いの技術上の基準は，政令で定められている」という出題例もありますが，当然，×になります。

(3) 誤り。所轄消防長又は消防署長の**承認**が必要なのは，指定数量**以上**の危険物を**10日以内**の期間，仮に貯蔵し，又は取り扱う場合です。

(4) 誤り。ここで，「危険物の貯蔵，取扱い」と「危険物の運搬」についてまとめておきます。

> ① 危険物の貯蔵，取扱い：
> 指定数量以上は**消防法**，指定数量未満は**市町村条例**の規制を受ける。
> （指定数量そのものは**政令**で定める）
> ② 危険物の運搬：
> 指定数量以上，指定数量未満とも，すべて**消防法**の規制を受ける。

従って，指定数量未満の危険物を車両で運搬する場合の技術上の基準は，**消防法**で定められています。

(5) 誤り。品名ごとの数量が指定数量未満であっても，その合計が指定数量以上であれば，危険物を貯蔵し，又は取り扱う場所とみなされます。

【問題12】

危険物と指定数量の組合せとして，次のうち誤っているものはどれか。

(1) 第1種酸化性固体 ……………………………50 kg
(2) 第2種可燃性固体 ……………………………100 kg
(3) 第1種自然発火性物質及び禁水性物質 …………10 kg
(4) 第1種自己反応性物質 ………………………10 kg
(5) 第3種酸化性固体 ……………………………1000 kg

解説

第1類，第2類，第3類，第5類の危険物は，それぞれ次のように分類されており，指定数量も次のように定められています。

・第1類危険物

解答

【問題10】(3)　【問題11】(2)

第 1 種酸化性固体	50 kg
第 2 種酸化性固体	300 kg
第 3 種酸化性固体	1000 kg

・第 2 類危険物

第 1 種可燃性固体	100 kg
第 2 種可燃性固体	500 kg

・第 3 類危険物

第 1 種自然発火性物質及び禁水性物質	10 kg
第 2 種自然発火性物質及び禁水性物質	50 kg
第 3 種自然発火性物質及び禁水性物質	300 kg

（参考……第 4 類危険物の場合）

特殊引火物		50 ℓ
第 1 石油類	非水	200 ℓ
	水	400 ℓ
アルコール類		400 ℓ
第 2 石油類	非水	1000 ℓ
	水	2000 ℓ
第 3 石油類	非水	2000 ℓ
	水	4000 ℓ
第 4 石油類		6000 ℓ
動植物油類		10000 ℓ

・第 5 類危険物

第 1 種自己反応性物質	10 kg
第 2 種自己反応性物質	100 kg

（参考までに第 6 類危険物は300kgです）

従って，(2)の第 2 種可燃性固体は，500 kgが正解です。

【問題 13】

法令上，下の(1)～(5)は，第 4 類危険物の各 6,000 ℓ に該当する指定数量の倍数を示したものである。誤っているものはどれか。

	品名及び性質	指定数量の倍数
(1)	特殊引火物	120
(2)	第1石油類非水溶性	30
(3)	第2石油類非水溶性	4
(4)	第3石油類非水溶性	3
(5)	第4石油類	1

解答

【問題 12】(2)

解説

計算すると，

(1) $\frac{6,000}{50}=120$　(2) $\frac{6,000}{200}=30$　(3) $\frac{6,000}{1,000}=6$ ⇒ 誤り

(4) $\frac{6,000}{2,000}=3$　(5) $\frac{6,000}{6,000}=1$

【問題 14】 急行★

危険物と指定数量の組合せとして，次のうち誤っているものはどれか。

(1) カリウム ………………………10 kg
(2) 鉄粉…………………………500 kg
(3) エチルメチルケトン …………200 ℓ
(4) 過酸化水素……………………300 kg
(5) 黄リン …………………………10 kg

解説

危険物と指定数量については，巻末資料のとおりです。

(1) カリウムは第 3 類危険物であり，指定数量は **10 kg**で正しい。

(2) **赤リン**や**硫黄**，**硫化リン**などの第 2 類危険物のほとんどは **100 kg**ですが，**鉄粉**は **500 kg**となっており，正しい。

(3) エチルメチルケトンは，ガソリンと同じく第 1 石油類の非水溶性液体なので，指定数量は **200 ℓ** となります。

(4) 過酸化水素や硝酸などの第 6 類危険物の指定数量は **300 kg**なので，正しい。

(5) 第 3 類危険物の指定数量は 10 kgのものが多いですが，黄リンは **20 kg**となっているので，誤りです。

このように，第 4 類危険物以外でも指定数量を問う問題が出題される場合があるので，巻末資料にある別表第 1 の太字部分で示した物質だけでも覚えるようにしてください。

解答

【問題 13】(3)

【問題 15】

耐火構造の隔壁で完全に区分された3室を有する同一の屋内貯蔵所において，次に示す危険物をそれぞれの室に貯蔵する場合，法令上，この屋内貯蔵所は指定数量の何倍の危険物を貯蔵していることになるか。

固形アルコール…………………3,000 kg
アクリル酸………………………4,000 ℓ
赤リン……………………………1,000 kg

(1) 9倍　(2) 12倍　(3) 15倍
(4) 18倍　(5) 20倍

解説

固形アルコールの指定数量は **1,000 kg**，アクリル酸（第4類の水溶性第2石油類）の指定数量は **2,000 ℓ**，赤リン（第2類）の指定数量は **100 kg**なので，

$$\frac{3,000}{1,000}+\frac{4,000}{2,000}+\frac{1,000}{100}=3+2+10=\textbf{15倍}$$

となります。

【問題 16】

次に示す危険物を同一の製造所で貯蔵し，取り扱う場合，法令上，指定数量は何倍になるか。

アセトン…………………………2,000 ℓ
ナトリウム………………………50 kg
硝酸………………………………1,500 kg

(1) 11倍　(2) 15倍　(3) 18倍　(4) 20倍　(5) 24倍

解説

アセトンの指定数量は **400 ℓ**，ナトリウムの指定数量は **10 kg**，硝酸の指定数量は **300 kg**なので，

$$\frac{2,000}{400}+\frac{50}{10}+\frac{1,500}{300}=5+5+5$$

＝ **15倍**　となります。

解答

【問題 14】(5)

【問題 17】 特急★★

法令上，屋内貯蔵所に，ジエチルエーテル 100 ℓ，メタノール 600 ℓ，ガソリン 5,000 ℓ，グリセリン 6,000 ℓ を貯蔵する場合，指定数量の倍数がちょうど 10 となるものは次のうちどれか。

(1) 灯油………………………2,000 ℓ

(2) エチルメチルケトン……300 ℓ

(3) 酢酸エチル………………500 ℓ

(4) アセトン…………………1,200 ℓ

(5) トルエン…………………800 ℓ

解説

まず，すべて第 4 類危険物なので，P 412 の表を参照しながら，問題の物質の指定数量を確認すると，

ジエチルエーテル（特殊引火物）：**50 ℓ**，
メタノール（アルコール類）：**400 ℓ**，
ガソリン（第 1 石油類非水溶性）：**200 ℓ**，
グリセリン（第 3 石油類水溶性）：**4,000 ℓ**

となります。

以上より，指定数量の倍数の合計は，

$$\frac{100}{50}+\frac{600}{400}+\frac{500}{200}+\frac{6,000}{4,000}$$

$$= 2 + 1.5 + 2.5 + 1.5$$

$= \mathbf{7.5}$ となります。

従って，10 − 7.5 = **2.5** となる危険物を探せばよいことになります。

指定数量は灯油（第 2 石油類非水溶性）：**1,000 ℓ**，
エチルメチルケトン，酢酸エチル，トルエン（第 1 石油類非水溶性）：**200 ℓ**，
アセトン（第 1 石油類水溶性）：**400 ℓ**，
計算すると，(3)の酢酸エチルが，500／200 = 2.5 となります。

解答

【問題 15】(3)　【問題 16】(2)

【問題 18】 急行★

法令上，メタノール 200 ℓ を貯蔵している同一の場所に，次の危険物を貯蔵した場合，指定数量以上となるものはどれか。

(1) 二硫化炭素……………………20 ℓ
(2) ベンゼン………………………80 ℓ
(3) 酢酸エチル……………………100 ℓ
(4) キシレン………………………400 ℓ
(5) ニトロベンゼン………………500 ℓ

解説

メタノールの指定数量は 400 ℓ なので，200 ℓ は 0.5 倍という事になり，あと指定数量が 0.5 倍となる危険物を貯蔵すれば，指定数量以上を貯蔵している，ということになります。

(1) 二硫化炭素（特殊引火物）の指定数量は **50 ℓ** なので，20/50 = 0.4 となり，×。
(2) ベンゼン（ガソリンと同じく第 1 石油類の非水溶性）の指定数量は **200 ℓ** なので，80/200 = 0.4 となり，×。
(3) 酢酸エチル（ガソリンと同じく第 1 石油類の非水溶性）の指定数量は **200 ℓ** なので，100/200 = **0.5** となり，これが正解です。
(4) キシレン（灯油と同じく第 2 石油類の非水溶性）の指定数量は 1,000 ℓ なので，400/1,000 = 0.4 となり，×。
(5) ニトロベンゼン（重油と同じく第 3 石油類の非水溶性）の指定数量は 2,000 ℓ なので，500/2,000 = 0.25 となり，×。
（注：1-ブタノールも出題例あり。⇒指定数量は灯油と同じ）

＜問題＋α＞ **次の危険物の指定数量を答えよ。**

① 鉄粉　② 固形アルコール　③ 硫化リン　④ マグネシウム　⑤ 赤リン
⑥ 硫黄　⑦ カリウム　⑧ ナトリウム　⑨ 硝酸　⑩ 過塩素酸

解答……………………………………………………………………

(⇒P.411 の表参照)　① 500 kg　② 1000 kg　③～⑥ 100 kg　⑦, ⑧ 10 kg　⑨, ⑩ 300 kg（本問のように第 4 類危険物以外もたまに出題されているので注意して下さい。）

解答

【問題 17】(1)　　【問題 18】(3)

2 製造所等の区分及び各種手続きと仮使用の問題

【問題 1】

法令上，製造所等の区分について，次のうち誤っているものはどれか。

(1) 第 1 種販売取扱所は，店舗において容器入りのままで販売するため，指定数量の倍数が 15 以下の危険物を取り扱う取扱所をいう。

(2) 簡易タンク貯蔵所は，簡易タンクにおいて危険物を貯蔵し，又は取り扱う貯蔵所をいう。

(3) 移動タンク貯蔵所は，鉄道及び車両に固定されたタンクにおいて危険物を貯蔵し，又は取り扱う貯蔵所をいう。

(4) 屋内貯蔵所は，屋内の場所において危険物を貯蔵し，又は取り扱う貯蔵所をいう。

(5) 給油取扱所は，固定した給油設備によって，自動車等の燃料タンクに直接給油するため，危険物を取り扱う取扱所をいう。

解説

移動タンク貯蔵所のタンクは「鉄道の車両に固定されたタンク」ではなく，単に「車両に固定されたタンク」です。

【問題 2】

法令上，製造所等の区分について，次のうち正しいものはどれか。

(1) 屋外貯蔵所と販売取扱所には，指定数量の倍数が 50 のガソリンを貯蔵し，又は取り扱うことができる。

(2) 移送取扱所とは，移動タンク貯蔵所によって危険物を移送するため危険物を取扱う施設のことをいう。

(3) 地下タンク貯蔵所とは，自動車等の燃料タンクに直接給油するため地下に埋設されたタンクにおいて危険物を貯蔵し，又は取り扱う施設のことをいう。

(4) 製造所とは，ボイラー等で重油等を燃焼する施設のことをいう。

(5) 第 2 種販売取扱所扱所とは，店舗において容器入りのままで販売するた

解答は次ページの下欄にあります。

め，指定数量の 15 倍を超え 40 倍以下の危険物を取り扱う施設のことをいう。

解説

⑴　屋外貯蔵所はガソリンを貯蔵，取扱いができず，また，販売取扱所も指定数量の倍数が 40 以下までなので，貯蔵，取扱いができません。

⑵　移送取扱所とは，「**配管及びポンプ並びにこれらに附属する設備**によって危険物を移送するため危険物を取扱う施設」のことをいいます。

⑶　地下タンク貯蔵所とは，「**地盤面下に埋没されているタンク**において危険物を貯蔵し，又は取り扱う貯蔵所」のことをいいます。

⑷　製造所とは，「**危険物を製造する施設**」のことをいいます。

⑸　正しい。

＜各種手続き＞

【問題 3】

法令上，製造所等の位置，構造又は設備を変更する場合の手続きとして，次のうち正しいものはどれか。

⑴　変更の工事に着手してから，市町村長等にその旨を届け出る。

⑵　変更の工事に係る部分が完成してから，直ちに市町村長等の許可を受ける。

⑶　変更の工事をしようとする日の 10 日前までに，市町村長等に届け出る。

⑷　市町村長等の許可を受けた後に変更の工事に着手し，また，完成検査を受けて完成検査済証の交付後でないと使用してはならない。

⑸　市町村長等に変更の計画を届け出た後に変更の工事を着手する。

解説

⑷　製造所等の位置，構造又は設備を変更する場合は，市町村長等の許可を受けてから変更の工事に着手する必要があります。

なお，製造所等を**設置する**場合も同じく市町村長等の**許可**が必要になりますが，**液体の危険物貯蔵タンク**があれば，完成検査の前に**完成検査前検査**を受ける必要があるので，注意してください。

解答

【問題 1】⑶

【問題 4】 急行★

法令上，危険物を取り扱う場合において，必要な申請書類及び申請先の組合せとして，次のうち正しいものはどれか。

	申請内容	申請の種類	申請先
(1)	製造所等の位置，構造または設備を変更するとき	10日前までに届け出る	市町村長等
(2)	製造所等の位置，構造または設備を変更しないで取扱う危険物の品名，数量または指定数量の倍数を変更するとき	遅滞なく届け出る	消防長，消防署長
(3)	製造所等を廃止するとき	遅滞なく届け出る	市町村長等
(4)	指定数量以上の危険物を製造所等以外の場所で1週間，仮貯蔵するとき	10日前までに届け出る	市町村長等
(5)	危険物保安監督者を選任したとき	遅滞なく届け出る	消防長又は消防署長

解説

(1) 位置や構造，設備などの大きな変更をする場合は，届出ではなく**許可**が必要です。

(2) 遅滞なく届け出るのではなく，**10日前までに届け出る**必要があり，また，申請先は**市町村長等**です。

> 製造所等の**位置，構造または設備**を変更しないで取扱う危険物の**品名，数量または指定数量の倍数**を変更するとき。
> ⇒ あらかじめ市町村長等に**届け出**なければならない（「あらかじめ」に注意！）。

(3) 正しい。

(4) 「指定数量以上の危険物は，所轄消防長又は消防署長の**承認**を受けた場合を除き，製造所等以外の場所でこれを貯蔵し，又は取り扱ってはならない。」となっています。

解答

【問題 2】(5)　【問題 3】(4)

従って，仮貯蔵する場合は，届出ではなく**承認**が必要となります（10日前という期日も関係ありません）。また，承認を受けるのは**消防長**または**消防署長**です。

⑸　申請先は**市町村長等**です。

【問題5】

法令上，製造所等の位置，構造，設備を変更しようとする場合の手続きとして，次のうち正しいものはどれか。

⑴　製造所等に設置された消火設備を変更しようとするときは，所轄消防署長の承認を受けなければならない。

⑵　移動タンク貯蔵所を常置する場所を他の都道府県に移したときは，市町村長等に譲渡の届け出を行わなければならない。

⑶　製造所等において，変更しようとする箇所が政令で定める技術上の基準に適合している場合は，工事完了後に市町村長等に許可を申請しなければならない。

⑷　屋外タンク貯蔵所の防油堤を改修する場合は，10日前までに市町村長等に届け出なければならない。

⑸　市町村長等に許可を申請する場合は，変更の内容に属する図面その他規則で定める書類を添付しなければならない。

解説

⑴　誤り。製造所等の位置，構造または**設備**を変更する場合は，**市町村長等の許可**が必要になります。

⑵　誤り。製造所等の**位置**を変更する場合に該当するので，**市町村長等の許可**が必要になります。

⑶　誤り。変更する場合は，工事完了後に許可を申請するのではなく，**工事開始前**に許可を申請する必要があります。

⑷　誤り。屋外タンク貯蔵所の防油堤を改修する場合は，⑴や⑵と同じく，**市町村長等の許可**が必要になります。

⑸　正しい。

（注：「製造所等の**所有者等の氏名**を変更する時は，市町村長等の**許可**が必要である。」は×になります。⇒　一般的には市町村条例による**届出事項**になる。）

解答

【問題4】⑶

【問題 6】

法令上，製造所等を設置する場合の設置場所と許可権者の組合せとして，次のうち誤っているものはどれか。

	製造所等の区分と設置場所	許可権者
(1)	消防本部及び消防署を設置している市町村の区域に設置される製造所等（移送取扱所を除く。）	当該市町村長
(2)	消防本部及び消防署を設置していない市町村の区域に設置される製造所等（移送取扱所を除く。）	当該区域を管轄する都道府県知事
(3)	消防本部及び消防署を設置している１の市町村の区域のみに設置される移送取扱所	当該市町村長
(4)	２以上の市町村の区域にわたって設置される移送取扱所	当該区域を管轄する都道府県知事
(5)	２以上の都道府県の区域にまたがって設置される移送取扱所	消防庁長官

解説

２以上の都道府県の区域にわたって設置される移送取扱所の場合は，**総務大臣**の許可が必要になります。

（注：移送取扱所は**鉄道**や**隧道《ずいどう》**（トンネル）内には設置できないので注意！⇒出題例あり）。

＜仮使用，仮貯蔵，取扱い＞

【問題 7】 特急

法令上，製造所等の位置，構造又は設備の基準で，完成検査を受ける前に当該製造所等を仮使用するときの手続きとして，次のうち正しいものはどれか。

(1) 変更の工事に係る部分以外の部分の全部又は一部の使用について，所轄消防長又は消防署長に承認申請をする。

(2) 変更の工事に係る部分以外の部分の全部又は一部の使用について，市町村等に承認申請をする。

(3) 変更の工事に係わる部分の全部又は一部の使用について，市町村等に承

解答

【問題 5】(5)

認申請をする。
⑷　変更の工事に係る部分の全部又は一部の使用について，所轄消防長又は消防署長に承認申請をする。
⑸　変更の工事が完成した部分ごとの使用について，市町村等に承認申請をする。

解説

仮使用のポイントは，**「変更工事に係る部分以外の部分」**と**「市町村等」**および，**「承認」**です。
⑴　誤り。所轄消防長又は消防署長ではなく，**市町村長等**です。
⑵　正しい。
⑶　誤り。上記「変更工事に係る部分以外の部分」の「以外」が抜けています。
⑷　誤り。同じく，「変更工事に係る部分以外の部分」の「以外」が抜けているのと，「所轄消防長又は消防署長」の部分が誤りです（市町村長等です）。
⑸　誤り。仮使用は工事中に使用する手続きなので，「変更の工事が完成した部分」ではなく「変更工事に係る部分以外の部分」となります。

【問題 8】
法令上，製造所等を仮使用しようとする場合，市町村等への承認申請の内容として，次のうち正しいものはどれか。
⑴　屋内貯蔵所の変更の許可を受け，その工事期間中のみ許可された品名及び数量の危険物を貯蔵するため，変更部分の仮使用の申請をした。
⑵　屋内タンク貯蔵所の一部変更の許可を受け，その工事期間中及び完成検査を受けるまでの間，変更工事に係る部分以外の部分について，仮使用の申請をした。
⑶　屋外タンク貯蔵所の一部変更の許可を受け，その工事が完了した後，完成検査を受けるまでの間，工事が終了した部分のみの仮使用の申請をした場合。
⑷　給油取扱所の一部変更の許可を受け，その工事期間中に完成検査前検査に合格した地下専用タンクについて，仮使用の申請をした場合。
⑸　移送取扱所の完成検査の結果，不良箇所があり不合格になったので，不良箇所以外について，仮使用の申請をした場合。

解答

【問題 6】⑸

解説

⑴　誤り。仮使用は「変更工事に係る部分以外の部分」についての仮使用なので，「変更部分の仮使用」は誤りです。

⑵　正しい。

⑶　誤り。仮使用は「変更工事に係る部分以外の部分」についての仮使用なので，「工事が終了した部分」は誤りです。

⑷　誤り。仮使用は「変更工事に係る部分以外の部分」についての仮使用であり，「完成検査前検査に合格した地下専用タンク」はこれに該当しないので，誤りです。

⑸　誤り。仮使用は「不良箇所以外」ではなく「変更工事に係る部分以外の部分」についての申請手続きなので，誤りです。

【問題 9】

法令上，製造所等以外の場所で，指定数量以上の危険物を仮に貯蔵する場合の基準について，次のうち正しいものはどれか。

⑴　市町村条例で定める技術上の基準に基づいて，貯蔵しなければならない。

⑵　貯蔵する危険物の量は，指定数量の倍数が 2 以下としなければならない。

⑶　貯蔵する期間は，7 日以内と定められている。

⑷　貯蔵する場合は，所轄消防長又は消防署長の承認を受けなければならない。

⑸　貯蔵する場合は，10 日前までに，市町村長等に届け出なければならない。

解説

原則として，製造所等以外の場所で，指定数量以上の危険物を貯蔵することはできませんが，**所轄消防長**又は**消防署長**の承認を受けた場合は，**10 日以内**に限り，仮に貯蔵し，又は取り扱うことができます。

> 【注意しよう】
> 仮貯蔵と仮使用とは何かと間違いやすいので，ポイントを把握しておこう。
> ○　仮貯蔵　⇒　「消防長，または消防署長」の「承認」で「10 日以内の仮貯蔵」
> ○　仮使用⇒　「市町村長等」の「承認」で「完成検査前に仮使用」

解答

【問題 7】⑵　　【問題 8】⑵　　【問題 9】⑷

3 義務違反に対する措置の問題

【問題１】

法令上，次のA～Eのうち，市町村長等から製造所等の許可の取消しを命ぜられることがあるものの組合わせはどれか。

A　危険物施設保安員を定めなければならない製造所等において，危険物施設保安員が定められていないとき。

B　製造所に対する修理，改造，移転などの措置命令に従わなかったとき。

C　完成検査または仮使用の承認を受けないで製造所等を使用したとき。

D　給油取扱所の予防規程が変更されていないとき。

E　移動タンク貯蔵所において，定期点検を怠っているとき。

(1)　A，C　　(2)　B，D　　(3)　B，C，E

(4)　C，D　　(5)　C，E

解説

P. 18の義務違反に対する措置のポイントより，許可の取り消し事由に該当するものに○，該当しないものに×を付すと，次のようになります。

A　×。危険物施設保安員の不選任は，許可の取り消しや使用停止命令の対象にはなりません。なお，危険物保安統括管理者，危険物保安監督者が不選任の場合は「使用停止命令」の発令事由になります。

B　○。(1)の②に該当するので，「許可の取り消し」の発令事由になります。

C　○。(1)の③に該当するので，取り消し事由に該当します。

D　×。予防規程が変更されていないからといって，「許可の取り消し，または使用停止命令」の事由には該当しません。

E　○。(1)の⑤に該当するので，取り消し事由に該当します。

従って，**(3)**の**B，C，E**が正解となります。

解答は次ページの下欄にあります。

【問題 2】

製造所等の許可の取り消し事由に該当しないものは，次のうちいくつあるか。

A　製造所等の位置，構造又は設備を無許可で変更したとき。

B　市町村長等の承認を得ずに予防規程の内容を変更したとき。

C　危険物保安監督者を定めなければならない製造所等において，危険物の取扱作業に関して，保安の監督をさせていなかったとき。

D　危険物の貯蔵又は取扱いの技術上の基準適合命令に違反しているとき。

E　屋内タンク貯蔵所の構造が技術上の基準に適合していないとき。

(1)　1 つ　　(2)　2 つ　　(3)　3 つ　　(4)　4 つ　　(5)　5 つ

解説

まず，P. 18 の「許可の取り消し」「使用停止命令」以外に，次のような措置命令があります（いずれも**市町村長等**が**所有者等**に対し命令を発します）。

① **危険物の貯蔵及び取扱いの基準の遵守命令**
⇒　危険物の貯蔵又は取扱いの方法が，危険物の貯蔵，取扱いの技術上の基準に違反しているとき。

② **危険物施設の基準適合命令（製造所等の修理，改造又は移転命令）**
⇒　製造所等の位置，構造又は設備が技術上の基準に違反しているとき

③ **危険物保安統括管理者または危険物保安監督者の解任命令**

④ **予防規程変更命令**
⇒　火災予防上，必要があるとき。

⑤ **危険物施設の応急措置命令**
⇒　危険物の流出その他の事故が発生したときに，応急の措置を講じていないとき。

⑥ **移動タンク貯蔵所の応急措置命令**
⇒　管轄する区域にある移動タンク貯蔵所に危険物の流出その他の事故が発生したとき。

⑦ **無許可貯蔵等の危険物に対する措置命令**
⇒　指定数量以上の危険物を仮貯蔵，仮取扱いの承認なしに，あるいは，無許可で貯蔵し，又は取り扱っている者に対して発する措置命令

⑧ **緊急使用停止命令**

解答

【問題 1】(3)

⇒　公共の安全の維持または災害の防止のため緊急の必要があると認めるときは，施設に一時使用停止または使用制限の命令を発することができる。

⑨　**危険物取扱者免状返納命令**

⇒　危険物取扱者が消防法の規定に違反したとき（注：この命令だけは**都道府県知事**が発します）

以上，許可の取り消し事由に該当するものに○，該当しないものに×を付して説明すると，次のようになります。

A　○。「許可の取り消し，または使用停止命令」の①に該当するので，取り消し事由に該当します。

B　×。承認を得ずに予防規程の内容を変更したときは，許可の取り消しや使用停止命令ではなく，**罰則**の対象となります。

なお，予防規程の内容を変更する（または定める）ときは，承認を得て変更するのではなく，変更したあとに市町村長等の**認可**を得る必要があります。

C　×。危険物保安監督者が定められていない場合は，「許可の取り消し事由」ではなく，「使用停止命令」の事由です。

D　×。冒頭の①に該当するので，取り消し事由ではなく，**危険物の貯蔵及び取扱いの基準の遵守命令**の発令事由になります（この命令に違反すると，使用停止命令の発令事由（②）となる）。

E　×。冒頭の②に該当するので，**危険物施設の基準適合命令（製造所等の修理，改造又は移転命令）**の発令事由になります。

従って，許可の取り消し事由に該当しないものは，**B，C，D，Eの4つ**になります。

【問題3】 特急

市町村長等が行う製造所等の使用停止命令の発令理由に該当しないものは，次のうちどれか。

(1)　危険物保安統括管理者を定めているが，当該危険物保安統括管理者に危険物の保安に関する業務を統括管理させていないとき。

(2)　地下タンク貯蔵所において定期点検を実施し，記録も作成したが，保存

解答は次ページの下欄にあります。

していなかったとき。

(3) 製造所等の譲渡又は引渡しを受けて，その旨を届け出なかったとき。

(4) 危険物保安統括管理者又は危険物保安監督者の解任命令に応じなかったとき（違反しているとき）。

(5) 許可は受けたが，完成検査を受けずに給油取扱所を使用したとき。

解説

前問と同じく，P. 18の①と②のどれかに該当すれば，使用停止命令の発令事由になります。

(1)は②の2，(2)は①の5，(4)は②の4，(5)は①の3に該当するので，使用停止命令の発令事由になりますが，(3)はいずれにも該当しないので，これが正解です。

【問題4】 特急★★

法令上，製造所等の使用停止命令の発令対象に該当しないものは，次のうちいくつあるか。

A 製造所の危険物取扱者が免状の書き換えを行っていないとき。

B 給油取扱所で危険物の取扱作業に従事している危険物取扱者が，免状の返納命令を受けたとき。

C 政令で定める一定の製造所等において，保安検査を受けていないとき。

D 製造所等で，8年前に選任された危険物保安監督者が，危険物の取扱作業の保安に関る講習を1度も受けていないとき。

E 危険物の貯蔵又は取扱いの方法が，危険物の貯蔵，取扱いの技術上の基準に違反しているとき。

(1) 1つ　(2) 2つ　(3) 3つ　(4) 4つ　(5) 5つ

解説

P. 18の(5)を参照しながら，使用停止命令の発令事由に該当するものに○，該当しないものに×を付すと，次のようになります。

A，B ×。許可の取り消し，使用停止命令のいずれの発令事由にも該当しません。

C ○。①の4に該当するので，使用停止命令の発令事由になります。

解答

【問題2】(4)　【問題3】(3)

D　×。保安に関する講習を受けていないときは，免状の返納命令の対象にはなりますが，使用停止命令の発令対象にはなりません。

E　×。使用停止命令ではなく，危険物の貯蔵及び取扱いの基準の遵守命令になります。なお，この遵守命令が発令されたのに，その命令に違反したときに，②の１の命令が発令されます。

従って，使用停止命令の発令対象に該当しないものは，**A，B，D，Eの４つ**となります。

【問題５】

消防法違反と，これに対する命令の組み合わせで次のうち誤っているのはどれか。

(1)　製造所等において，危険物の流出，その他の事故が発生したときに，所有者等が応急措置を講じていないとき。
　⇒　応急措置実施命令

(2)　危険物保安監督者を選任したが，その者に保安の監督をさせていないとき。
　⇒製造所等の許可の取り消しまたは一時使用停止命令

(3)　製造所等の位置，構造又は設備が技術上の基準に適合していないとき。
　……………製造所等の修理，改造又は移転命令

(4)　公共の安全の維持または災害の発生の防止のため緊急の必要があると認めたとき。
　⇒製造所等の一時使用停止または使用制限の命令

(5)　予防規程が火災予防のためには適当でないと認められたとき。
　⇒予防規程の変更命令

解説

(1)　【問題２】の解説の⑤より，正しい。

(2)　P. 18 の②の３に該当するので，許可の取り消しではなく，使用停止命令のみです。

(3)　【問題１】の解説の②より，正しい。

(4)　【問題１】の解説の⑧より，正しい。

(5)　【問題１】の解説の④より，正しい。

解答

【問題４】(4)　　【問題５】(2)

4 危険物取扱者，保安講習の問題

＜危険物取扱者＞

【問題１】 急行★

法令上，危険物取扱者について，次のうち誤っているものはどれか。

(1) 乙種危険物取扱者が取扱える危険物の種類は，免状に指定されている。

(2) 甲種危険物取扱者は，すべての危険物を取り扱うことができ，かつ，危険物取扱者以外の者が危険物を取り扱う場合の立会いを行うことができる。

(3) 免状の交付を受けていても，製造所等の所有者から選任を受けなければ危険物取扱者とはならない。

(4) 丙種危険物取扱者は，第４類危険物のすべてを取り扱えるわけではない。

(5) 製造所等では，危険物施設保安員の立会いがあっても危険物を取り扱うことができない。

解説

(1)，(2)正しい。

乙種危険物取扱者が取扱える危険物の種類は，免状に指定されています。

(3) 誤り。危険物取扱者試験に合格し，免状の交付を受けていれば，製造所等の所有者から選任を受けなくても危険物取扱者となります。

(4) 正しい。丙種危険物取扱者が取り扱える危険物は，下記のように第４類危険物のうちの一部です。

＜丙種が取扱える危険物＞（注：下線部のみ下のゴロに入っていません）
・ガソリン・灯油と軽油・第３石油類（重油，潤滑油と引火点が130℃以上のもの）・第４石油類・動植物油類

（覚え方⇒塀が 重い よ～， 動 け と ジュンが言った。）

重油　４石油　動植物　軽油　灯油　潤滑油

解答は次ページの下欄にあります。

⑸　正しい。危険物施設保安員には，危険物取扱いの立会い権限はありません。

【問題 2】

法令上，危険物取扱者について，次のうち誤っているものはどれか。

⑴　甲種危険物取扱者又は乙種危険物取扱者は，危険物の取扱作業の立会をする場合は，取扱作業に従事する者が危険物の貯蔵又は取扱いの技術上の基準を遵守するように監督しなければならない。

⑵　危険物の取扱作業に従事するときは，貯蔵又は取扱いの技術上の基準を遵守するとともに，当該危険物の保安の確保について細心の注意を払わなければならない。

⑶　危険物取扱者であれば，危険物取扱者以外の者による危険物の取扱作業に立ち会うことができる。

⑷　丙種危険物取扱は，危険物保安監督者になることができない。

⑸　乙種危険物取扱者が免状に指定されていない類の危険物を取扱う場合は，甲種危険物取扱者または当該危険物を取り扱うことのできる乙種危険物取扱者が立ち会わなければならない。

解説

⑴，⑵正しい。

⑶　誤り。危険物取扱者であっても，**丙種**は危険物取扱者以外の者による危険物の取扱作業に立ち会うことができず，また，乙種の場合は，危険物すべてではなく，**当該免状に記載されている種類の危険物**でなければならないので，誤りです。

⑷　正しい。危険物保安監督者になることができるのは，製造所等において**6か月以上**の危険物取扱の実務経験を有する**甲種**か**乙種**危険物取扱者で，丙種危険物取扱者は，危険物保安監督者になることができません。

なお，乙種危険物取扱者の場合は，免状に指定された類のみの危険物保安監督者にしかなれないので，注意が必要です。

⑸　正しい。乙種危険物取扱者は，免状に指定された類の危険物しか取扱うことができません。

解答

【問題 1】⑶

【問題 3】

法令上，危険物取扱者について，次のうち正しいものはどれか。

(1) 危険物取扱者は，製造所等の位置，構造及び設備が技術上の基準に適合するように維持する義務を有する。

(2) 製造所等において，危険物取扱者以外の者が危険物を取り扱う場合には，指定数量未満の危険物であれば危険物取扱者の立会いがなくても危険物を取り扱うことができる。

(3) 危険物取扱者以外の者でも，製造所等の所有者の指示があれば危険物を取り扱うことができる。

(4) 移動タンク貯蔵所に乗車する危険物取扱者は，甲種か乙種危険物取扱者に限られてはいない。

(5) 移動タンク貯蔵所には，危険物積載の有無にかかわらず危険物取扱者が乗車しなければならない。

解説

(1) 誤り。製造所等の構造及び設備を技術上の基準に適合するように維持する義務を負うのは，当該製造所等の**所有者等**です。

(2) 誤り。製造所等においては，指定数量未満の危険物であっても，危険物取扱者以外の者が危険物を取り扱う場合は，危険物取扱者の立ち会いが必要です。

(3) 誤り。製造所等の所有者の指示があっても危険物取扱者以外の者が危険物を取り扱うことはできません。

(4) 正しい。移送は，移送する危険物を取り扱える危険物取扱者が乗車すればよいのであって，仮にガソリンを移送するのであれば，丙種でもかまいません。

(5) 誤り。危険物を積載していなければ，危険物取扱者が乗車する必要はありません。

【問題 4】

製造所等において，丙種危険物取扱者が取り扱うことができる危険物として，規則に定められていないものはいくつあるか。

A 第3石油類の潤滑油

解答

【問題 2】(3)

B　ギヤー油
C　酸化プロピレン
D　固形アルコール
E　グリセリン
(1)　1つ　(2)　2つ　(3)　3つ　(4)　4つ　(5)　5つ

解説

【問題1】の(4)（P. 48）の枠内に，含まれているものに○，含まれていないものに×を付すと，次のようになります。

A　○。
B　○。ギヤー油は第4石油類なので，上記の危険物に含まれています。
C　×。酸化プロピレンは，特殊引火物であり，表に示した危険物には含まれていません。
D　×。固形アルコールは，第2類の危険物であり，表に示した危険物には含まれていません。
E　○。グリセリンは，第3石油類で引火点が177℃なので，表に示した危険物のうち「**第3石油類で引火点が130℃以上のもの)**」に含まれているので，○になります。

従って，丙種危険物取扱者が取り扱うことができる危険物として，規則に定められていないものは，**C**，**D**の**2つ**になります。

＜免状＞

【問題5】 急行★

法令上，免状について，次のうち正しいものはどれか。

(1)　危険物取扱者が，製造所等で危険物取扱者以外の者の危険物取扱作業に立会う場合は，免状を携帯していなければならない。
(2)　危険物取扱者は，指定数量以上の危険物を運搬する場合，あるいは移動タンク貯蔵所に乗車して危険物を移送する場合は，免状を携帯していなければならない。
(3)　消防法令に違反して，都道府県知事から免状の返納を命じられた場合は，法定の講習を受ければ再交付を受けることができる。
(4)　免状を汚損又は破損した場合は再交付の申請をすることができるが，免

解答

【問題3】(4)

状を亡失または滅失した場合は，危険物取扱者試験を再受験しなければならない。

(5) 乙種危険物取扱者は，原則として，免状に指定された危険物以外の危険物を取り扱ってはならない。

解説

(1) 誤り。免状の携帯が義務づけられているのは，危険物を移送するため（⇒ この条件が必ず必要なので注意），移動タンク貯蔵所に乗車する場合のみです。

(2) 誤り。危険物取扱者が**移動タンク貯蔵所**に乗車して危険物を移送する場合は，免状を携帯する必要がありますが，**運搬**の場合は，そもそも危険物取扱者の乗車が義務づけられていないので，当然，携帯する必要もありません。

(3) 誤り。このような講習は存在せず，**都道府県知事**から免状の返納を命じられた場合は（⇒返納を命じるのは都道府県知事なので，注意！），危険物取扱者試験を再受験する必要があります。

なお，その場合は，その日から起算して**1年**を経過しないと免状の交付を受けることはできません。

(4) 誤り。免状を亡失または滅失*した場合も再交付申請することができます。

（*亡失：なくすこと＝loss，滅失：火災等により存在そのものがなくなること。）

(5) 正しい。なお，「原則として」とあるのは，その危険物を取り扱える危険物取扱者の立会いを受けた場合は，免状に指定された危険物以外の危険物を取り扱えるという例外があるためです。

【問題６】 急行★

法令上，免状の書換えの申請先として，次のうち正しいものはどれか。

A 免状を交付した都道府県知事

B 居住地を管轄する消防長又は消防署長

C 勤務地を管轄する都道府県知事

D 居住地を管轄する市町村長

解答

【問題 4】(2)

E　居住地を管轄する都道府県知事
(1)　A，C
(2)　A，B，D
(3)　A，C，E
(4)　B，C，E
(5)　C，E

解説

免状の書換えの申請先は，免状を**交付**した都道府県知事と**居住地**または**勤務地**を管轄する都道府県知事です。

従って，**(3)**の **A**，**C**，**E** が正解です。

【問題7】 急行★

法令上，免状の交付を受けている者が，免状を忘失し，滅失し，汚損し，又は破損した場合の再交付の申請先として，次のうち正しいものはどれか。

A　免状を交付した都道府県知事
B　免状を書換えた都道府県知事
C　勤務地を管轄する都道府県知事
D　居住地を管轄する消防長又は消防署長
E　居住地を管轄する都道府県知事

(1)　A，B　　(2)　A，B，D
(3)　A，C　　(4)　B，E
(5)　C，E

解説

免状の再交付の申請先は，免状を**交付**した都道府県知事と**免状を書換えた**都道府県知事です。従って，(1)の A，B が正解です。

なお，免状を亡失してその再交付を受けた者が，亡失した免状を発見した場合は，これを **10日以内**に免状の**再交付を受けた都道府県知事**に提出しなければなりません。

解答

【問題5】(5)

【問題 8】

法令上，免状の記載事項として，次のうち誤っているものはどれか。

⑴　免状の交付年月日

⑵　免状の交付番号

⑶　本籍地の属する市町村

⑷　過去 10 年以内に撮影した写真

⑸　氏名及び生年月日

解説

免状の記載事項は，①免状の交付年月日および交付番号，②氏名及び生年月日，③本籍地の属する**都道府県**，④免状の種類等，⑤過去 10 年以内に撮影した写真…などです。

従って，⑶は，本籍地の属する市町村ではなく，本籍地の属する都道府県なので，これが誤りです。

【問題 9】

法令上，免状の交付を受けている者が，その免状の書替えを申請しなければならない場合は，次のうちどれか。

⑴　危険物の取扱作業の保安に関する講習を修了したとき。

⑵　勤務先が変わったとき。

⑶　危険物保安監督者に選任されたとき。

⑷　免状の写真が，撮影した日から 10 年を経過したとき。

⑸　本籍地の属する都道府県を変えずに市町村を変えたとき。

解説

前問より，**⑷**が正解です。

なお，⑸は，「住所が変わったとき。」として出題される場合があります。

＜危険物の取扱作業の保安に関する講習＞

【問題 10】特急

法令上，危険物の取扱作業の保安に関する講習について，次のうち正しいものはどれか。

解答

【問題 6】⑶　　【問題 7】⑴

(1) 免状の再交付を受けたときは，受講しなければならない。
(2) 講習を受講するときは，居住地又は勤務地を管轄する都道府県で受講しなければならない。
(3) 受講義務のある危険物取扱者が受講しなければならない場合に受講しなかった場合は，免状の返納を命じられることがある。
(4) 現に危険物の取扱作業に従事している危険物取扱者は3年に1回，それ以外の危険物取扱者は10年に1回の免状の書換えの際にそれぞれ受講しなければならない。
(5) 指定数量未満の危険物を貯蔵し，又は取り扱う施設において，危険物の取扱作業に従事する危険物取扱者は，受講しなければならない。

解説

まず，講習の受講サイクルは，次のようになります。

① **従事し始めた日から1年以内**，その後は，
講習を受けた日以後における最初の4月1日から**3年以内**に受講。
② 従事し始めた日から過去2年以内に**免状の交付**か**講習**を受けた者
⇒その交付や講習の日以後における最初の4月1日から**3年以内**に受講すればよい。

(1) 誤り。講習を受講しなければならないのは，「危険物取扱者の資格のある者」が「危険物の取扱作業に従事している」場合です。従って，単に免状の再交付を受けただけでは受講義務は生じません。
(2) 誤り。講習は，全国いずれの都道府県においても受けることができます。
(3) 正しい。なお，「免状の返納を命じられることがある。」というのは，必ず返納を命じられるのではない，ということです。また，「使用停止命令となる」という出題例もありますが，×なので，要注意。
(4) 誤り。受講サイクルは，①と②のとおりです。
(5) 誤り。講習の受講義務が生じるのは，製造所等において危険物の取扱作業に従事している危険物取扱者です。
　この場合，製造所等というのは，指定数量以上の危険物を貯蔵および取扱う製造所，貯蔵所，取扱所の3つの施設を総称したものであり，指定数

解答

【問題8】(3)　　【問題9】(4)

量未満の危険物を貯蔵し，又は取り扱う施設の場合は，「製造所等」には含まれないので，受講義務も生じません。

【問題 11】 特急★★

法令上，危険物の取扱作業の保安に関する講習について，次のうち正しいものはどれか。

⑴　製造所等で危険物保安監督者に選任されている危険物取扱者のみが受講しなければならない。

⑵　製造所等で危険物の取扱作業に従事しているすべての危険物取扱者および危険物施設保安員に受講義務がある。

⑶　丙種危険物取扱者は，受講しなくてもよい。

⑷　指定数量以上の危険物を車両で運搬する危険物取扱者の場合には，受講義務がある。

⑸　すべての危険物保安監督者は，受講しなければならない。

解説

⑴　誤り。危険物保安監督者には受講義務がありますが，受講義務があるのは危険物保安監督者のみではなく，前問の解説⑴に示してある**危険物取扱者**であれば受講義務が生じます。

⑵　誤り。危険物の取扱作業に従事しているすべての**危険物取扱者**には受講義務がありますが，危険物取扱者の資格のない**危険物施設保安員**には受講義務はありません。

⑶　誤り。丙種危険物取扱者であっても，製造所等で危険物の取扱作業に従事していれば受講義務があります。

⑷　誤り。危険物を車両で**運搬する**車両は「製造所等」には該当しないので，たとえ指定数量以上であっても受講義務はありません。

⑸　正しい。危険物保安監督者は危険物取扱者の免状所持者のため，受講義務が生じます。

【問題 12】 急行★

法令上，危険物の取扱作業の保安に関する講習について，次のうち，誤っているものはいくつあるか。

解答

【問題 10】⑶

A　新たに免状の交付を受けたすべての危険物取扱者は１年以内に受講しなければならない。

B　５年前から危険物保安監督者に選任されていて，保安講習を１回も受講していない者は，「受講期限が過ぎている危険物取扱者」に該当する。

C　製造所等において，危険物の取扱作業に従事していない危険物取扱者の場合には受講義務はない。

D　販売取扱所で危険物の取扱いに従事している危険物取扱者は，受講しなければならない。

E　講習は，総務省令で定めるところにより，都道府県知事（総務大臣が指定する市町村長その他の機関を含む）が行う。

F　４年前に講習を受け，その１年後危険物取扱作業から離れ，２年前から再び危険物の取扱作業に従事しているが，講習はまだ受講していない。

(1)　1つ　　(2)　2つ　　(3)　3つ　　(4)　4つ　　(5)　5つ

解説

A　誤り。新たに免状の交付を受けたというだけでは受講義務は生じず，危険物の取扱作業に従事して初めて生じます。

B　正しい。危険物保安監督者は，危険物取扱者の免状を有し，かつ，危険物取扱作業に従事しているので，５年前からということは，「３年以内」という受講条件を大きく過ぎていることになります。

C　正しい。受講義務が生じるのは，**「危険物取扱者の資格のある者」が「危険物の取扱作業に従事している」**場合なので，危険物の取扱作業に従事していなければ受講義務は生じません。

D　正しい。販売取扱所は製造所等であり，危険物の取扱いに従事していれば受講義務が生じます。

E　正しい。

F　誤り。再び作業に従事した時点で，「過去２年以内に**免状の交付**か**講習**を受けた者」に該当するので，前回の講習を受けた日以後における最初の４月１日から３年以内に受講する必要があり，受講時期が過ぎていることになります。

　従って，誤っているのは，**A**，**F**の**２つ**となります。

解答

【問題 11】(5)　　【問題 12】(2)

5 危険物の保安に携わる者の問題

＜危険物保安監督者＞

【問題１】 急行★

危険物保安監督者に関する次の文の（　）内に当てはまる語句の組合せとして，消防法令上，正しいものはどれか。

「製造所等の所有者等は，甲種または（　A　）危険物取扱者で，危険物取扱いの実務経験が（　B　）以上ある者から危険物保安監督者を選任して（　C　）に届け出なければならない。また，（　D　）危険物取扱者は危険物保安監督者にはなれない。」

	(A)	(B)	(C)	(D)
(1)	丙種	1ヶ月	市町村長等	乙種
(2)	乙種	3ヶ月	所轄消防署長	丙種
(3)	丙種	3ヶ月	市町村長等	乙種
(4)	乙種	6ヶ月	市町村長等	丙種
(5)	乙種	6ヶ月	所轄消防署長	丙種

解説

正解は，次のようになります。

「製造所等の所有者等は，甲種または（**乙種**）危険物取扱者で，危険物取扱いの実務経験が（**6ヶ月**）以上ある者から危険物保安監督者を選任して（**市町村長等**）に届け出なければならない。また，（**丙種**）危険物取扱者は危険物保安監督者にはなれない。」

【問題２】

危険物保安監督者について，次のうち正しいものはどれか。

(1) 危険物保安監督者を定めるのは，製造所等の所有者，管理者，または占有者である。

(2) 政令で定める製造所等の所有者等は，危険物取扱者の資格者の中から危険物保安監督者を定めなければならない。

解答は次ページの下欄にあります。

(3) 丙種危険物取扱者は，免状で指定された危険物についてのみ危険物保安監督者になれる。
(4) 屋内貯蔵所は，危険物の種類や数量にかかわらず，危険物保安監督者を選任しなければならない。
(5) 危険物保安監督者は危険物施設保安員の指示に従って，保安の監督をしなければならない。

解説

(1) 正しい。危険物保安監督者を定めるのは，製造所等の所有者，管理者，または占有者……すなわち，**所有者等**です。
(2) 誤り。単に危険物取扱者の資格者というのではなく，製造所等において危険物取扱いの実務経験が**6ヶ月以上**ある**甲種**または**乙種**危険物取扱者の中から選任する必要があります。
(3) 誤り。丙種危険物取扱者は，危険物保安監督者にはなれません。
(4) 誤り。屋内貯蔵所は，原則として危険物保安監督者を選任しなければならない施設ですが，ただ，指定数量が**30倍以下**で**40℃以上**の危険物を貯蔵，取扱う場合には選任する必要はありません。
(5) 誤り。問題文は逆で，危険物保安監督者の方が危険物施設保安員に対して必要な指示を行います。

【問題3】 急行★

次のうち，貯蔵または取扱う危険物の品名，数量または指定数量の倍数にかかわりなく危険物保安監督者を定めなくてもよい製造所等はどれか。

(1) 製造所
(2) 屋内貯蔵所
(3) ガソリンを800ℓ貯蔵する屋外貯蔵所
(4) 移動タンク貯蔵所
(5) 屋外タンク貯蔵所

解説

貯蔵または取扱う危険物の品名，数量または指定数量の倍数にかかわりなく危険物保安監督者を定めなくてもよい製造所等は，**移動タンク貯蔵所**だけで

解答

【問題1】(4)

す。

(1)の**製造所**は逆に，貯蔵または取扱う危険物の品名，数量または指定数量の倍数にかかわりなく危険物保安監督者を定めなければならない施設であり，(2)の**屋内貯蔵所**は，前問の(4)より，一部の例外を除いて危険物保安監督者を定めなければならない施設，(3)の**屋外貯蔵所**は，一部の第４類危険物を貯蔵及び取扱いの場合のみ選任する施設，(5)の**屋外タンク貯蔵所**は，(1)の製造所と同じく，貯蔵または取扱う危険物の品名，数量または指定数量の倍数にかかわりなく危険物保安監督者を定めなければならない施設です。

【問題４】 急行★

法令上，危険物保安監督者を必ず定めなければならない製造所等は，次のうちいくつあるか。

A　製造所
B　屋外タンク貯蔵所
C　給油取扱所
D　移送取扱所
E　一般取扱所

(1)　1つ　(2)　2つ　(3)　3つ　(4)　4つ　(5)　5つ

解説

貯蔵または取扱う危険物の品名，数量または指定数量の倍数にかかわりなく危険物保安監督者を必ず定めなければならない製造所等は，**A，B，C，D**の**４つ**であり，Eの一般取扱所は，必ずではなく，一部例外があります。

【問題５】

法令上，危険物保安監督者を定めなければならない製造所等は，次のうちどれか。

(1)　移動タンク貯蔵所
(2)　指定数量の倍数が30以下の屋外貯蔵所
(3)　引火点が40℃以上の第４類の危険物のみを貯蔵し，又は取り扱う屋内タンク貯蔵所
(4)　引火点が40℃ 以上の第４類の危険物のみを取り扱う第２種販売取扱所

解答

【問題２】(1)　【問題３】(4)

(5) 給油取扱所

解説

危険物保安監督者を定めなければならない製造所等には，前問のように，危険物の品名，数量または指定数量の倍数にかかわらず定めなければならない製造所等と一定の条件のときに定めなければならない製造所等の2通りがあります。

後者の一定の条件のときに定めなければならない製造所等については，詳細な条件があり，この問題に関しては，そこまで覚える必要はありません。
というのは，(5)の**給油取扱所**が，前問の危険物の品名，数量または指定数量の倍数にかかわらず危険物保安監督者を定めなければならない製造所等に該当するからです。

従って，この(**5**)が正解になります。

【問題6】

法令上，危険物保安監督者を定めなければならない製造所等において，市町村長等から製造所等の使用停止を命ぜられることがあるものは，次のうちどれか。

(1) 危険物保安監督者が消防法に基づく命令の規定に違反したとき。
(2) 危険物保安監督者を選任していないとき。
(3) 危険物保安監督者を選任したときの届け出を怠ったとき。
(4) 危険物保安監督者を解任したときの届け出を怠ったとき。
(5) 危険物保安監督者が危険物取扱者の法定講習を受講していないとき。

解説

危険物保安監督者に関して使用停止を命ぜられる場合は，P.18の(5)より，「選任していないとき（定められていないとき）」または「危険物保安監督者に保安の監督をさせていないとき」なので，(**2**)が正解となります。

【問題7】 特急

法令上，危険物保安監督者の業務等について，次のうち誤っているものはどれか。

解答

【問題4】(4)

(1) 危険物施設保安員をおく製造所等にあっては，危険物施設保安員に必要な指示を与えること。

(2) 危険物取扱作業の実施に際し，当該作業が貯蔵又は取扱いの技術上の基準及び予防規程等の保安の規程に適合するように作業者（作業に立ち会う危険物取扱者を含む。）に対し必要な指示を与えること。

(3) 火災等の災害防止に関し，当該製造所等その他関連する施設の関係者との間に連絡を保つこと。

(4) 危険物保安監督者が法に違反したときは，直ちに解任を命ぜられる。

(5) 火災等の災害が発生した場合は，作業者（作業に立ち会う危険物取扱者を含む。）を指揮して応急の措置を講ずるとともに，直ちに消防機関その他関係のある者に連絡すること。

解説

危険物保安監督者が法に違反したときは，法第 13 条の 24 より，「市町村長等は，危険物保安統括管理者若しくは危険物保安監督者がこの法律若しくはこの法律に基づく命令の規定に違反したとき，又はこれらの者にその業務を行わせることが公共の安全の維持若しくは災害の発生の防止に支障を及ぼすおそれがあると認めるときは，（以下概略）製造所等の所有者等に対し，危険物保安統括管理者又は危険物保安監督者の解任を命ずることができる。」となっています。

すなわち，直ちに解任を命ぜられのではなく，解任を命ぜられることもある，ということなので，**(4)**が誤りです。

他は，危険物保安監督者の業務なので，正しい。

【問題 8】

法令上，危険物保安監督者の業務に関する記述について，次のうち，誤っているものはいくつあるか。

A 危険物の取扱作業に関して保安の監督をする場合は，誠実にその業務を行わなければならない。

B 火災等の災害が発生した場合は，作業者を指揮して応急の措置を講ずるとともに，所有者等の指示を受けた上で消防機関等に連絡しなければならない。

解答

【問題 5】(5)　【問題 6】(2)

C　危険物の取扱作業の実施に際し，当該作業が法第 10 条第 3 項の技術上の基準及び予防規程等の保安に関する規定に適合するように作業者に対し必要な指示を与えなければならない。

D　製造所等の位置，構造または設備の変更，その他法に定める諸手続に関する業務を行う。

E　危険物施設保安員を置く必要がない製造所等にあっては，規則で定める危険物施設保安員の業務を行わなければならない。

(1)　1 つ　　(2)　2 つ　　(3)　3 つ　　(4)　4 つ　　(5)　5 つ

解説

A　正しい。

B　誤り。前問の(5)より，火災等の災害が発生した場合は，「所有者等の指示を受けた上」ではなく，**「直ちに」**消防機関その他関係のある者に連絡する必要があります。

C　正しい。前問の(2)と同じで，ただ，「危険物の貯蔵又は取扱いの技術上の基準」を「法第 10 条第 3 項の技術上の基準及び予防規程等の保安に関する規定」と言い換えただけです。

なお，法第 10 条第 3 項には，次のように規定されています。

「製造所，貯蔵所又は取扱所においてする危険物の貯蔵又は取扱は，政令で定める技術上の基準に従ってこれをしなければならない。」

D　誤り。このような業務は含まれていません。

E　正しい。

従って，誤っているのは，**B**，**D** の **2 つ**となります。

【問題 9】

法令上，一定の指定数量以上の危険物を貯蔵し，又は取り扱う場合，危険物施設保安員を選任しなければならない旨の規定が設けられている製造所等は，次のうちどれか。

(1)　給油取扱所

(2)　屋内タンク貯蔵所

(3)　製造所

(4)　屋内貯蔵所

解答

【問題 7】(4)

(5) 屋外貯蔵所

解説

下の表より，一定の指定数量以上（100 倍以上）で危険物保安員の選任義務が生じるのは，製造所と一般取扱所であり，このうち選択肢に含まれているのは(**3**)の製造所になります。

なお，参考までに**危険物保安統括管理者**の選任が必要な施設も示してありますが，指定数量の倍数は出題例があるので，要注意です。

	危険物施設保安員	**危険物保安統括管理者**
移送取扱所	指定数量に関係なく定める。	指定数量以上
製造所	指定数量の倍数が**100倍以上**の場合に定める。	指定数量の倍数が**3,000倍以上**の場合に定める。
一般取扱所		

【問題 10】

法令上，危険物施設保安員について，次のうち正しいものはどれか。

(1) 危険物施設保安員は，甲種危険物取扱者又は乙種危険物取扱者のうちから選任しなければならない。

(2) 危険物施設保安員は，製造所等の構造及び設備に係る保安のための業務を行う。

(3) 製造所等の所有者等は，危険物施設保安員を定めたときは，遅滞なくその旨を市町村長等に届け出なければならない。

(4) 危険物施設保安員は，予防規程を作成し，市町村長等の認可を受けなければならない。

(5) 危険物施設保安員は，危険物保安監督者が旅行，疾病その他事故によってその職務を行うことができない場合にその職務を代行しなければならない。

解説

(1) 誤り。危険物施設保安員については，特に資格は必要とされていません。

(2) 正しい。

解答

【問題 8】(2)

⑶　誤り。危険物施設保安員を選任及び解任しても届け出る必要はありません。

⑷　誤り。予防規程を作成するのは**製造所等の所有者等**です。

⑸　誤り。このような規定は含まれていません。

なお，「危険物保安監督者が旅行，疾病その他事故によってその職務を行うことができない場合にその職務を代行する者に関すること。」は，**予防規程**に定める事項です。

【問題 11】

法令上，危険物施設保安員の業務に該当していないものは，次のうちどれか。

⑴　製造所等の計測装置，制御装置，安全装置等の機能が適正に保持されるようにこれを保安管理すること。

⑵　製造所等における危険物の取扱作業の実施に際し，危険物取扱者に指示を与えること。

⑶　製造所等の構造及び設備に異常を発見した場合は，危険物保安監督者その他関係のある者に連絡するとともに状況を判断して適当な措置を講ずること。

⑷　製造所等の構造及び設備を技術上の基準に適合するように維持するため，定期及び臨時の点検を行うこと。

⑸　点検を行ったときは，点検を行った場所の状況及び保安のために行った措置を記録し，保存すること。

解説

危険物施設保安員は危険物保安監督者から指示を受けることはありますが，（危険物取扱者に）指示を与えたりするような権限はありません。

解答

【問題 9】⑶　【問題 10】⑵　【問題 11】⑵

6 予防規程と定期点検の問題

＜予防規程＞

【問題 1】 特急★★

法令上，予防規程に関する次の文の下線部分(A)～(D)のうち，誤っているものはいくつあるか。

「(A) すべての製造所等の (B) 所有者等は，当該製造所等の火災を予防するため，規則で定める事項について，予防規程を定め，(C) 所轄消防長又は消防署長に対して (D) 遅滞なく届け出なければならない。」

⑴ 0　⑵ 1つ　⑶ 2つ　⑷ 3つ　⑸ 4つ

解説

まず，(A) については，予防規程を定めなければならない製造所等は，法で定められた一定の製造所等であり，すべてではないので誤りです。

(B) は正しい。

(C)，(D)　予防規程は**市町村長等**に対して**認可**を受けなければならないので，両方とも誤りです。

従って，誤っているのは，**A，C，D**の**3つ**となります。

なお，正しくは，次のようになります。

「(A) 一定の製造所等の (B) 所有者等は，当該製造所等の火災を予防するため，規則で定める事項について，予防規程を定め，(C) 市町村長等の (D) 認可を受けなければならない。」

【問題 2】

法令上，特定の製造所等において定めなければならない予防規程について，次のうち誤っているものはいくつあるか。

A　製造所等の所有者等及びその従業員は，危険物取扱者以外であっても予防規程を守らなければならない。

B　予防規程を定めなければならない製造所等について，それを定めずに危険物を貯蔵し，又は取扱った場合は処罰の対象となる。

解答は次ページの下欄にあります。

C　危険物保安統括管理者又は危険物保安監督者は，予防規程を定め，市町村長等の許可を受けなければならない。

D　消防署長は，火災予防のため必要があるときは，予防規程の変更を命ずることができる。

E　予防規程は，市町村条例で定める事項について定め，市町村長等の認可を受けなければならない。

(1)　1つ　　(2)　2つ　　(3)　3つ　　(4)　4つ　　(5)　5つ

解説

A　正しい。予防規程を守らなければならないのは，製造所等の所有者等（所有者，管理者又は占有者）と**全ての従業員**なので，正しい。

　なお，製造所等に出入りする業者などには遵守義務はないので，注意してください。

B　正しい。

C　誤り。予防規程を定めるのは，**製造所等の所有者等**です。

D　誤り。予防規程の変更を命ずることができるのは，**市町村長等**です。

E　誤り。予防規程は，それぞれの製造所等に応じて定める自主保安基準であり，危険物の貯蔵及び取扱いの技術上の基準に適合しなければなりませんが，市町村条例で定める事項について定めるものではありません。

　従って，誤っているのは，**C**，**D**，**E**の**3つ**となります。

【問題3】 特急

法令上，予防規程を必ず定めなければならない製造所等は，次のうちいくつあるか。

A　第2種販売取扱所

B　地下タンク貯蔵所

C　簡易タンク貯蔵所

D　移送取扱所

E　給油取扱所（屋外自家用は除く）

(1)　1つ　　(2)　2つ　　(3)　3つ　　(4)　4つ　　(5)　5つ

解説

解答

【問題1】(4)

予防規程を定めなければならない製造所等には，「指定数量に関係なく定めなければならない製造所等」と「指定数量の倍数によっては定めなければならない製造所等」の２通りがあります。

本問の場合，指定数量の条件が挙げられていないので，前者の「指定数量に関係なく定めなければならない製造所等」となり，その場合は，Ｄの**移送取扱所**とＥの**給油取扱所**（屋外自家用は除く）の**２つ**ということになります。

【問題４】 急行★

法令上，予防規程を定めなければならない製造所等について，次のＡ～Ｆのうち誤っているものはいくつあるか。

Ａ　指定数量の倍数が 10 以上の製造所

Ｂ　指定数量の倍数が 100 以上の屋内貯蔵所

Ｃ　指定数量の倍数が 150 以上の屋外タンク貯蔵所

Ｄ　すべての移送取扱所

Ｅ　すべての一般取扱所

Ｆ　すべての給油取扱所

(1)　1 つ

(2)　2 つ

(3)　3 つ

(4)　4 つ

(5)　5 つ

解説

指定数量の倍数により予防規程を定めなければならない製造所等ということで，前問の給油取扱所と移送取扱所は除かれます。

従って，下の表より，**Ｂ，Ｃ，Ｅ**が不適切となります。

製造所	10倍以上	**屋内貯蔵所**	150倍以上
一般取扱所	10倍以上	**屋外タンク貯蔵所**	200倍以上
屋外貯蔵所	100倍以上		

（５つの施設は，保安距離が必要な５つの危険物施設と同じです⇒P.79，問題１）

解答

【問題２】(3)　　【問題３】(2)

【問題 5】 特急★★

予防規程を定めなければならない製造所等をまとめた次の表について，誤っているものはどれか。ただし，鉱山保安法による保安講習又は火薬類取締法による危害予防規程を定めているものを除く。

予防規程が必要な製造所等	予防規程が必要となる指定数量
(1) 給油取扱所，移送取扱所	すべて（指定数量に関係なく必ず定める）
(2) 製造所	15倍以上
(3) 屋外貯蔵所	100倍以上
(4) 屋内貯蔵所	150倍以上
(5) 屋外タンク貯蔵所	200倍以上

解説

前問の表より，製造所と一般取扱所（一部除く）は，**10 倍以上**のときに定める必要があります。

【問題 6】 急行★

法令上，予防規程を定めなければならない製造所等は，次のうちどれか。ただし，鉱山保安法による保安講習又は火薬類取締法による危害予防規程を定めているものを除く。

(1) 指定数量の倍数が 8 の黄リンを貯蔵する製造所
(2) 指定数量の倍数が 100 のガソリンを貯蔵する屋内貯蔵所
(3) 指定数量の倍数が 48 の軽油を貯蔵する屋外貯蔵所
(4) 指定数量の倍数が 48 の灯油を貯蔵する屋外の営業用給油取扱所
(5) 指定数量の倍数が 5 の炭化カルシウムを取り扱う一般取扱所（指定数量の倍数が 30 以下で，かつ，引火点が 40℃ 以上の第 4 類の危険物のみを容器に詰め替えるものを除く。）

解説

(1) 誤り。製造所の場合は，指定数量の倍数が **10 以上**です。
(2) 誤り。屋内貯蔵所の場合は，指定数量の倍数が **150 以上**です。

解答

【問題 4】(3)

⑶　誤り。屋外貯蔵所の場合は，指定数量の倍数が **100 以上**です。

⑷　正しい。問題 3 の解説より，屋外自家用を除く給油取扱所は，指定数量に関係なく予防規程を定める必要があります。

⑸　誤り。一般取扱所の場合は，指定数量の倍数が **10 以上**です。

なお，本問の場合，具体的な危険物名が提示されていますが，単に「指定数量の倍数が○○の危険物」と表示されていても，答えは同じです（危険物名に惑わされないように！）。

【問題 7】 特急★★

法令上，予防規程に定めなければならない事項に該当しないものは，次のうちどれか。

⑴　危険物施設の運転又は操作に関すること。

⑵　製造所等の位置，構造及び設備を明示した書類及び図面の整備に関すること。

⑶　危険物の需要，供給状況及び価格に関すること。

⑷　危険物の保安に係る作業に従事する者に対する保安教育に関すること。

⑸　危険物保安監督者が旅行，疾病その他の事故によってその職務を行うことができない場合に，その職務を代行する者に関すること。

解説

「危険物の需要，供給状況及び価格に関すること」は，予防規程に定めなければならない事項には含まれていません。

【問題 8】 特急★★

法令上，予防規程に定めなければならない事項に該当しないものは，次のうちいくつあるか。

A　補修等の方法に関すること。

B　化学消防自動車の設置その他自衛の消防組織に関すること。

C　危険物施設の火災による損害調査に係る隣接事業所との応援協力に関すること。

D　地震発生時における施設及び設備に対する点検，応急措置等に関すること。

解答

【問題 5】⑵　　【問題 6】⑷

E　火災時の給水維持のため公共用水道の制水弁の開閉に関すること。

⑴　1つ　⑵　2つ　⑶　3つ　⑷　4つ　⑸　5つ

解説

前問の⑶以外と，本問の**A**，**B**，**D**が予防規程に定めなければならない事項になります。

よって，CとEが含まれていないので，**⑵**が正解です。

【問題9】

法令上，営業用給油取扱所の予防規程のうち，顧客に自ら給油等をさせる給油取扱所のみが，定めなければならない事項は，次のうちどれか。

⑴　顧客の車両に対する点検，整備に関すること。
⑵　顧客に対する車両の誘導方法に関すること。
⑶　顧客の車両に対する清掃方法に関すること。
⑷　顧客に対する監視その他保安のための措置に関すること。
⑸　顧客に対する従業員の安全教育に関すること。

解説

「顧客に対する監視その他保安のための措置に関すること。」が正解です。

＜定期点検＞

【問題10】特急★

法令上，製造所等の定期点検について，次のうち誤っているものはどれか。ただし，規則で定める漏れの点検及び固定式の泡消火設備に関する点検を除く。

⑴　政令で定める製造所等の所有者等は，定期点検記録を作成し，これを保存しなければならない。
⑵　定期点検は，製造所等の位置，構造及び設備が技術上の基準に適合しているかどうかについて行う。
⑶　甲種危険物取扱者が立ち会った場合は，だれでも定期点検を行うことができる。
⑷　丙種危険物取扱者は，定期点検を行うことができない。

解答

【問題7】⑶

⑸　危険物施設保安員は，当該製造所等の定期点検を行うことができる。

解説

定期点検を行うことができるのは，**危険物取扱者**と**危険物施設保安員**及び**危険物取扱者の立会いを受けた者**です。

従って，丙種危険物取扱者も定期点検を行うことができます。

【問題 11】

法令上，製造所等における定期点検について，次のうち正しいものはどれか。ただし，規則で定める漏れの点検及び固定式の泡消火設備に関する点検を除く。

⑴　点検の実施者は危険物取扱者でなければならない。

⑵　移動タンク貯蔵所及び危険物を取り扱うタンクで地下にあるものを有する給油取扱所は，貯蔵し，又は取り扱う危険物の指定数量の倍数に関係なく定期点検の実施対象である。

⑶　3 年に 1 回行わなければならない。

⑷　危険物施設保安員が定期点検を行う場合は，危険物取扱者の立ち会いを受けなければならない。

⑸　点検記録の保存期間は，1 年間である。

解説

⑴　誤り。前問の解説参照。

⑵　正しい。【問題 13】（P.74）の解説参照

⑶　誤り。**1 年に 1 回以上**です。

⑷　誤り。危険物施設保安員は立会いがなくても定期点検を行うことができます。ただし，危険物取扱者，危険物施設保安員以外の者が定期点検を行う場合の立会い権限はないので，注意が必要です。

⑸　誤り。点検記録の保存期間は，**3 年間**です。

解答

【問題 8】⑵　　【問題 9】⑷

【問題 12】 急行★

法令上，製造所等の定期点検に関する記述について，次のうち誤っているものはいくつあるか。ただし，規則で定める漏れの点検及び固定式の泡消火設備を除く。

A　定期点検は，法に定める技術上の基準に適合しているかどうかについて行うものである。

B　免状の交付を受けていない危険物施設保安員は，定期点検を行うことができる。

C　危険物保安統括管理者を定めている製造所等は，点検の実施を免除されている。

D　点検を実施した場合は，その結果を市町村長等に報告しなければならない。

E　点検を行った者の氏名は，点検記録に記載しなければならない事項である。

(1)　1つ　　(2)　2つ　　(3)　3つ　　(4)　4つ　　(5)　5つ

解説

A　正しい。

B　正しい。定期点検を行うことができるのは，**危険物取扱者**と**危険物施設保安員**及び**危険物取扱者の立会いを受けた者**です。従って，危険物取扱者免状の交付を受けていなくても危険物施設保安員は，定期点検を行うことができます。

C　誤り。このような規定はありません。

D　誤り。点検記録を保存する義務はありますが，報告義務はありません（資料の提出を求められることはあります。）。

E　正しい。点検記録に記載しなければならない事項は，次のとおりです。

・製造所等の名称

・点検の方法，結果

・定期点検を行った年月日

・点検を行った者又は，点検に立ち会った者の氏名

従って，誤っているのは **C**，**D** の **2つ**になります。

解答

【問題 10】(4)　　【問題 11】(2)

【問題 13】 特急★★

法令上，定期点検が義務づけられている製造所等は，次のうちどれか。

(1) 屋内タンク貯蔵所
(2) 移動タンク貯蔵所
(3) 第 1 種販売取扱所
(4) 簡易タンク貯蔵所
(5) 第 2 種販売取扱所

解説

指定数量に関係なく定期点検を実施しなくてもよい製造所等は，
⇒「**屋内タンク貯蔵所**」，「**簡易タンク貯蔵所**」，「**販売取扱所**」です。

逆に，指定数量に関係なく定期点検を実施しなければならない製造所等は，**移動タンク貯蔵所**，移送取扱所（一部例外有り），**地下タンク貯蔵所**と**地下タンクを有する**「**製造所**，**給油取扱所**，**一般取扱所**」です。

従って，**(2)**が正解です。

【問題 14】 特急★★

法令上，定期点検が義務づけられている製造所等は，次のうちどれか。

(1) すべての屋外貯蔵所
(2) 簡易タンクのみを有する給油取扱所
(3) 危険物を取り扱うタンクで地下にあるものを有する屋内貯蔵所
(4) すべての屋外タンク貯蔵所
(5) 危険物を取り扱うタンクで地下にあるものを有する製造所

解説

(1) 屋外貯蔵所は，指定数量の倍数が **100 倍以上**のときに定期点検の実施義務が生じます。
(2) 給油取扱所の場合は，地下タンクを有すれば実施義務が生じますが，簡易タンクのみでは，その必要はありません。
(3) 屋内貯蔵所の場合，定期点検の実施義務が生じるのは地下タンクではなく，指定数量の倍数が **150 倍以上**のときに生じます。
(4) 屋外タンク貯蔵所の場合も，すべてではなく，指定数量の倍数が **200 倍**

解答

【問題 12】(2)

以上のときに生じます。

(5) 製造所の場合は，地下タンクを有すれば定期点検の実施義務が生じるので，これが正解です。

【問題 15】 急行★

法令上，定期点検を義務づけられていない製造所等は，次のうちどれか。なお，地下タンクとは，危険物を取り扱うタンクで地下にあるものをいう。

A 屋内タンク貯蔵所

B 地下タンクを有する給油取扱所

C 簡易タンク貯蔵所

D 移動タンク貯蔵所

E 地下タンク貯蔵所

(1) A，C

(2) A，D

(3) B，C

(4) B，C，D

(5) B，E

解説

A 義務づけられていない。

B 義務づけられている。地下タンクを有する給油取扱所は，**指定数量に関係なく**実施しなければならない施設です。

C 義務づけられていない。

D 義務づけられている。移動タンク貯蔵所は，**指定数量に関係なく**実施しなければならない施設です。

E 義務づけられている。地下タンク貯蔵所は，**指定数量に関係なく**実施しなければならない施設です。

従って，(1)の **A，C** が正解です。

解答

【問題 13】(2)　【問題 14】(5)

【問題 16】

製造所等における地下貯蔵タンクの規則で定める漏れの点検について，次のうち誤っているものはどれか。

(1)　点検の記録は，3 年間保存しなければならない。

(2)　二重殻タンクの内殻については漏れの点検を実施する必要はない。

(3)　危険物取扱者の立会を受けた場合は，危険物取扱者以外の者が漏れの点検方法に関する知識及び技能を有しておれば点検を行うことができる。

(4)　点検は，タンク容量 3,000 ℓ 以上のものについて行わなければならない。

(5)　点検記録には，製造所等の名称，点検年月日，点検の方法，結果及び実施者等を記載しなければならない。

解説

(2)　正しい。二重殻タンクの場合，点検の実施対象は**外殻**であり，内殻については実施する必要はありません。

(4)　誤り。タンクの容量に関する規定はなく，「すべて」が対象です。
　なお，移動貯蔵タンクについても，ほぼ同様ですが，点検記録の保存期間が **10 年間**というのが大きく異なるので，注意してください。

> **移動貯蔵タンクの点検記録保存期間**
> **⇒10 年間**

【問題 17】

法令上，地下埋設配管の規則に定める漏れの点検について，次のうち正しいものはどれか。

(1)　点検は，完成検査済証の交付を受けた日又は直近の漏れの点検を行った日から 3 年を超えない日までの間に 1 回以上行わなければならない。

(2)　危険物の漏れを覚知し，その漏えい拡散を防止するための措置が講じられている場合は，完成検査済証の交付を受けた日又は直近の漏れの点検を行った日から 5 年を超えない日までの間に 1 回以上行えば足りる。

(3)　点検の記録の保存期間は，5 年間である。

(4)　点検を実施した場合は，その結果を消防長又は消防署長に報告しなけれ

解答

【問題 15】(1)

ばならない。

(5) 点検は，危険物取扱者又は危険物施設保安員で漏洩の点検方法に関する知識及び技能を有する者が行うことができる。

解説

地下埋設配管の規則に定める漏れの点検については，地下貯蔵タンクの漏れの点検の基準に原則としては同じです（一部のみ異なる）。

(1) 誤り。点検時期は，原則として**1年**を超えない日までの間に1回以上で，一定の条件のときに3年を超えない日までの間に1回以上となります。

(2) 誤り。問題文のような場合は，原則1年以内に1回だったのを**3年を超えない日までの間に1回以上**に緩和されます。

(3) 誤り。点検の記録の保存期間は，**3年間**です。

(4) 誤り。点検の報告義務はありません。

(5) 正しい。

【問題18】

法令上，次のA～Dのうち，地下貯蔵タンク等の漏れの点検の対象となっていないものはどれか。

A 二重殻タンクの強化プラスチック製の外殻

B 二重殻タンクの内側

C 屋内タンク貯蔵所の屋内貯蔵タンク

D 地下貯蔵タンク（二重殻タンクを除く。）のうち，危険物の漏れを覚知し，その漏えい拡散を防止するための措置が講じられているもの。

E 二重殻タンクの強化プラスチック製の外殻のうち，外殻と地下貯蔵タンクとの間げきに危険物の漏れを検知するための液体が満たされているもの。

(1) 1つ　(2) 2つ　(3) 3つ　(4) 4つ　(5) 5つ

解説

A 対象となっている。**3年以内に1回以上**実施する必要があります。

B 対象となっていない。対象となっているのはAの**外殻**の方であり，内

解答

【問題16】(4)

側（内殻）については，点検の必要はありません。

C　対象となっていない。屋内タンク貯蔵所は定期点検を実施する必要のない施設です（屋内で，かつ地下でもないので，漏れがあればすぐわかる…などの理由で）。

D　対象となっている。**3年以内に1回以上**実施する必要があります。

E　対象となっていない。Bの解説より，外殻は対象となっていますが，問題文のような構造であれば点検する必要はありません。

従って，対象となっていないのは，**B，C，E**の**3つ**ということになります。

【問題19】

製造所等で政令で定める一定の規模以上になると，市町村長等が行う保安に関する検査の対象となるものは，次のうちどれか。

(1)　屋外タンク貯蔵所

(2)　一般取扱所

(3)　給油取扱所

(4)　製造所

(5)　地下タンク貯蔵所

解説

次の規模以上の**屋外タンク貯蔵所**と**移送取扱所**では，自主点検のみではその安全性を確保できないので，**市町村長等**が行う保安検査が義務づけられています（**定期保安検査**と**臨時保安検査**がある）。

	検査対象	検査時期
屋外タンク貯蔵所	容量1万kℓ以上	原則として8年に1回
移送取扱所	配管延長が15 kmを超えるもの（配管延長が7～15 kmのものは最大常用圧力が0.95 Mpa以上のもの）	原則として1年に1回

解答

【問題17】(5)　【問題18】(3)　【問題19】(1)

7 製造所等の位置，構造，設備等の基準の問題

＜保安距離＞

【問題1】 特急★★

法令上，次に掲げる製造所等のうち，収容人員が3,000人以上の学校，病院等の建築物等から一定の距離（保安距離）を保たなければならない旨の規定が設けられている施設は次のうちいくつあるか。

製造所，屋内貯蔵所，屋内タンク貯蔵所，屋外タンク貯蔵所，第2種販売取扱所，地下タンク貯蔵所，一般取扱所，給油取扱所

(1) 1つ
(2) 2つ
(3) 3つ
(4) 4つ
(5) 5つ

解説

保安距離が必要な危険物施設は次の5つです。

製造所，屋内貯蔵所，屋外貯蔵所，屋外タンク貯蔵所，一般取扱所

従って，問題にある施設のうち，保安距離が必要な危険物施設に含まれているのは，上記，下線部のある4つの施設です。

なお，「収容人員が3,000人以上」という〝修飾語〟に惑わされないようにしてください。

【問題2】 急行★

次の表は，保安距離（特定の建築物等から製造所等の外壁までに保たなければならない距離）と保有空地（危険物を取り扱う建築物等の周囲に保有しなければならない空地）の規制の有無，並びに，危険物保安監督者の選任の有無について表したものである。正しいものはどれか。ただし，特例基準を適用する製造所等を除く。

解答は次ページの下欄にあります。

	製造所等の区分	保安距離の規制	保有空地の規制	指定数量の倍数に関係なく危険物保安監督者の選任義務
(1)	屋外貯蔵所	有	有	有
(2)	製造所	有	有	有
(3)	屋内貯蔵所	有	有	有
(4)	屋外タンク貯蔵所	無	有	無
(5)	地下タンク貯蔵所	有	無	無

解説

まず，保安距離の規制ですが，前問より，(1)～(5)のうちで規制されているのは，(1)，(2)，(3)，(4)なので，(1)，(2)，(3)が正しいことになります。

次に保有空地ですが，保安距離が必要な施設は同時に保有空地も必要なので，(1)，(2)，(3)ともすべて「有」となっており，正しい。

次に，危険物保安監督者の選任ですが，(1)～(3)のうち，指定数量の倍数に関係なく危険物保安監督者を選任しなければならないのは，**製造所**だけなので，「有」となっている(1)と(3)が誤りで，(2)が正解です。

【問題 3】 特急

法令上，製造所の「外壁」又はこれに相当する工作物の「外壁」から30 m 以上の距離（保安距離）を保たなければならない旨の規定が設けられている建築物等は，次のうちどれか。

(1) 当該製造所の敷地外にある住宅
(2) 高等学校
(3) 高圧ガス施設
(4) 使用電圧が 35,000 V を超える特別高圧架空電線
(5) 使用電圧が 7,000 V を超え 35,000 V 以下の特別高圧架空電線

解説

30 m 以上の距離（保安距離）を保たなければならない旨の規定が設けられている建築物等は，**学校，病院**などの「多数の人を収容する施設」なので，(2)

解答

【問題 1】(4)

の高等学校が正解となります。(「外壁から」に要注意⇒出題例あり)

【問題 4】

法令上，製造所等の中には特定の建築物等から，一定の距離（保安距離）を保たなければならないものがあるが，次の組合わせのうち誤っているものはどれか。ただし，特例基準が適用されるものを除く。

	建築物等	保安距離
(1)	重要文化財	50 m 以上
(2)	幼稚園	30 m 以上
(3)	高圧ガスの施設	20 m 以上
(4)	一般住宅（敷地外）	20 m 以上
(5)	使用電圧が35, 000 V を超える特別高圧架空電線	5 m 以上

解説

(4)の一般住宅（敷地外）は **10 m 以上**です。

＜保有空地＞

【問題 5】 急行★

法令上，製造所等において，危険物を貯蔵し，又は取り扱う建築物等の周囲に保有しなければならない空地（以下「保有空地」という。）について，次のうち正しいものはどれか。

(1) 貯蔵し，又は取り扱う危険物の指定数量の倍数に応じて保有空地の幅が定められている。

(2) 保有空地を設けなければならない建築物等の外周には，当該建築物を火災から守るための消火設備を設けなければならない。

(3) 学校，病院，高圧ガス施設等から一定の距離（保安距離）を保たなくてはならない危険物施設は，保有空地を設けなくてもよい。

(4) 簡易タンク貯蔵所は，保有空地を必要としない。

(5) 製造所と給油取扱所の保有空地の幅は同じである。

解答

【問題 2】(2)　【問題 3】(2)

解説

(1) 正しい。なお，保有空地の幅と**専有面積**は関係ないので，要注意。

(2) 誤り。保有空地は，消火活動や延焼防止のために確保する空地であり，どのような物品であっても設けることはできません。

(3) 誤り。保安距離が必要な危険物施設には，保有空地も必要です。

(4) 誤り。保有空地が必要な施設は，**保安距離が必要な施設（問題1の解説にある5つの施設）**に**簡易タンク貯蔵所（屋外設置）**と**移送取扱所（地上設置）**を加えたものなので，簡易タンク貯蔵所には，保有空地が必要です。

(5) 誤り。製造所の空地の幅は，次のように，指定数量の倍数により3m以上又は5m以上の2つに分けられます。

指定数量の倍数が10以下の製造所	3m以上
指定数量の倍数が10を超える製造所	5m以上

一方，給油取扱所には保安距離も保有空地も必要としないので，誤りです。

【問題6】 特急★★

法令上，製造所等において，危険物を貯蔵し，又は取り扱う建築物等の周囲に空地（以下「保有空地」という）について，次のうち正しいものはどれか。ただし，基準の特例が適用されるものを除く。

(1) 屋内貯蔵所は，壁，柱及び床を耐火構造とした場合，指定数量の倍数にかかわらず保有空地を必要としない。

(2) 簡易タンク貯蔵所は，簡易貯蔵タンクを屋外に設置する場合，保有空地が必要である。

(3) 屋外貯蔵所は，貯蔵所の面積に応じた保有空地が必要である。

(4) 屋外タンク貯蔵所は，屋外貯蔵タンクの水平断面の半径に等しい距離以上の保有空地が必要である。

(5) 移動タンク貯蔵所は，屋外に車両で設置する場合，保有空地が必要である。

解説

(1) 屋内貯蔵所には保有空地が必要です（耐火構造などの建築構造などにより変わってくるのは，保有空地の幅です）。

解答

【問題4】(4)　　【問題5】(1)

⑵　正しい（タンク周囲に1m以上の空地が必要)。
⑶　貯蔵所の面積ではなく，**指定数量の倍数**に応じた幅の空地が必要です。
⑷　これも屋外貯蔵所と同じく，**指定数量の倍数**に応じた幅の空地が必要です。
⑸　移動タンク貯蔵所には，屋外に車両で設置する場合にかかわらず，保有空地は不要です。

＜共通（＝製造所）の基準＞

【問題7】

法令上，危険物を取り扱う配管の位置，構造及び設備の技術上の基準について，次のうち正しいものはいくつあるか。

A　配管は，十分な強度を有するものとし，かつ，当該配管に係る最大常用圧力の5.5倍以上の圧力で水圧試験を行ったとき，漏えいその他の異常がないものでなければならない。

B　配管を屋外の地上に設置する場合には，当該配管を直射日光から保護するための設備を設けなければならない。

C　配管を地下に設置する場合には，その上部の地盤面を車両等が通行しない位置としなければならない。

D　指定数量の倍数が10以上の製造所には，日本工業規格に基づき避雷設備を設けなければならない。

E　配管を地上に設置する場合は，点検及び維持管理の作業性並びに配管の腐食防止を考慮して，できるだけ地盤面に接しないように設置すること。

⑴　1つ　　⑵　2つ　　⑶　3つ　　⑷　4つ　　⑸　5つ

解説

A　誤り。水圧試験は，当該配管に係る最大常用圧力の**1.5倍以上**の圧力で行います。

B　誤り。「直射日光から保護するための設備を設けなければならない」というような規定はなく，「地震，風圧，地盤沈下，温度変化による伸縮等に対し，安全な構造の支持物により支持しなければならない。」となっています。

C　誤り。配管を地下に設置する場合は，**「その上部の地盤面にかかる重量が配管にかからないように保護する」**となっています。

D　正しい。

解答

【問題6】⑵

E　正しい。配管を地上に設置する場合は，できるだけ地盤面に接しないように設置するとともに，外面の腐食を防止するための塗装を行う必要があります。

従って，正しいのは，**D** と **E** の **2 つ**ということになります。

【問題 8】

法令上，第 4 類第 1 石油類の危険物を取り扱う場合，製造所の構造及び設備の技術上の基準として，次のうち誤っているものはいくつあるか。

A　建築物の壁，柱，床，はり，屋根及び階段は不燃材料とし，かつ，建築物に地階を有してはならない。

B　可燃性蒸気が滞留するおそれのある建築物には，その蒸気を屋外の低所に排出する設備を設けなければならない。

C　危険物を取り扱うにあたって静電気が発生するおそれのある設備には，当該設備に蓄積される静電気を有効に除去する装置を設けなければならない。

D　危険物を加熱し，又は乾燥する設備は，いかなる場合でも直火を用いない構造としなければならない。

E　建築物の床は，危険物が浸透しない構造とするとともに，適当な傾斜を付け，かつ，貯留設備を設けなければならない。

(1)　1 つ　　(2)　2 つ　　(3)　3 つ　　(4)　4 つ　　(5)　5 つ

解説

A　正しい。

B　誤り。蒸気は屋外の**高所**に（強制的に）排出する設備を設ける必要があります。

C　正しい。

D　誤り。原則として，直火を用いない構造としなければなりませんが，「ただし，当該設備が防火上安全な場所に設けられているとき，又は当該設備に火災を防止するための附帯設備を設けたときは，この限りでない。」と例外も認められているので，誤りです。

E　正しい。こぼれた油が貯留設備に流れるよう，適当な傾斜が必要であり，**階段**や**段差**などを設けてはいけません。

従って誤っているのは，B，D の 2 つになります。

解答

【問題 7】(2)

＜屋内貯蔵所＞

【問題 9】

法令上，第 4 類の危険物を貯蔵する屋内貯蔵所（独立専用の平家建）の構造及び設備について，技術上の基準に適合していないものはどれか。ただし，特例基準適用の屋内貯蔵所を除く。

⑴　床面積は 1,000 m^2 以下とすること。
⑵　延焼のおそれのない外壁の窓には，網入りガラスを用いた防火設備を設けること。
⑶　可燃性の蒸気を屋根上に排出する設備を設けること。
⑷　壁，床，柱及び屋根は耐火構造で造られ，かつ，天井が設けてあること。
⑸　屋内貯蔵所の見やすい箇所に，地を白色，文字を黒色で「屋内貯蔵所」と書かれた標識及び地を赤色，文字を白色で「火気厳禁」と書かれた掲示板が設けられていること。

解説

屋根や梁については，不燃材料とする必要があります。
また，天井については，**屋内貯蔵所と屋内タンク貯蔵所**では「設けないこと。」となっています。

【問題 10】

軽油を貯蔵し，又は取り扱う屋内貯蔵所の位置，構造及び設備の技術上の基準について，法令上，次のうち誤っているものはどれか。

⑴　危険物を貯蔵し，又は取り扱う場所の周囲には，指定数量の倍数に応じ一定以上の幅の空地を保有しなければならない。
⑵　独立した専用の建築物とすること。
⑶　引火点が 70 ℃未満の危険物の貯蔵倉庫は，滞留した可燃性蒸気を屋根上に排出する設備を設けること。
⑷　床は地盤面より下に設けること。
⑸　危険物の指定数量が 10 倍以上の施設には避雷設備を設けること。

解説

屋内貯蔵所の床は，地盤面以上とする必要があります。

解答

【問題 8】⑵

【問題 11】

法令上，危険物の貯蔵の基準に係る次の文について，（　）内に当てはまるものはどれか。

「屋内貯蔵所においては，容器に収納して貯蔵する危険物の温度が（　）を超えないように必要な措置を講ずること。」

(1)　30 ℃　　(2)　40 ℃　　(3)　45 ℃

(4)　50 ℃　　(5)　55 ℃

解説

容器に収納した危険物の温度は，55 ℃を超えないようにする必要があります。

【問題 12】

危険物の貯蔵の基準について，法令上，屋内貯蔵所で容器に収納しないで貯蔵することができる危険物は，次のうちどれか。

(1)　硫化リン

(2)　カルシウムの炭化物

(3)　塊状の硫黄

(4)　硫酸

(5)　重クロム酸カリウム

解説

危険物の規制に関する政令第 26 条及び危険物の規制に関する規則第 40 条より，塊状の硫黄が該当します。

【問題 13】

同一の屋内貯蔵所（耐火構造の隔壁で完全に区分された室が二以上ある貯蔵所においては，同一の室）において，黄リンと相互に 1 メートル以上の間隔を置いても貯蔵できない危険物は次のうちどれか

(1)　亜鉛粉

(2)　メタノール

(3)　マグネシウム

(4)　硫黄

解答

【問題 9】(4)　　【問題 10】(4)

(5) 赤リン

解説

類を異にする危険物は，原則として同時貯蔵することはできませんが，**屋内貯蔵所**と**屋外貯蔵所**に限り，次の危険物どうしを相互に**1m以上**の間隔を置けば，同時貯蔵ができます。

① 第1類（アルカリ金属の過酸化物とその含有品を除く）と第5類

② 第1類と第6類

③ **第2類と自然発火性物品（黄リンとその含有品に限る）**

④ 第2類（引火性固体）と第4類

など（このほかにもありますが，省略します ⇒ P.102 問題4の解説）。

従って，黄リンは③に該当するので，**第2類**としか同時貯蔵はできません。

＜屋外貯蔵所＞

【問題14】

屋外貯蔵所において，貯蔵または取扱うことのできる危険物の組み合わせで正しいのは次のうちどれか。

(1)	二硫化炭素	シリンダー油	ガソリン
(2)	塊状の硫黄	ギヤー油	ジエチルエーテル
(3)	ベンゼン	重油	引火性固体（引火点0℃以上のもの）
(4)	トルエン	軽油	イソプロピルアルコール
(5)	アセトン	灯油	動植物油類

解説

(1) 二硫化炭素は特殊引火物なので×。ガソリンは，**引火点が0℃以上の第1石油類**ではないので×（P.19 表4参照…以下同）。

(2) ジエチルエーテルは特殊引火物なので×。

(3) ベンゼンは第1石油類ですが，引火点が−10℃なので×。

(4) トルエンの引火点は4℃であり，引火点が0℃以上の第1石油類なので○。軽油，イソプロピルアルコールも特殊引火物以外の第4類危険物なので，○となります。

解答

【問題11】(5)　【問題12】(3)

⑸　アセトンは第１石油類ですが，引火点が－20 ℃なので，×。

【問題 15】

法令上，屋外貯蔵所で貯蔵し，又は取り扱うことができる危険物として定められていないものは，次のうちいくつあるか。

A　酢酸

B　硝酸

C　アセトアルデヒド

D　過酸化水素

E　キシレン

⑴　1つ　　⑵　2つ　　⑶　3つ　　⑷　4つ　　⑸　5つ

解説

貯蔵，取り扱いができるものに○，できないものに×を付すと

A　○。酢酸は第２石油類なので，貯蔵，取り扱いができます。

B　×。硝酸は第６類危険物なので，貯蔵，取り扱いはできません。

C　×。アセトアルデヒドは特殊引火物なので，貯蔵，取り扱いはできません。

D　×。過酸化水素は第６類危険物なので，貯蔵，取り扱いはできません。

E　○。キシレンは第２石油類なので，貯蔵，取り扱いができます。

従って，屋外貯蔵所で貯蔵し，又は取り扱うことができる危険物として定められていないものは，**B，C，D**の**3つ**となります。

＜屋内タンク貯蔵所＞

【問題 16】

法令上，第４類第１石油類を貯蔵する屋内タンク貯蔵所の位置，構造及び設備の技術上の基準について，次のうち誤っているものはどれか。

⑴　タンク専用室は，屋根および天井を不燃材料で造らなければならない。

⑵　タンク専用室は，壁，柱及び床を不燃材料で造り，延焼のおそれのある外壁を出入口以外の開口部を有しない壁としなければならない。

⑶　保安距離，保有空地ともに規制されない。

⑷　タンク専用室の床は，危険物が浸透しない構造とするとともに，適当な傾斜を付け，かつ，貯留設備を設けなければならない。

解答

【問題 13】⑵　　【問題 14】⑷

(5) タンク容量は，指定数量の 40 倍以下とすること（一部例外あり）。

解説

屋内貯蔵タンクは，平家建の建築物に設けられたタンク専用室に設置する必要があり，また，屋根は不燃材料で造らなければなりませんが，タンク専用室に天井を設けることはできません（⇒屋内貯蔵所と同じ）。

なお，(5)の **40 倍以下**は要注意です（⇒出題例あり）。

<屋外タンク貯蔵所>

【問題 17】

屋外タンク貯蔵所の位置，構造及び設備の技術上の基準について，次のうち誤っているものはどれか。

(1) 屋外貯蔵タンクの外面には，さびどめのための塗装をしなければならない。
(2) 液体の危険物を貯蔵するタンクには，危険物の量を自動的に表示する装置を設けること。
(3) 固体の禁水性物品の屋外貯蔵タンクには，防水性の不燃材料で造った被覆設備を設けなければならない。
(4) 保安距離，保有空地ともに確保する必要があり，また，原則としてポンプ設備には周囲に 3 m 以上の空地を確保しなければならない。
(5) すべての危険物の屋外貯蔵タンクの周囲には，防油堤を設けなければならない。

解説

液体の危険物を貯蔵する屋外貯蔵タンクの周囲には防油堤を設けなければなりませんが，**二硫化炭素**の場合，その必要はありません（除外されている）。

【問題 18】

法令上，引火性液体（二硫化炭素を除く。）を貯蔵する屋外タンク貯蔵所の防油堤の基準として，次のうち誤っているものはいくつあるか。

ただし，特例基準が適用されるものを除く。

A　防油堤の高さは 1.0 m 以上としなければならない。
B　2 つ以上の屋外貯蔵タンクの周囲に設ける防油堤の容量は，当該防油堤

解答

【問題 15】(3)

内にあるタンクを合算した容量の110％以上としなければならない。

C　防油堤は鉄筋コンクリート又は土で造らなければならない。

D　高さが0.5 m を超える防油堤には，堤内に出入りするための階段を設置しなければならない。

E　内部の滞水を外部に排水するための水抜口を設けるとともに，これを開閉するための弁を防油堤内に設けること。

(1)　1つ　　(2)　2つ　　(3)　3つ　　(4)　4つ　　(5)　5つ

解説

A　誤り。防油堤の高さは**0.5 m 以上**とする必要があります。

B　誤り。2つ以上の屋外貯蔵タンクの周囲に設ける防油堤の容量は，当該タンクのうち，その**容量が最大であるタンク**の容量の110％以上とする必要があります。

C　正しい。

D　誤り。堤内に出入りするための階段を設置しなければならない防油堤は，高さが**1 m** を超える場合です。

E　誤り。防油堤内ではなく，**外部**に設ける必要があります。
なお，水抜口は通常は**閉鎖**しておく必要があります。
従って，誤っているのは，**A**，**B**，**D**，**E**の**4つ**となります。

【問題19】

法令上，屋外貯蔵タンクに危険物を注入するとき，あらかじめタンク内の空気を不活性の気体と置換しておかなければならないものは，次のうちいくつあるか。

A　アルキルアルミニウム　　B　酸化プロピレン

C　ガソリン　　D　ジエチルエーテル

E　アセトアルデヒド

(1)　1つ　　(2)　2つ　　(3)　3つ　　(4)　4つ　　(5)　5つ

解説

貯蔵タンク（屋内貯蔵タンク，屋外貯蔵タンク，移動貯蔵タンクなど）に注入する際，あらかじめタンク内の空気を**不活性の気体**と置換しておく必要があ

解答

【問題16】(1)　　【問題17】(5)

る危険物は，「**アルキルアルミニウム**・**酸化プロピレン**・アルキルリチウム・**アセトアルデヒド**」などです。

従って，**A**，**B**，**E**の**3つ**が該当することになります。

【問題 20】

次の4基の屋外貯蔵タンクを同一の防油堤内に設ける場合，この防油堤の必要最小限の容量として正しいのはどれか。

1号タンク……軽油	800キロリットル
2号タンク……重油	1,000キロリットル
3号タンク……灯油	600キロリットル
4号タンク……ガソリン	200キロリットル

(1) 1,000キロリットル　　(2) 1,100キロリットル
(3) 1,200キロリットル　　(4) 1,500キロリットル
(5) 2,500キロリットル

解説

防油堤内にタンクが2以上ある場合の防油堤の容量は，その中の最大容量の110％以上とする必要があります。

従って，2号タンクの重油がこの中では最大容量なので，その容量，すなわち1,000キロリットルの110％以上とする必要があります。

＜地下タンク貯蔵所＞

【問題 21】

法令上，地下タンク貯蔵所の位置，構造及び設備の技術上の基準について，次のうち誤っているものはいくつあるか。

A　地下貯蔵タンク（二重殻タンクを除く。）又はその周囲には，当該タンクからの液体の危険物の漏れを検知する設備を設けなければならない。
B　地下タンク貯蔵所には第5種消火設備を2個以上設置すること。
C　液体の危険物の地下貯蔵タンクの注入口は，屋内に設けなければならない。
D　地下貯蔵タンクには，通気管又は安全装置を設けなければならない。
E　地下貯蔵タンクを2以上隣接して設置する場合は，その相互間に2m以上の間隔を保つこと。

解答

【問題 18】(4)　　【問題 19】(3)

(1) 1つ　(2) 2つ　(3) 3つ　(4) 4つ　(5) 5つ

解説

A　B　正しい。

C　誤り。液体の危険物の地下貯蔵タンクの注入口は，屋外に設ける必要があります。

D　正しい。なお，タンク施設の通気管は，原則として，地盤面から**4m以上**の高さとする必要があり，出題例があります（簡易タンクは除く）

E　誤り。タンク間の距離は**1m以上**（タンク容量の合計が指定数量の100倍以下の場合は0.5m）です。

従って，誤っているのは，**C**，**E**の**2つ**になります。

なお，その他の基準には，「地下貯蔵タンクの配管は，当該タンクの**頂部**に設けなければならない。」「地下タンク貯蔵所には，見やすい箇所に地下タンク貯蔵所である旨を表示した標識及び防火に関し必要な事項を掲示した掲示板を設けなければならない。」などがあります。

＜簡易タンク貯蔵所＞

【問題22】

法令上，簡易タンク貯蔵所の技術上の基準について，次のうち正しいものはいくつあるか。

A　1つの簡易タンク貯蔵所には，簡易貯蔵タンクを3基まで設置することができるが，同一品質の危険物の場合は，2基以上設置してはならない。

B　簡易貯蔵タンクの容量は，800ℓ以下でなければならない。

C　保安距離，保有空地ともに確保する必要はない。

D　簡易貯蔵タンクには，規則で定めるところにより通気管を設けなければならない。

E　簡易貯蔵タンクには，注油のための設備を設けてはならない。

(1) 1つ　(2) 2つ　(3) 3つ　(4) 4つ　(5) 5つ

解説

A　正しい。

B　誤り。タンク1基の容量は**600ℓ以下**です。

解答

【問題20】(2)

C　誤り。保安距離は特に規制はありませんが，簡易貯蔵タンクを屋外に設ける場合は，**保有空地**を確保する必要があります。

D　正しい（圧力タンク以外のタンクの無弁通気管は地上 1.5 m 以上）。

E　誤り。簡易貯蔵タンクには，給油や注油のための設備を設けることができます。

従って，正しいのは，**A，D** の **2 つ**となります。

＜移動タンク貯蔵所＞

【問題 23】 急行★

法令上，移動タンク貯蔵所の位置・構造・設備等の技術上の基準について，次のうち誤っているのはどれか

(1)　移動タンク貯蔵所の常置場所は，屋外の防火上安全な場所，または壁，床，はり，屋根を耐火構造もしくは不燃材料で造った建築物の１階とすること。

(2)　移動タンク貯蔵所には，自動車用消火器を２個以上設置すること。

(3)　タンクの底弁は，使用時以外は閉鎖しておくこと。

(4)　マンホール，注入口，安全装置等の附属装置がその上部に突出している場合，周囲に防護枠やタンクの両側面の上部に側面枠を設ける。

(5)　タンクの容量は 10,000 ℓ 以下とし，内部に 4,000 ℓ 位下ごとに区切った間仕切りを設けること。

解説

移動タンク貯蔵所のタンクの容量は 30,000 ℓ 以下です。

10,000 ℓ というのは，給油取扱所の**廃油タンク**の容量です。

タンクの容量については，他の主な製造所等のタンク容量との比較を次にまとめておきます。

簡易タンク貯蔵所	**600 ℓ 以下**
移動タンク貯蔵所	**30,000 ℓ 以下**（4,000 ℓ 以下の間仕切り必要）
給油取扱所	専用タンク：**制限なし** 廃油タンク：**10,000 ℓ 以下**
屋内タンク貯蔵所	指定数量の**40倍以下**とすること。ただし，第４類は**20,000 ℓ 以下**（第4石油類と動植物油類除く）

屋外タンク貯蔵所と地下タンク貯蔵所は制限なし

解答

【問題 21】(2)　　【問題 22】(2)

【問題 24】

法令上，移動タンク貯蔵所に備え付けなければならない書類として，次のうち誤っているものはどれか。

⑴ 完成検査済証

⑵ 定期点検の記録

⑶ 危険物の品名，数量又は指定数量の倍数変更届出書

⑷ 危険物貯蔵所譲渡，引渡届出書

⑸ 危険物取扱者免状の写し

解説

危険物取扱者が危険物を移送する場合において，免状を携帯する必要はありますが，免状の写しを移動タンク貯蔵所に備え付ける必要はありません。
（ゴロ合わせ⇒⑴から⑷に順に「家（完成）庭（定期）返（変更）上（譲渡）」）

＜販売取扱所＞

【問題 25】

販売取扱所についての説明で，次のうち誤っているものはどれか。

⑴ 販売取扱所とは，塗料や燃料などを容器入りのままで販売する店舗のことをいう。

⑵ 販売取扱所は，指定数量の倍数が 15 以下の第一種販売取扱所と指定数量の倍数が 15 を超え 40 以下の第二種販売取扱所とに区分される。

⑶ 建築物の店舗部分は壁を耐火構造とし，また，店舗部分とその他の部分との隔壁は，耐火構造とすること。

⑷ 保安距離，保有空地ともに規制はない。

⑸ 上階がある場合は，上階の床を不燃材料とすること。

解説

販売取扱所に上階がある場合は，上階の床を**耐火構造**とする必要があります。

【問題 26】

法令上，販売取扱所の区分並びに位置，構造及び設備の技術上の基準として，次のうち誤っているものはどれか。

解答

【問題 23】⑸

⑴　危険物を配合できるのは，塗料類，第1類の塩素酸塩類，硫黄等のみで，第6類危険物は配合できない。

⑵　建築物の第二種販売取扱所の用に供する部分には，当該部分の延焼のおそれのない部分に限り，窓を設けることができる。

⑶　店舗部分のはりは不燃材料で造ること。

⑷　第一種販売取扱所は，建築物の二階に設置することができる。

⑸　危険物を配合する室の床は，危険物が浸透しない構造とするとともに，適当な傾斜を設け，かつ，貯留設備を設ける。

解説

⑶　店舗部分のはりは**不燃材料**で造り，天井を設ける場合は，天井も**不燃材料**で造る必要があります。

⑷　誤り。店舗（販売取扱所）は，建築物の**一階**のみに設置することができます。

＜給油取扱所＞

【問題 27】 特急

給油取扱所の位置・構造・設備の技術上の基準について，次のうち誤っているのはどれか

⑴　固定給油設備（懸垂式を除く。）のホース機器の周囲には間口6m以上奥行10m以上の給油空地を保有しなければならない。

⑵　給油ホース及び注油ホースの全長は5m以下とすること。ただし，懸垂式は除く。

⑶　給油空地及び注油空地には排水溝及び油分離装置を設けること。

⑷　給油取扱所に設ける事務所は，漏れた可燃性の蒸気がその内部に流入しない構造としなければならない。

⑸　見やすい箇所に，給油取扱所である旨を示す標識及び「火気厳禁」と掲示した掲示板を設けなければならない。

解説

給油空地については，間口が**10m以上**，奥行が**6m以上**となっています（間口と奥行が逆になっています）。

解答

【問題 24】⑸　　【問題 25】⑸

【問題 28】 急行★

給油取扱所の位置・構造・設備の技術上の基準について，次のうち正しいものはいくつあるか。

A　固定給油設備のホース機器は道路境界線から 2 m 以上，敷地境界線及び建築物の壁から 3 m 以上の間隔を保たなければならない。

B　給油取扱所の建築物の窓及び出入り口には，原則として防火設備を設けなければならない。

C　地下専用タンク 1 基の容量は，10,000 ℓ 以下としなければならない。

D　固定給油設備には先端に弁を設けた全長 3 m 以下の給油ホースを設けなければならない。

E　給油空地や注油空地は周囲の地盤面より低くし，その表面に適当な傾斜をつけ，アスファルト等で舗装すること。

(1)　1 つ　　(2)　2 つ　　(3)　3 つ　　(4)　4 つ　　(5)　5 つ

解説

A　誤り。固定給油設備のホース機器は道路境界線からは **4 m 以上**，敷地境界線及び建築物の壁からは **2 m 以上**の間隔を保つ必要があります。

B　正しい。

C　誤り。10,000 ℓ 以下は**廃油タンク**の方で，地下専用タンクの方は**制限なし**です。

D　誤り。固定給油設備の給油ホースは，**5 m 以下**です。

E　誤り。周囲の地盤面より低く，ではなく，**高く**する必要があります。

従って，正しいのは，B の 1 つのみとなります。

（注：E の給油空地は，自動車等に直接給油する（または給油を受ける自動車等が出入りする）ための空地のことで，**給油**が自動車等に対して行うのに対し，**注油**は，軽油や灯油などを**容器**に対して入れる行為なので，混同しないように！）

【問題 29】

次のうち，給油取扱所に附帯する業務のための用途として，法令上，設けることができないものはいくつあるか。

A　給油のために出入りする者を対象とした展示場

解答

【問題 26】(4)　　【問題 27】(1)

B　自動車等の点検，整備のために出入りする者を対象とした立体駐車場
C　自動車の洗浄のために出入りする者を対象としたコンビニエンスストア
D　給油取扱所に勤務する者が居住する住居
E　付近の住民が利用するための診療所
F　灯油又は軽油の詰換えのために出入りする者を対象とした店舗
(1)　1つ　　(2)　2つ　　(3)　3つ　　(4)　4つ　　(5)　5つ

解説

給油取扱所内に設置できる建築物の用途は次のとおりです。

1．給油または灯油若しくは軽油の**詰め替えのための作業場**
2．給油取扱所の業務を行うための**事務所**
3．給油等のために給油取扱所に出入りする者を対象とした**店舗***，**飲食店**または**展示場**（**＊コンビニなど**）
4．自動車等の**点検・整備**を行う**作業場**
5．自動車等の**洗浄**を行う**作業場**（ガソリンの詰替えの為の作業場は設置できないので注意！）
6．給油取扱所の**所有者等***が居住する**住居**またはこれらの者に係る他の給油取扱所の**業務**を行うための**事務所**
（＊勤務者の住居は不可）　　など。

以上をもとに，設けられるものに○，設けられないものに×を付すと，
A　○。3に該当するので，設けることができます。
B　×。上記の用途に該当するものはないので，設けることはできません。
C　○。Aに同じく，3に該当するので，設けることができます。
D　×。6より，住居は所有者等（管理者など）に限られているので，勤務者のものは不可です。
E　×。上記の用途に該当するものはないので，設けることはできません。
F　○。A，Cに同じく3に該当するので，設けることができます。
従って，設けることができないものは，**B**，**D**，**E**の**3つ**ということになります。

解答

【問題28】(1)

＜総合＞

【問題 30】

法令上，製造所等の位置，構造及び設備の技術上の基準について，次の組合わせのうち，誤っているものはどれか。

⑴　屋内貯蔵所……………原則として1つの貯蔵倉庫の建築面積は，1,000 m^2 を超えないこと。

⑵　屋外貯蔵所……………容器の積み重ね高さは，3m 以下とすること。

⑶　屋外タンク貯蔵所……屋外貯蔵タンクの周囲に設ける防油堤は，その高さを 0.5m 以上とすること。

⑷　移動タンク貯蔵所……移動貯蔵タンクは厚さ 3.2㎜以上の鋼板で気密に造ること。

⑸　給油取扱所……………固定給油設備の給油ホースの長さは6m 以下であること。

解説

固定給油設備の給油ホースの長さは，**5m 以下**とする必要があります。

【問題 31】

法令上，次のうち誤っているものはいくつあるか。

A　製造所等を設置または変更するときは，市町村長等の許可を受けなければならない。

B　指定数量以上の危険物は，いかなる場合でも製造所等以外の場所でこれを貯蔵し，又は取り扱ってはならない。

C　指定数量の倍数が 10 以上の製造所，屋内貯蔵所，屋外タンク貯蔵所等は，原則として避雷設備を設けなければならない。

D　製造所には，地階を設けてはならない。

E　指定数量の倍数が 10 以上の製造所等で，移動タンク貯蔵所以外のものは，火災が発生した場合，自動的に作動する火災報知設備その他の警報設備を設置しなければならない。

⑴　1つ　　⑵　2つ　　⑶　3つ　　⑷　4つ　　⑸　5つ

解説

解答

【問題 29】⑶

A　正しい。

B　誤り。原則として，製造所等以外の場所で，指定数量以上の危険物を貯蔵し，又は取り扱うことはできませんが，所轄消防長又は消防署長の**承認**を受けた場合は，**10 日以内**に限り，仮に貯蔵し，又は取り扱うことができます（⇒仮貯蔵，仮取扱い）。

C〜E　正しい。

従って，誤っているのは **B** の **1 つ**のみとなります。

【問題 32】

法令上，次の製造所等のうち，設置することができるものはいくつあるか。

A　特殊引火物を 100 ℓ 貯蔵する屋外貯蔵所

B　第 1 石油類の非水溶性物質 4000 ℓ を取り扱う第 1 種販売取扱所

C　第 2 石油類 20,000 ℓ を貯蔵する移動タンク貯蔵所

D　第 3 石油類の水溶性物質 40,000 ℓ を貯蔵する屋内タンク貯蔵所

E　第 4 石油類を取り扱う容量 1,000 ℓ の簡易タンクを有する給油取扱所

(1)　1 つ　　(2)　2 つ　　(3)　3 つ　　(4)　4 つ　　(5)　5 つ

解説

（設置することができるものに○，できないものに×を付してあります。）

A　×。屋外貯蔵所には特殊引火物を貯蔵できません。

B　×。第 1 石油類の非水溶性物質の指定数量は **200 ℓ** なので，4,000 ℓ は指定数量の **20 倍**となり，第 1 種販売取扱所の定数（指定数量の倍数が **15 以下**）をオーバーしています。

C　○。移動タンク貯蔵所のタンク容量は，**30,000 ℓ 以下**なので，第 2 石油類 20,000 ℓ を貯蔵することができます（P. 93 問題 23 解説参照）。

D　×。屋内タンク貯蔵所は，指定数量の **40 倍以下**まで貯蔵することができますが，第 4 類危険物（第 4 石油類と動植物油類除く）は，**20,000 ℓ 以下**までしか貯蔵することができないので，**40,000 ℓ** を貯蔵することはできません。

E　×。簡易タンクの容量は **600 ℓ 以下**です。

従って，貯蔵することができるものは，**C** の **1 つ**となります。

解答

【問題 30】(5)　　【問題 31】(1)　　【問題 32】(1)

8 貯蔵・取扱いの基準の問題

＜貯蔵及び取り扱いの共通基準＞

【問題１】 特急

法令上，危険物の貯蔵及び取り扱いの技術上の基準について，次のうち誤っているのはいくつあるか。

A　可燃性蒸気が滞留する恐れのある場所で，火花を発する機械工具，工具等を使用する場合は，注意して行わなければならない。

B　危険物のくず，かす等は１週間に１回以上，安全な場所で廃棄等の処置をしなければならない。

C　危険物が残存し，又は残存しているおそれがある設備，機械器具，容器等を修理する場合は，残存する危険物に注意して溶接等の作業を行わなければならない。

D　指定数量未満の危険物の貯蔵及び取扱いの技術上の基準は，市町村条例で定められている。

E　危険物を保護液中に貯蔵する場合は，当該保護液から露出しないようにしなければならない。

(1)　１つ　　(2)　２つ　　(3)　３つ　　(4)　４つ　　(5)　５つ

解説

A　誤り。可燃性蒸気が滞留する恐れのある場所では，火花を発する機械工具等は使用できません。

B　誤り。**１日に１回以上**です。

C　誤り。注意するだけではだめで，安全な場所で，かつ，危険物を完全に除去した後に行います。

D，E　正しい。

従って，誤っているのは，A，B，Cの３つとなります。

解答は次ページの下欄にあります。

【問題2】

法令上，危険物取扱者以外の者の危険物の取扱いについて，次のうち誤っているものはどれか。

⑴　製造所等では，甲種危険物取扱者の立会いがあれば，すべての危険物を取り扱うことができる。

⑵　製造所等では，丙種危険物取扱者の立会いがあっても，危険物を取り扱うことはできない。

⑶　製造所等では，危険物取扱者の立会いがなくても，指定数量未満であれば危険物を取り扱うことができる。

⑷　製造所等以外の場所では，危険物取扱者の立会いがなくても，指定数量未満の危険物を市町村条例に基づき取り扱うことができる。

⑸　製造所等では，第4類の免状を有する乙種危険物取扱者の立会いがあっても，第3類の危険物の取扱いはできない。

解説

⑴　正しい。

⑵　正しい。丙種危険物取扱者は，危険物取り扱いの立会いはできません（定期点検の立会いは可能）。

⑶　誤り。製造所等では，たとえ指定数量未満であっても，危険物取扱者以外の者が危険物を取り扱う場合は，危険物取扱者の立会いが必要です。

⑷　正しい。たとえば，家庭で灯油を取り扱う場合がこれに該当します。

⑸　正しい。

【問題3】

法令上，危険物を収納した容器の貯蔵及び取扱いの技術上の基準について，次のうち誤っているものはどれか。

⑴　危険物を収納した容器を貯蔵し，又は取り扱う場合は，みだりに転倒させ，落下させ，衝撃を加え，又は引きずる等の粗暴な行為はしてはならない。

⑵　屋内貯蔵所において，危険物以外の物品と同時貯蔵する場合は，防火上必要な措置を取らなければならない。

⑶　危険物を容器に収納して貯蔵し，又は取り扱うときは，その容器は，当該危険物の性質に適応し，かつ，破損，腐食，さけめ等のないものでなけ

解答

【問題1】⑶

ればならない。
(4) 屋内貯蔵所及び屋外貯蔵所においては，危険物を収納した容器は積み重ねてはならない。
(5) 屋内貯蔵所においては，容器に収納して貯蔵する危険物の温度が 55 ℃を超えないように必要な措置を講じなければならない。

解説

屋内貯蔵所及び屋外貯蔵所においては，原則として **3 m 以下**なら危険物を収納した容器を積み重ねることができます（第 3 石油類，第 4 石油類，動植物油類のみを収納する容器なら 4 m まで可能で，また，その他，6 m まで積み重ねることができる場合もあります。）。

【問題 4】

法令上，屋内貯蔵所において，類を異にする危険物を類ごとに取りまとめて相互に 1 m 以上の距離を置けば同時に貯蔵できる組合せは，次のうちどれか。

(1) 第 1 類………第 4 類　(2) 第 1 類………第 6 類
(3) 第 2 類………第 5 類　(4) 第 3 類………第 5 類
(5) 第 5 類………第 6 類

解説

相互に **1 m 以上**の距離を置けば同時に貯蔵できる組合せは次の通りです。

・第 1 類（アルカリ金属の過酸化物又はこれを含有する物を除く。）と第 5 類
・第 1 類と第 6 類
・第 2 類と自然発火性物品（黄リン又はこれを含有するものに限る。）
・第 2 類の引火性固体と第 4 類
・アルキルアルミニウム等と第 4 類のうちアルキルアルミニウム等の含有物
・第 4 類の有機過酸化物又はこれを含有するものと第 5 類の有機過酸化物又はこれを含有するもの

解答

【問題 2】(3)

従って，(2)が正解になります。

【問題5】

法令上，第3類の危険物のうち，同じ類であっても同一の貯蔵所に貯蔵できないものがある。ナトリウムとともに貯蔵できないものは，次のうちどれか。

(1)　炭化カルシウム
(2)　黄リン
(3)　水素化ナトリウム
(4)　カリウム
(5)　アルキルアルミニウム

解説

危険物の規制に関する政令の第26条，1の3には，次のように定められています。

「第3類の危険物のうち**黄リン**その他水中に貯蔵する物品と**禁水性物品**とは，同一の貯蔵所において貯蔵しないこと。」

ナトリウムは禁水性物品なので，黄リンとは同時貯蔵できません。

【問題6】特急

法令上，ガソリン（第4類第1石油類）を移動タンク貯蔵所で取り扱う場合の基準について，次のうち誤っているものはどれか。

(1)　危険物を移動貯蔵タンクにその上部から注入するときは，注入管を用いるとともに，当該注入管の先端を移動貯蔵タンクの底部に固定しなければならない。
(2)　移動貯蔵タンクから危険物を取り扱うタンクに注入するときは，当該タンクの注入口に移動貯蔵タンクの注入ホースを緊結しなければならない。
(3)　移動貯蔵タンクから危険物を取り扱うタンクに注入するときは，注入管を用いるとともに，当該注入管の先端を移動貯蔵タンクの上部に固定しなければならない。
(4)　移動貯蔵タンクから危険物を容器に詰め替えてはならない。
(5)　移動貯蔵タンクには，接地導線を設けなければならない。

解答

【問題3】(4)　【問題4】(2)

解説

原則として，移動貯蔵タンクから危険物を容器に詰め替えてはなりませんが，引火点が **40 ℃以上の第 4 類危険物**の場合は，詰め替えができます。

ただし，ガソリン，ベンゼンその他静電気による災害が発生するおそれのある液体の危険物を移動貯蔵タンクに注入するときは，当該注入管の先端を移動貯蔵タンクの**底部に**着けること，となっているので，(3)の「上部に固定」の部分が誤りです。

【問題 7】

移動貯蔵タンクから液体の危険物を容器に詰め替えるのは原則として認められていないが，先端部に手動開閉装置が付いた注入ノズルを用い，安全な速度で注入すれば可能な危険物は，次のうちいくつあるか。

「硝酸，重油，ガソリン，過酸化水素，硝酸メチル」

(1)　1つ　　(2)　2つ　　(3)　3つ　　(4)　4つ　　(5)　5つ

解説

前問より，容器に詰め替えることができるのは，引火点が **40 ℃以上の第 4 類危険物**のみです。従って，**硝酸メチル**は第 5 類，**硝酸**と**過酸化水素**は第 6 類の危険物なので，詰め替えができません。

また，ガソリンは引火点が－40 ℃以下なので，詰め替えができません。

一方，重油は引火点が 60 ℃～150 ℃と，40 ℃以上なので詰め替えが可能となります。

【問題 8】

法令上，移動貯蔵タンクから第 4 類の危険物を容器へ詰め替えることができる場合の要件として，次のうち誤っているものはどれか。

(1)　詰め替える容器は，技術上の基準で定める運搬容器でなければならない。

(2)　詰め替える危険物は，引火点が 40 ℃以上のものでなければならない。

(3)　容器への詰め替えは，注入ホースの先端部に手動開閉装置を備えた注入ノズル（手動開閉装置を開放の状態で固定する装置を備えたものを除く。）により行わなければならない。

解答

【問題 5】(2)

(4) 移動貯蔵タンクの容量は，4,000 ℓ 以下のものでなければならない。
(5) 容器へ詰め替える場合は，安全な注油に支障がない範囲の注油速度で行わなければならない。

解説

4,000 ℓ 以下というのは，タンク内部の間仕切り板により設けるスペースであり，移動貯蔵タンクの容量は **30,000 ℓ 以下**とする必要があります。

【問題 9】

危険物の取扱いの技術上の基準にかかわる次の文について，（　）内に当てはまる法令で定めている温度はどれか。

「移動貯蔵タンクから危険物を貯蔵し，又は取扱うタンクに引火点が（　）の危険物を注入するときは，移動タンク貯蔵所の原動機を停止させること。」

(1) 30 ℃未満　(2) 35 ℃未満　(3) 40 ℃未満
(4) 45 ℃未満　(5) 50 ℃未満

解説

移動貯蔵タンクから危険物を貯蔵し，又は取扱うタンクに引火点が 40℃ 未満の危険物を注入するときは，移動タンク貯蔵所の原動機を停止させる必要があります。

【問題 10】

法令上，給油取扱所における危険物の取り扱い基準について，次のうち誤っているものはどれか。

(1) 固定給油設備を使用して直接自動車の燃料タンクに給油すること。
(2) 油分離装置にたまった油は，少なくとも 2 日に 1 回はくみ上げること。
(3) 物品の販売等は，原則として建築物の 1 階のみで行わなければならない。
(4) 自動車の一部又は全部が給油空地から，はみ出たままで給油しない。
(5) 自動車等の洗浄は，引火点を有する液体の洗剤を使用しないこと。

解説

油分離装置にたまった油は，随時くみ上げなければなりません。

解答

【問題 6】(3)　【問題 7】(1)

なお，その他の給油取扱所における危険物の取り扱い基準については，次のようなものもあります。

・移動タンク貯蔵所から専用タンク等に危険物を注入する時は，そのタンクに接続する固定給油（注油）設備の使用を中止し，自動車等を注入口の近くに近づけないこと。
・自動車に給油するときは，原動機を停止すること。

【問題 11】

法令上，顧客に自ら自動車等に給油等をさせる給油取扱所における取扱いの基準として，次のうち誤っているものはどれか。

(1) 制御卓で，顧客の給油作業を直視等により適切に監視しなければならない。
(2) 顧客用固定給油設備の 1 回の給油量及び給油時間の上限を，それぞれ顧客の 1 回あたりの給油量及び給油時間を勘案して適正に数値を設定しなければならない。
(3) 顧客の給油作業が開始されるときは，火気のないことその他安全上支障のないことを確認した上で，制御装置を用いてホース機器への危険物の供給を開始し，顧客の給油作業が行える状態にしなければならない。
(4) 顧客用固定給油設備以外の固定給油設備を使用して，顧客自らによる給油を行わせることができる。
(5) 顧客の給油作業が終了したときは，制御装置を用いてホース機器への危険物の供給を停止し，顧客の給油作業が行えない状態にしなければならない。

解説

セルフ型スタンドでは，顧客は，**顧客用固定給油設備**を使用して，給油を行う必要があります。

なお，セルフ型スタンドにおける基礎的な取扱基準は，(1)，(2)，(3)，(5)のほか，次のような規定もあります。

解答

【問題 8】(4)　【問題 9】(3)　【問題 10】(2)

① 給油ノズルは，燃料がタンクに満量になった場合，**自動的に**停止すること。
② 地震の際は，危険物の供給を**自動的**に停止できること。
③ 給油ホースは，著しい引張力が加わった場合に**安全に分離する**構造であること。
④ **ガソリン**と**軽油**相互の**誤給油を防止できる構造**であること。

【問題 12】

危険物を廃棄する際の基準について，次のうち誤っているものはいくつあるか。

A 危険物を海中や水中に廃棄する際は，環境に影響を与えないように少量ずつ行うこと。
B 危険物を埋没して廃棄してはならない。
C 焼却して廃棄する場合，たとえ周囲に建築物等が隣接していないような安全な場所でも，見張人をつける必要がある。
D 見張人をつけた場合は，河川に流すこともできる。
E 廃油等は危険なので，焼却して廃棄してはならない。

(1) 1つ (2) 2つ (3) 3つ (4) 4つ (5) 5つ

A 誤り。危険物を海中や水中に廃棄することは，たとえ少量ずつであっても禁止されています。
B 誤り。危険物の性質に応じた安全な場所なら，埋没して廃棄することも可能です。
C 正しい。焼却する場合は安全な場所で，他に危害を及ぼさない方法で行い，かつ，必ず見張人をつけなければなりません。
D 誤り。たとえ見張人をつけても，河川に流すことはできません。
E 誤り。Cより，廃油等を焼却して廃棄することも可能です。
従って，誤っているのは，**A**，**B**，**D**，**E**の**4つ**となります。

解答

【問題 11】(4) 【問題 12】(4)

【問題 13】

給油取扱所について，法令上，次のうち誤っているものはどれか。

⑴　ガソリンを 18 ℓ のタンクに移し替えることは法律で禁止されている。

⑵　セルフスタンドで，顧客がガソリンを移し替えるときは，法律に従った容器を用いなければならない。

⑶　顧客に容器入りガソリンを販売するときは，顧客の身分証明を確認しなければならない。

⑷　顧客に容器入りガソリンを販売するときは，使用目的を確認しなければならない。

⑸　顧客に容器入りガソリンを販売するときは，販売記録について記録を作成し保管しなければならない。

解説

⑵　セルフスタンドで，顧客がガソリンを自ら移し替えることはできません。

解答

【問題 13】⑵

9 運搬と移送の問題

＜運搬＞

【問題1】 特急★★

運搬方法の技術上の基準について，法令上，次のうち誤っているものはいくつあるか。

A　危険物は，収納する危険物と危険な反応を起こさない等当該危険物の性質に適応した材質の運搬容器に収納しなければならない。

B　容器を積み重ねる場合は，高さを6m以下とすること。

C　品名を異にする2以上の危険物を運搬する場合において，当該運搬に係るそれぞれの危険物の数量を当該危険物の指定数量で除し，その和が1以上となるときは，指定数量以上の危険物を運搬しているものとみなす。

D　指定数量以上の危険物を車両で運搬する場合には，当該危険物に適応する第4種の消火設備を備えること。

E　指定数量以上の危険物を車両で運搬する場合には，地が黒色の板に黄色の反射塗料その他反射性を有する材料で，「危」と表示した標識を車両に掲げること。

(1)　1つ　　(2)　2つ　　(3)　3つ　　(4)　4つ　　(5)　5つ

解説

A　正しい。危険物を運搬する場合は，問題文にあるような容器に収納し，かつ，運搬容器が，著しく摩擦又は動揺を起こさないように運搬する必要があります。

B　誤り。容器を積み重ねる高さは，**3m以下**とする必要があります。

C　正しい。

D　誤り。**運搬する危険物に適応した消火設備**を備える必要があり，第4種消火設備とは限定していないので，誤りです。

E　正しい。

従って，誤っているのは，**B**，**D**の**2つ**になります。

解答は次ページの下欄にあります。

【問題2】 特急★★

法令上，危険物を収納した運搬容器の積載方法について，次のうち誤っているものはどれか。ただし，塊状の硫黄等を運搬するため積載する場合又は危険物を一の製造所等から当該製造所等の存する敷地と同一の敷地内に存する他の製造所等へ運搬するために積載する場合を除く。

(1) 危険物は，運搬容器等が転落，落下，転倒又は破損しないように積載しなければならない。

(2) 類を異にするその他の危険物と混載できるものがある。

(3) 容器は，収納口を上方に向けて積載しなければならない。

(4) 自然発火性物品を運搬する場合は，不活性の気体を密封する等，空気と接触しないようにしなければならない。

(5) 運搬容器の外部に，黒色の板に黄色の反射塗料その他反射性を有する材料で「危」と表示しなければならない。

解説

(1) 正しい。

(2) 正しい。【問題6】の表（P.113）にあるように，類を異にするその他の危険物と混載できるものがあります。

(3) 正しい。この収納口の**上方**は，よく出題されているポイントです。

(4) 正しい。

(5) 誤り。運搬容器の外部ではなく，「車両の前後の見やすい箇所」です。（他は正しい）

【問題3】

法令上，危険物を運搬容器に収納する場合の基準について，次のうち誤っているものはいくつあるか。

A 固体の危険物は，運搬容器の内容積の95％以下の収納率で運搬容器に収納しなければならない。

B 液体の危険物は，運搬容器の内容積の98％以下の収納率であって，かつ，55℃の温度において漏れないように十分な空間容積を有して運搬容器に収納しなければならない。

C 運搬容器には，運搬による動揺で危険物が漏洩することがないように，

解答

【問題1】(2)

必ず容器を密封して収納しなければならない。

D　指定数量以上の危険物を車両で運搬する場合は，危険物取扱者の乗車が義務づけられている。

E　指定数量未満の危険物を運搬する場合であっても，車両の前後の見やすい位置に「危」の標識を掲げなければならない。

⑴　1つ　⑵　2つ　⑶　3つ　⑷　4つ　⑸　5つ

解説

A，B　正しい。

C　誤り。原則として，運搬容器は密封する必要がありますが，「容器内の圧力が上昇するおそれがある場合は，発生するガスが**毒性**又は**引火性**を有する等の危険性があるときを除き，ガス抜き口を設けた運搬容器に収納することができる。」という例外規定もあります。

D　誤り。危険物取扱者の同乗が必要なのは，**移送**の場合です。

E　誤り。「危」の標識が必要なのは，**指定数量以上**の危険物を運搬する場合です。

　従って，誤っているのは，**C，D，E**の**3つ**となります。

【問題4】

次の文の（　）内のA，Bに入る語句の組み合わせとして，正しいものはどれか。

「液体の危険物を運搬容器に収納し，車両に積載して運搬する場合，容器内部の温度上昇を伴う圧力を緩和するため，法に基づく技術上の基準においては，運搬容器の内容積の（　A　）％以下の収納率であって，かつ，（　B　）の温度において漏れないように十分な空間容積を有して収納することと定められている。」

	A	B
⑴	95％	55℃
⑵	98％	60℃
⑶	95％	55℃
⑷	98％	55℃
⑸	95％	60℃

解答

【問題2】⑸

解説

前問のBより，液体の危険物は，運搬容器の内容積の**98％以下**の収納率であって，かつ，**55℃**の温度において漏れないように十分な空間容積を有して運搬容器に収納する必要があります。

【問題5】

法令上，危険物を運搬する場合の基準について，次のうち正しいものはいくつあるか。

A　指定数量未満の危険物を運搬する場合であっても運搬の基準は適用される。

B　特殊引火物を運搬する場合は，運搬容器を日光の直射から遮るため遮光性の被覆で覆わなければならない。

C　ガソリンの運搬にプラスチック容器を使用する場合は，容量が10ℓ以下のものでなければならない。

D　指定数量以上の危険物を車両で運搬する場合において，積替えや休憩，故障等のため車両を一時停止させるときは，安全な場所を選び，かつ，運搬する危険物の保安に注意すること。

E　危険物の運搬中，危険物が著しく漏れる等災害が発生するおそれのある場合は，災害を防止するための応急の措置を講じるとともに，最寄の消防機関その他の関係機関に通報すること。

(1)　1つ　　(2)　2つ　　(3)　3つ　　(4)　4つ　　(5)　5つ

解説

A　正しい。指定数量未満の危険物を運搬する場合であっても，**消防法**の規制を受けます。

なお，危険物の**貯蔵，取扱い**については，指定数量以上が**消防法**，指定数量未満が**市町村条例**で規制されます。

B　正しい。**第1類，自然発火性物品，特殊引火物，第5類，第6類**の危険物は，日光の直射から遮るために**遮光性の被覆**で覆う必要があります。なお，雨水の浸透を防ぐため**防水性の被覆**で覆わなければならない危険物については，第1類の**アルカリ金属の過酸化物**（若しくは含有するもの），第2類の**鉄粉，金属粉，マグネシウム**（以上，いずれも含有するものを含

解答

【問題3】(3)　　【問題4】(4)

む)，**禁水性物品**，となっています。

C，D，E　正しい。

従って，すべて正しいということになります。

【問題 6】急行★

第 4 類危険物を運搬する場合，混載が禁止されている危険物の組み合わせとして，次のうち正しいのはどれか。ただし，各危険物は指定数量の 10 分の 1 を超える数量とする。

(1)　第 1 類と第 3 類
(2)　第 1 類と第 6 類
(3)　第 2 類と第 3 類
(4)　第 2 類と第 5 類
(5)　第 3 類と第 6 類

解説

第 4 類危険物と混載できる危険物は，第 2 類と第 3 類と第 5 類です。

こうして覚えよう！

① 第 4 類危険物と混載が禁止されている危険物
⇒ 第 1 類と第 6 類

夜の	**交際**	**禁止だ**	**イチ**	**ロー**
4 類	混載		1 類	6 類

② 混載できる危険物の組み合わせ

1 類－6 類 2 類－5 類，4 類 3 類－4 類 **4 類－3 類，2 類，5 類**	左の部分は 1 から 4 と順に増加 右の部分は 6, 5, 4, 3 と下がり, 2 と 4 を逆に張り付け，そして最後に 5 を右隅に付け足せばよい

(混載禁止の組合わせでも一方が指定数量の 1/10 以下なら混載可能。)

解答

【問題 5】(5)

従って，第１類と第６類は，第４類危険物と混載が禁止されているので，(2)が正解となります。

なお，**高圧ガス**（プロパンなどの液化石油ガスやアセチレン，酸素など）との混載については，高圧ガスが **120ℓ未満**の場合に限り，一定の条件下で可能です。

【問題７】

指定数量の10分の1を超える危険物を運搬する場合，混載を禁じられている組合せは，次のうちいくつあるか。

A　ナトリウム…………………重油
B　硝酸エステル類………マグネシウム
C　鉄粉……………………………黄リン
D　ニトロ化合物……………臭素酸塩類
E　軽油……………………………硫黄
F　赤リン…………………………塩素酸塩類

(1)　1つ　　(2)　2つ　　(3)　3つ　　(4)　4つ　　(5)　5つ

解説

（前問解説の表参照。なお，混載が可能な場合は○，混載ができない場合は×を付してあります。）

A　○。ナトリウムは**第３類**，重油は**第４類**なので，混載が可能です。
B　○。硝酸エステル類は**第５類**，マグネシウムは**第２類**なので，混載が可能です。
C　×。鉄粉は**第２類**，黄リンは**第３類**なので，混載はできません。
D　×。ニトロ化合物は**第５類**，臭素酸塩類は**第１類**なので，混載はできません。
E　○。軽油は**第４類**，硫黄は**第２類**なので，混載が可能です。
F　×。赤リンは**第２類**，塩素酸塩類は**第１類**なので，混載はできません。

従って，混載を禁じられている組合せは，**C**，**D**，**F**の**３つ**になります。

解答

【問題６】(2)

【問題 8】

危険物の運搬基準にかかわる規則別表第 4 について，それぞれが指定数量の 10 分の 1 を超える危険物を，同一車両で運搬する場合，混載することのできる危険物の組合せとして，次のうち正しいものはどれか。

(1) 塩素酸塩類と赤リン
(2) 硫化リンと特殊引火物
(3) アゾ化合物とナトリウム
(4) アルコール類と過塩素酸
(5) ヒドロキシルアミン塩類と硝酸

解説

前問と同様に考えます。

(1) 誤り。塩素酸塩類は**第 1 類**，赤リンは**第 2 類**なので，混載できません。
(2) 正しい。硫化リンは**第 2 類**，特殊引火物は**第 4 類**なので，混載可能です。
(3) 誤り。アゾ化合物は**第 5 類**，ナトリウムは**第 3 類**なので，混載できません。
(4) 誤り。アルコール類は**第 4 類**，過塩素酸は**第 6 類**なので，混載できません。
(5) 誤り。ヒドロキシルアミン塩類は**第 5 類**，硝酸は**第 6 類**なので，混載できません。

【問題 9】

法令上，危険物を運搬する容器の外部に行う表示（注意事項）について，次のうち正しいものはどれか。

(1) 第 1 類危険物…………「火気注意」
(2) 第 2 類危険物…………「可燃物接触注意」
(3) 第 3 類危険物…………「衝撃注意」
(4) 第 4 類危険物…………「火気厳禁」
(5) 第 6 類危険物…………「禁水」

解説

容器外部に表示する注意事項は，次のとおりです。

解答

【問題 7】(3)

第 1 類危険物	・火気・衝撃注意 ・可燃物接触注意	
第 2 類危険物	・火気注意 （引火性固体のみ**火気厳禁**）	
第 3 類危険物	自然発火性物品	・空気接触厳禁 ・**火気厳禁**
	禁水性物品	・禁水＊
第 4 類危険物	・**火気厳禁**	
第 5 類危険物	・火気厳禁，衝撃注意	
第 6 類危険物	・可燃物接触注意	

（＊第 1 類のアルカリ金属の過酸化物と第 2 類の鉄粉，金属粉，マグネシウムも禁水です。）

この表より，(1) ×，(2) ×，(3) ×，(4) ○，(5) ×，となります。

【問題 10】

エタノール 50 ℓ を運搬容器に収納して運搬する場合，運搬容器の外部に表示する事項として，次のうち誤っているのはどれか。

(1) 第 4 類アルコール類

(2) 危険等級 II と危険物の数量

(3) エタノール

(4) 水溶性

(5) 火気注意

解説

P. 21，⒀の③，運搬容器の外部に表示する事項より，(1)〜(4)は正しい。(5)については，前問の収納する危険物に応じた注意事項より，第 4 類危険物のエタノールは**「火気厳禁」**の表示をする必要があるので，誤りです。

【問題 11】

危険物の品名とその運搬容器の外部に表示する注意事項の組合わせで，法令上，次のうち正しいものはいくつあるか。ただし，運搬容器の最大容積は，500 mℓを超えるものとする。

解答

【問題 8】(2)　　【問題 9】(4)

	危険物の品名	注意事項
A	過塩素酸塩類	衝撃注意，可燃物接触注意
B	赤リン	禁水，火気注意
C	カリウム	衝撃注意，空気接触注意
D	エチルメチルケトン	火気厳禁
E	過酸化水素	注水注意，可燃物接触注意

(1) 1つ　(2) 2つ　(3) 3つ　(4) 4つ　(5) 5つ

解説

【問題9】を具体的な物質名で表した問題です。【問題9】の表を参照しながら確認していきます。

A　誤り。過塩素酸塩類は**第1類危険物**であり，可燃物接触注意は正しいですが，衝撃注意は，誤りです。

B　誤り。赤リンは**第2類危険物**であり，火気注意は正しいですが，禁水は【問題9】，解説の表の下にある注意事項より，禁水が必要な第2類危険物に赤リンは含まれていないので，誤りです。

C　誤り。カリウムは**第3類危険物**であり，第3類危険物に衝撃注意は必要ありません。

D　正しい。エチルメチルケトンは**第4類危険物**（第1石油類の非水溶性）なので，火気厳禁で正しい。

E　誤り。過酸化水素は**第6類危険物**であり，注水注意は必要ないので，誤りです。

従って，正しいのは，**Dの1つ**となります。

【問題12】

固体の危険物の入った容器のラベルが読み取れなくなった。
「危険等級Ⅱ」，「火気・衝撃注意」，「可燃物接触注意」と書かれている容器の中に入っている危険物は，何類に該当するか。

(1) 1類　(2) 2類　(3) 3類　(4) 4類　(5) 6類

解説

「危険等級Ⅱ」については，なかなかここまで覚えておられる方も少ないの

解答

【問題10】(5)

ではないかと思いますが（実際，少々複雑です），この問題は危険等級の知識がなくても，P.116 の「収納する危険物に応じた注意事項」の知識があれば解ける問題です（危険等級は P.409 参照）。

まず，「火気・衝撃注意」が必要なのは**1類**だけとなっています。

もうここで，答えが絞られたわけですが，念のため，「可燃物接触注意」のところも確認すると，**1類**と**6類**となっているので，結局，1類が答えということになります。ちなみに，「危険等級Ⅱ」については，6類以外の危険物で一定の条件に当てはまるものが該当し，1類にも該当するものがあり，（第2種酸化性固体の性状を有するもの）答と矛盾しません。

＜移送＞

【問題 13】 急行★

法令上，移動タンク貯蔵所で特定の危険物を移送する場合は，移送の経路その他必要な事項を記載した書面を関係消防機関に送付するとともに，当該書面の写しを携帯し，当該書面に記載された内容に従わなければならないが，その特定の危険物に該当するものは，次のうちどれか。

(1) 酸化プロピレン
(2) アセトアルデヒド
(3) アルキルアルミニウム
(4) トリクロロシラン
(5) 黄リン

解説

アルキルアルミニウムを移送する場合は，移送の経路等を記載した書面を関係消防機関に送付するとともに，当該書面の写しを携帯し，当該書面に記載された内容に従わなければなりません。

なお，この**アルキルアルミニウム**をはじめ，**アルキルリチウム**，**アセトアルデヒド**，**酸化プロピレン**などを貯蔵タンクに注入するときは，あらかじめタンク内の空気を**不活性の気体**と置換しておく必要があります。

予め書面を提出	アルキルアルミニウム
不活性気体と置換	アルキルアルミニウム，アルキルリチウム，アセトアルデヒド，酸化プロピレン

解答

【問題 11】(1)　　【問題 12】(1)

【問題 14】

法令上，移動タンク貯蔵所による危険物の移送及び貯蔵・取扱いについて，次のうち誤っているものはどれか。

(1) 移動タンク貯蔵所からガソリンを容器に詰め替えてはならない。

(2) 移動タンク貯蔵所による危険物の移送は，当該危険物を取り扱うことができる危険物取扱者を乗車させてこれをしなければならない。

(3) 移送の開始前に，移動貯蔵タンクの底弁その他の弁，マンホール及び注入口のふた，消火器等の点検を十分に行わなければならない。

(4) 移動タンク貯蔵所には設置許可書を備え付けておかなければならない。

(5) 危険物取扱者は，危険物の移送をする移動タンク貯蔵所に乗車しているときは，免状を携帯していなければならない。

解説

(1) 正しい。移動タンク貯蔵所から容器に詰め替えることができるのは，引火点が **40℃以上**の**第4類危険物**のみなので，ガソリンは引火点が－40℃以下であり，容器に詰め替えることはできません。

(2), (3) 正しい。

(4) 誤り。移動タンク貯蔵所に備え付けておかなければならない書類は，

> ・**完成検査済証**・**定期点検記録**・（品名や数量などの）**変更届出書**
> ・**譲渡，引き渡しの届出書**…など
> ＜覚え方＞
> **家 庭 返 上**

であり，許可書などは不要です。

(5) 正しい。

【問題 15】

法令上，危険物第4類特殊引火物を移送する移動タンク貯蔵所の移送に関する基準について，次のうち定められていないものはどれか。

(1) 移送のため乗車している危険物取扱者は，消防吏員又は警察官から免状の提示を求められることがある。

解答

【問題 13】(3)

⑵　危険物を移送する者は，当該移送が規則で定める長時間にわたるおそれがある移送であるときは，2人以上の運転員でしなければならない。

⑶　危険物の移送をする者は，移動貯蔵タンクから危険物が著しく漏れるなど災害が発生する恐れのある場合には，災害を防止するための応急措置を講じるとともに，もよりの消防機関その他の関係者に通報しなければならない。

⑷　定期的に当該危険物の移送をする者は，移送の経路その他必要な事項を記載した書面を関係消防機関に送付するとともに書面の写しを携帯しなければならない。

⑸　危険物第4類第1石油類（ガソリン）の移送は，丙種危険物取扱者が乗車して行うことができる。

解説

⑴　正しい。

⑵　正しい。規則で定める長時間とは，1日当たりの運転時間が**9時間**を超える場合，若しくは連続運転時間が**4時間**を超える場合です。

⑶　正しい。

⑷　誤り。問題文は，問題13にあるアルキルアルミニウム等を移送する場合の措置であり，単に特殊引火物を定期的に移送をするからといってこのような措置は必要ありません。

⑸　正しい。移送は，移送する危険物を取り扱うことができる資格を持った危険物取扱者が乗車する必要があるので，丙種はガソリンを取り扱うことができ，正しい。

　なお，この場合の乗車は，必ずしも運転手に限らず，助手が資格を保持していてもかまいません。

　「指定数量未満の移送には危険物取扱者の同乗は不要」という出題例もありますが，この場合は，移送とはならないので，免状所持者の同乗は不要で，○になります。

解答

【問題14】⑷　【問題15】⑷

10 製造所等に設ける共通の設備等の問題

＜消火設備＞

【問題1】 急行★

法令上，製造所等に設置する第3種の消火設備として，次のA～Dのうち，該当するものはいくつあるか。

A　水噴霧消火設備
B　消火粉末を放射する消火器
C　不活性ガス消火設備
D　粉末消火設備
E　スプリンクラー設備

(1)　1つ　(2)　2つ　(3)　3つ　(4)　4つ　(5)　5つ

解説

第3種の消火設備は，名称の最後に「消火設備」が付くので，A，C，Dの3つが該当します。

【問題2】 急行★

法令上，消火設備の区分について，次のうち誤っているものはいくつあるか。

A　屋内消火栓設備…………………………………第1種の消火設備
B　泡消火設備………………………………………第2種の消火設備
C　スプリンクラー設備……………………………第3種の消火設備
D　泡を放射する消火器で大型のもの……………第4種の消火設備
E　乾燥砂……………………………………………第5種の消火設備

(1)　1つ　(2)　2つ　(3)　3つ　(4)　4つ　(5)　5つ

解説

A　正しい。
B　誤り。泡消火設備は「消火設備」が付くので，**第3種**の消火設備です。

解答は次ページの下欄にあります。

C　誤り。スプリンクラー設備は**第 2 種**の消火設備です。

D　正しい。第 4 種は**大型**消火器です。

E　正しい。第 5 種の消火設備には，小型消火器（○○を放射する小型消火器）のほか，水バケツ，水槽，**乾燥砂**などがあります。

従って，誤っているのは，B，C の 2 つとなります。

【問題 3】 特急★★

法令上，消火設備について，次のうち誤っているものはいくつあるか。

A　第 3 種の消火設備は，放射能力に応じて有効に設けなければならない。

B　第 4 種の消火設備は，原則として防護対象物の各部分から一の消火設備に至る歩行距離が 20 m 以下となるように設けなければならない。

C　電気設備に対する消火設備は，電気設備を設置する場所の面積 100 m^2 ごとに，1 個以上設けること。

D　泡を放射する小型消火器は，第 2 種の消火設備である。

E　給油取扱所に設ける第 5 種の消火設備（小型の消火器等）は，有効に消火できる位置に設けなければならない。

(1)　1 つ　　(2)　2 つ　　(3)　3 つ　　(4)　4 つ　　(5)　5 つ

解説

A　正しい。

B　誤り。歩行距離が 20 m 以下となるように設けなければならないのは第 5 種の消火設備であり（例外あり），第 4 種の場合は，歩行距離が **30 m 以下**となるように設ける必要があります。

C　正しい。

D　誤り。小型消火器は，**第 5 種**の消火設備です。

E　正しい。

従って，誤っているのは，B，D の 2 になります。

＜解説＋α＞

「水噴霧消火設備と同じ種類の消火設備はどれか」という出題例もありますが，水噴霧消火設備は第 3 種の消火設備なので，名称の最後が「消火設備」で終わる消火設備を探せばよく，「屋内消火栓設備」などがあれば×です。）。

解答

【問題 1】(3)　　【問題 2】(2)

【問題4】 急行★

法令上，製造所等に設置する消火設備の技術上の基準について，次のうち正しいものはどれか。

(1) 消火設備の種類は，第1種の消火設備から第6種の消火設備に区分されている。
(2) 地下タンク貯蔵所には，危険物の数量に関係なく第4種の消火設備を2個以上設けなければならない。
(3) 移動タンク貯蔵所に，消火粉末を放射する消火器を設ける場合は，自動車用消火器で充てん量が3.5 kg以上のものを2個以上設けなければならない。
(4) 第4類の危険物を貯蔵する屋内タンク貯蔵所にあっては，スプリンクラー設備を設ける。
(5) 一般取扱所に設ける第5種の消火栓設備は，原則として防火対象物の各部分から歩行距離が30 m以下となるように設ける。

解説

(1) 誤り。消火設備の種類は，**第1種**から**第5種**まで区分されています。
(2) 誤り。地下タンク貯蔵所に設けなければならない消火設備は，**第5種**の消火設備（小型の消火器等）を**2個以上**です。
(3) 正しい。
(4) 誤り。スプリンクラー設備は，水を放射する消火設備であり，第4類の危険物には不適切です。
(5) 誤り。第5種の消火栓設備の場合は，歩行距離が**20 m以下**となるように設けます（例外あり）。

【問題5】

法令上，第4類の危険物の火災に適応しない消火器は，次のうちいくつあるか。

A　棒状の水を放射する消火器
B　霧状の強化液を放射する消火器
C　霧状の水を放射する大型消火器
D　二酸化炭素を放射する消火器

解答

【問題3】(2)

E　リン酸塩類等の消火粉末を放射する消火器

(1)　1つ　　(2)　2つ　　(3)　3つ　　(4)　4つ　　(5)　5つ

解説

第4類の危険物の火災（油火災）に適応しない消火器は，「**水**を放射する消火器（**棒状，霧状**とも）」と「**棒状**の**強化液**を放射する消火器」です。

従って，A，Cの2つが正解になります。

（霧状の水は油火災には不適だが，電気火災には適応）

【問題6】

製造所等に消火設備を設置する場合，基準となる単位に所要単位があるが，次の記述のうち1所要単位を計算する方法として誤っているのはどれか。ただし，製造所等は他の用に供する部分を有しない建築物に設けるものとする。

(1)　外壁が耐火構造となっていない貯蔵所の建築物にあっては，延べ面積75 m^2 を1所要単位とする。

(2)　危険物は指定数量の150倍を1所要単位とする。

(3)　外壁が耐火構造の製造所の建築物にあっては，延べ面積100 m^2 を1所要単位とする。

(4)　外壁が耐火構造となっていない製造所の建築物にあっては，延べ面積50 m^2 を1所要単位とする。

(5)　外壁が耐火構造の貯蔵所の建築物にあっては，延べ面積150 m^2 を1所要単位とする。

解説

危険物の場合，指定数量の**10倍**が1所要単位です。

【問題7】

警報設備の基準に関する次の文の（　）内に当てはまる政令に定められている数値はどれか。

「指定数量の倍数が（A）以上の製造所等で規則で定めるものは，総務省令で定めるところにより，火災が発生した場合，自動的に作動する火災報知設

解答

【問題4】(3)

備，その他の警報設備を設置しなければならない。ただし，(B) は除く。」

	A	B
(1)	3	屋外タンク貯蔵所
(2)	5	屋内タンク貯蔵所
(3)	10	移動タンク貯蔵所
(4)	30	移送取扱所
(5)	100	簡易タンク貯蔵所

解説

指定数量の倍数が **10 以上**の製造所等には警報設備を設置しなければなりませんが，**移動タンク貯蔵所**は除外されています。

【問題 8】

次のうち，警報設備の種類として誤っているものはいくつあるか。

A　自動火災報知設備
B　消防機関に報知できる電話
C　ガス漏れ警報設備
D　拡声装置
E　警鐘

(1)　0
(2)　1つ
(3)　2つ
(4)　3つ
(5)　4つ

解説

警報設備の種類は，「こうして覚えよう」より

警報の　字　書く　秘　書　K
　　　　自　拡　非　消　警

⇒「自動火災報知設備，拡声装置，非常ベル装置*，消防機関に報知できる電話，警鐘」となっています（*「非常電話」「手動または自動サイレン」ではないので注意！）。また，「発煙筒」も含まないので注意して下さい。

解答

【問題 5】(2)　　【問題 6】(2)

従って，Cのガス漏れ警報設備の1つのみが誤りとなります。

［類題］（○×で答える。）

給油取扱所には，自動火災報知設備を必ず設置しなければならない。

解説

次の施設には，自動火災報知設備を必ず設置する必要があります。

「**製造所，一般取扱所，屋内貯蔵所，屋外タンク貯蔵所，屋内タンク貯蔵所，給油取扱所**」（答）○（⇒販売取扱所や屋外貯蔵所等には自動火災報知設備は不要）

＜標識及び掲示板＞

【問題9】

製造所には，規則で定めるところにより，見やすい箇所に製造所である旨を表示した標識を設けることになっているが，標識の大きさと色の組合わせで，次のうち正しいものはどれか。

	幅	長さ	地の色	文字の色
(1)	0.15 m 以上	0.3 m 以上	白	赤
(2)	0.15 m 以上	0.6 m 以上	黒	黄
(3)	0.3 m 以上	0.3 m 以上	白	赤
(4)	0.3 m 以上	0.6 m 以上	白	黒
(5)	0.45 m 以上	0.6 m 以上	黒	黄

解説

製造所等（移動タンク貯蔵所を除く）の標識は，幅が0.3 m 以上，長さが0.6 m 以上，色は地を白色，文字を黒色とする必要があります。

【問題10】

次のA～Gに掲げるもののうち，製造所の掲示板に表示しなければならないものはいくつあるか。

A　危険物の取扱最大数量

B　所有者，管理者又は占有者の氏名

C　危険物の類，品名

解答

【問題7】(3)　　【問題8】(2)

D　製造所等の所在地

E　危険物の指定数量の倍数

F　危険物保安監督者の氏名又は職名

G　許可行政庁の名称及び許可番号

(1)　2つ　　(4)　5つ

(2)　3つ　　(5)　6つ

(3)　4つ

解説

製造所の掲示板に表示しなければならないものは，次のとおりです。

- **危険物の類**
- **危険物の品名**
- **危険物の貯蔵最大数量または取扱最大数量**
- **危険物の指定数量の倍数**
- **危険物保安監督者の氏名又は職名**

従って，A，C，E，Fの4つが正解です。

【問題 11】

法令上，製造所等に設置する標識及び掲示板について，次のうち誤っているものはどれか。

(1)　引火性固体を貯蔵する製造所には，赤地に白文字で「火気厳禁」と記した掲示板を設置する。

(2)　引火性固体を除く第2類の危険物を貯蔵する屋内貯蔵所には，赤地に白文字で「火気注意」と記した掲示板を設置する。

(3)　アルカリ金属の過酸化物を除く第1類の危険物を貯蔵する屋内貯蔵所には，青地に白文字で「禁水」と記した掲示板を設置する。

(4)　給油取扱所には，黄赤地に黒文字で「給油中エンジン停止」と記した掲示板を設置する。

(5)　移動タンク貯蔵所には，黒地の板に黄色の反射塗料で，「危」と記した標識を車両の前後の見やすい箇所に掲げる。

解答

【問題 9】(4)　　【問題 10】(3)

解説

原則として，掲示板の**地**の色は**赤色**で，**文字**は**白色**です（赤地に白文字）。

従って，(1)(2)の色については，正しい。

また，(3)の「禁水」は，**青地**に**白文字**なので，これも，色については正しい。しかし，注意事項と掲示板が必要な危険物の種類の組合せは，次ページの図のようになっており，(3)の禁水は，「アルカリ金属の過酸化物を除く」ではなく，「アルカリ金属の過酸化物（含有物を含む）のみ」なので，誤りです。

	文字の色	地の色
標識	黒	白
注意事項の掲示板	白	赤（禁水は青）
「危」の標識	黒	黄色の反射塗料

標識，掲示板の色のまとめ

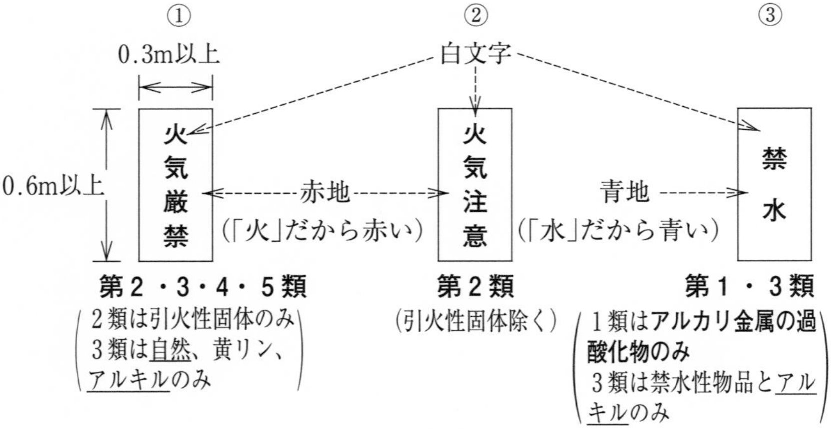

掲示板の注意事項

解答

【問題 11】(3)

【問題 12】

標識及び掲示板の注意事項について，次のうち誤っているものはどれか。

(1)	第２類の危険物（引火性固体除く）	火気注意
(2)	移動タンク貯蔵所	「危」と表示した幅，長さとも0.3ｍ以上，0.4ｍ以下の標識を車両の前後の見やすい位置に設けること。
(3)	自然発火性物品	火気厳禁
(4)	禁水性物品	禁水
(5)	第４類の危険物	火気注意

解説

前問の解説の図より，

(1) ②より，正しい。

(2) 正しい。

(3) ①より，正しい。

(4) ③より，正しい。

(5) 第 4 類の危険物は，①より，「**火気厳禁**」なので，誤りです。

解答

【問題 12】(5)

第2編

物理学および化学

第1章　物理の基礎知識

傾向と対策

(1) 物質の状態変化

非常に出題の少ない分野で，たまに**沸点**や**沸騰**などの問題が出題される程度です。

(2)　気体の性質

臨界温度，**臨界圧力**や**ボイル・シャルルの法則**などがたまに出題される程度です。

(3)　熱

水の中に銅などを入れた際の**熱量計算の問題**がたまに出題されているので，その計算パターンをよく把握しておく必要があります。

(4)　静電気

静電気については，非常に出題が多く，物理の出題のほとんどを占めているといっても過言ではありません。

その出題内容ですが，**静電気の発生しやすい条件**や**その防止対策**が圧倒的に多く，そのほかでは，たまに**静電エネルギーに関する問題**などが出題されている程度です（⇒計算式を覚えておく必要がある）。

物理の重要ポイント

●甲種スッキリ！重要事項No.2

(1) 物質の三態

① 固体と液体間の状態変化

・融解：固体⇒液体

・凝固：液体⇒固体

② 液体と気体間の状態変化

・気化：液体⇒気体

・凝縮：気体⇒液体

③ 固体と気体間の状態変化

・昇華：固体⇒気体

　　　気体⇒固体

(2) 密度：物質1㎤あたりの重さ（質量ともいう）のこと。

$$\text{密度〔g/cm}^3\text{〕} = \frac{\text{物質の重さ〔g〕}}{\text{物質の体積〔cm}^3\text{〕}}$$

(3) 沸騰

「液体の飽和蒸気圧＝外圧」の時に生じ，その時の液温が**沸点**である。

(4) 臨界温度

気体が液化し始める限界の温度を**臨界温度**，そのときの圧力を**臨界圧力**といい，温度が臨界温度より高ければ，いくら圧力をかけても液化しない。

(5) ボイルシャルルの法則

「一定量の気体の**体積**は**圧力**に反比例し，**絶対温度**に比例する。」

$\frac{PV}{T}=k$（一定）（P：圧力，V：体積，T：絶対温度）

（注：$T=t+273$［K］（t：セ氏温度））

(6) 気体の状態方程式

$PV=nRT$　　（n は気体のモル数，R は気体定数）

＜気体定数（R）の単位＞

・単位が気圧の場合：**0.082**〔ℓ・atm/（K・mol）〕

・単位が〔Pa〕の場合：**8.31×10^3**〔Pa・ℓ/mol・K〕

(7) ドルトンの法則（分圧の法則）

混合気体の**全圧**（P）は各成分気体の**分圧**の和に等しい。

***P*＝*Pa*＋*Pb*＋*Pc*……**（Pa，Pb，Pc：各成分機体の分圧）

(8) 比熱と熱容量

C*＝*mc　（C：熱容量，m：物質の質量，c：比熱）

（注：比熱の単位は〔J/(g・K)〕，熱容量の単位は〔J/K〕）

(9) 熱量〔Q〕の求め方

***Q*＝*mc*△*t*〔J〕**＝質量×比熱×温度差

(10) 熱の移動

伝導，**放射（ふく射）**，**対流**の3種類がある。

(11) 熱膨張による増加体積の求め方

増加体積＝元の体積×体膨張率×温度差

(12) 静電気が発生しやすい条件

① 絶縁抵抗が大きい

② 流速が大きい

③ 湿度が低い

④ 合成繊維の衣類

(13) 静電気の防止対策

・ **導電性の高い材料**を用いる（容器や配管など）

・ **流速を遅く**する（配管径を大きくし，給油時などは，ゆっくり入れる）。

・ **湿度を高く**する（発生した静電気を空気中の水分に逃がす）。

・ **摩擦を少なく**する（接触回数を少なくし，接触面積を小さくする）。

・ **接地（アース）をする**（発生した静電気を大地中に逃がす）。

・ 合成繊維の衣服を避け**木綿の服**などを着用する（帯電しやすい素材を避ける）。

・ 室内の空気を**イオン化**する（空気をイオン化して静電気と中和させ，除去する）

（注：静電気は，**人体**や**靴**にも帯電し，一般的に接地抵抗は10^6（メグ）Ω程度以下であれば適切とされていますが，10^{12}（テラ）Ω程度だと静電気除去効果はほとんどないので，要注意（⇒出題例あり）。）

1 物質の状態変化の問題

＜物質の状態変化＞

【問題 1】

物質の状態変化について，次のうち正しいものはどれか。

(1) 融解とは液体が固体に変わる現象をいう。

(2) 凝固とは固体が液体に変わる現象をいう。

(3) 気化とは気体が液体に変わる現象をいう。

(4) 凝縮とは気体が液体に変わる現象をいう。

(5) 固体が直接気体になるのは昇華であるが，気体が直接固体になるのは凝縮という。

解説

(1) 融解とは固体が液体に変わる現象をいいます。

(2) 凝固とは液体が固体に変わる現象をいいます。

(3) 気化とは液体が気体に変わる現象をいいます。

(5) 気体が直接固体になるのも昇華です。

【問題 2】

物質の状態の変化について，次のうち正しいものはいくつあるか。

A 可燃性液体の沸点は常に 100 ℃より高い。

B 気体または液体の圧力を一定にして温度を一定以下にするか，あるいは，温度を一定にして圧縮すると，気体または蒸気の一部が液化する。この現象を凝縮という。

C 硫黄を加熱すると融解して気化するが，この現象を昇華という。

D 0 ℃で水と氷が共存するのは，水の凝固点と氷の融点が同じためである。

E 二酸化炭素には気体と固体の状態があるが，いかなる条件でも液体にはならない。

(1) 1つ　(2) 2つ　(3) 3つ　(4) 4つ　(5) 5つ

解答は次ページの下欄にあります。

解説

A　誤り。特殊引火物や第1石油類（一部除く），アルコール類などのように，100℃より低いものもあるので，誤りです。

B　正しい。

C　誤り。昇華は，融解せずに，固体から気体（またはその逆）に直接変化する現象をいうので，誤りです。

D　正しい。0℃で水と氷が共存するのは，0℃が水の凝固点であり，また，氷の融点でもあり，氷から水へ状態が変化するのに融解熱が必要だからです。というのは，その融解熱が加えられている間は温度変化がないので，0℃のままになるからです。

E　誤り。一定の条件下では液体にもなります。

従って，正しいのは，B，D の2つとなります。

【問題3】

水の状態変化を示した下図の（a）（b）（c）のうち，気体，液体，固体はそれぞれどの部分に該当するか，次のうちから正しいものを選べ。

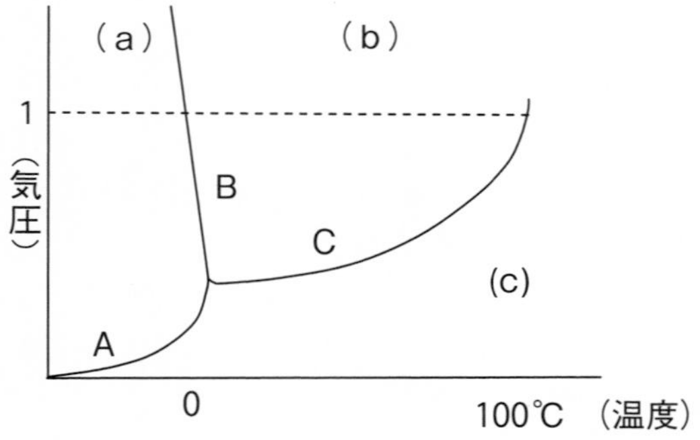

	(a)	(b)	(c)
(1)	気体	液体	固体
(2)	液体	固体	気体
(3)	固体	気体	液体
(4)	液体	気体	固体

解答

【問題1】(4)　　【問題2】(2)

(5) 固体　　　液体　　気体

解説

図の1気圧のラインに注目すると，(a) は0℃以下になるので，氷（**固体**），(b) は0℃から100℃までの状態を示しているので水（**液体**），(c) は100℃以上ということで蒸気（**気体**）ということになります。

＜類題＞

図のA，B，Cに示す曲線の名称を答えよ。

解説

（答）　A　昇華曲線　　B　融解曲線　　C　蒸気圧曲線

【問題4】

沸騰と沸点に関する説明について，次のうち誤っているものはいくつあるか。

A　沸騰は，液体の蒸気圧と外圧が等しくなった時に起こる。

B　外圧が高くなるとその液体の沸点は低くなる。

C　不揮発性の物質（砂糖など）が溶け込むと液体の沸点は降下する。

D　水の沸点は常に100℃である。

E　純粋な物質には，その物質固有の値を示す沸点がある。

F　一般に分子量の大きい液体ほど沸点が高い。

(1) 1つ　(2) 2つ　(3) 3つ　(4) 4つ　(5) 5つ

解説

A　正しい。沸騰は，液体内部からも気化が生じる現象で，液体の蒸気圧と外圧が等しくなった時に起こります。

B　誤り。沸騰は，「液体内の圧力＝外圧」の時に発生するので，外圧が高くなると，液体内の圧力も**高く**しないと沸騰しなくなり，沸点は**高く**なります。

C　誤り。不揮発性の物質が溶け込むと，液体の蒸気圧が下がるので，その分だけ湿度を上昇させる必要があり，液体の沸点は上昇します。

解答は次ページの下欄にあります。

D　誤り。他の液体と同じく，水も外圧が高いと沸点も高くなり，低いと低くなります（⇒高山のように気圧（＝外圧）の低い場所では，沸点が低くなるので，低い温度で沸騰する）。

E　正しい。

F　正しい。

従って，誤っているのは，B，C，Dの3つとなります。

【問題5】 急行★

融点が−89℃，沸点が72℃の物質を−45℃および60℃に保ったときの状態について，次の組み合わせのうち正しいものはどれか。

	−45℃のとき	60℃のとき
(1)	液体	液体
(2)	液体	気体
(3)	固体	固体
(4)	固体	液体
(5)	気体	気体

解説

融点が−89℃なので，−89℃ですでに液体になっており，それより温度が高い−45℃でも，**液体**です。

また，沸点が72℃なので，60℃では，まだ**液体**のままです。

従って，−45℃のときも60℃のときも**液体**ということになります。

【問題6】

液体Aと液体Bの蒸気圧曲線は，次の図のとおりである。この図について，次のうち誤っているものはどれか。なお，「沸点」とは，1気圧（1.013×10^5Pa）下において，液体の蒸気圧と外圧が等しくなる温度をいう。

(1)　Bの沸点は80℃である。

(2)　AとBの沸点の差は40℃である。

(3)　1気圧の2分の1の外圧下では，Bは約70℃で沸騰する。

(4)　BはAよりも蒸発しやすい物質である。

(5)　Aの沸点と水の沸点とでは，水の沸点の方が高い。

解答

【問題3】(5)　　【問題4】(3)

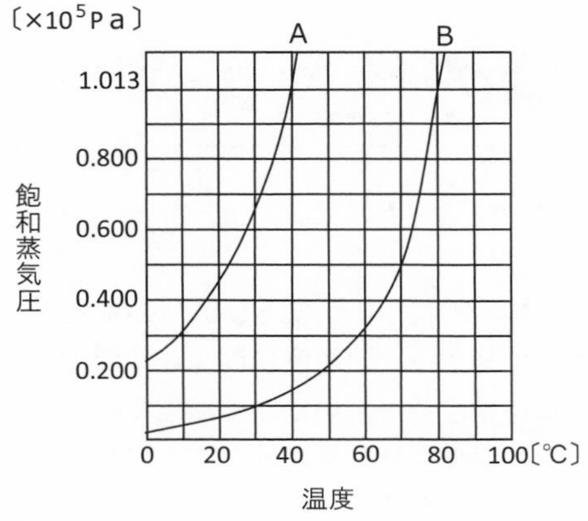

解説

⑴　問題文より，沸点は，1気圧（1.013×10^5Pa）下において，**液体の蒸気圧と外圧が等しくなる温度**のことをいうので，Bの蒸気圧が**1.013×10^5 Pa**になるときの液温がBの沸点ということになります。従って，Bの蒸気圧曲線と1.013×10^5Paのラインが交差する点が沸点となり，**80℃**で正しい。

⑵　⑴より，Bの沸点は80℃。一方，Aの沸点は⑴と同じく交差する点を探すと**40℃**になるので，80－40＝40℃で正しい。

⑶　正しい。1気圧の2分の1の外圧下なので，飽和蒸気圧が0.500のあたりが該当する部分であり，それをBの蒸気圧曲線まで進むと，ちょうど70℃になるので，「約70℃で沸騰する。」で正しい。

⑷　誤り。同じ温度において，飽和蒸気圧の**高い**方が蒸発しやすいので，図より，Aの方が高く，誤りです。

⑸　正しい。図より，Aの沸点は40℃，水の沸点は100℃なので，水の沸点の方が高くなります。

解答

【問題5】⑴　　【問題6】⑷

2 気体の性質の問題

＜気体の性質＞

【問題 1】

気体の状態変化について，次のうち正しいものはどれか。

⑴　臨界圧力以上に圧縮すると，温度に関係なく液化する。
⑵　臨界圧力以上に圧縮すると，いかなる温度であっても液化しない。
⑶　臨海温度より低い温度で気体を圧縮しても液化することはない。
⑷　臨界温度で気体を圧縮すると，臨界圧力に達したとき完全に液化する。
⑸　臨界温度で気体を圧縮した場合，臨界圧力に達したとき気体と液体の区別がなくなる。

解説

気体は臨海温度より低い温度でないと液化せず，また，臨界温度のときに液化したときの圧力が**臨界圧力**となります。

【問題 2】

下表に関する記述について，次のうち誤っているものはどれか。

	水	空気	メタン	二酸化炭素	水素
臨界温度（℃）	374.1	−140.7	−82.5	31.1	−240
臨界圧力 (気圧＝atm)	218.5	37.2	45.8	73.0	12.8

（注：臨界温度，臨界圧力とも資料によって若干数値が異なります。）

⑴　水は 360 ℃では，液体の場合もあるし，気体の場合もある。
⑵　空気は，二酸化炭素に比べると，液化しやすい物質である。
⑶　メタンは，−55 ℃では，気体である。
⑷　二酸化炭素は，31.1 ℃のときに 73 気圧以上の圧力を加えると液化する。
⑸　水素が −241 ℃であれば，12.8 気圧以下の圧力でも液化することができる。

解答は次ページの下欄にあります。

解説

(1) 正しい。水の臨界温度は 374.1℃なので，それより低い 360℃では，臨界圧力以上なら液体，以下なら気体の状態となります。

(2) 誤り。空気の臨界温度は−140.7℃，二酸化炭素の臨海温度は 31.1℃なので，31.1℃で臨界圧力以上の圧力で液化する二酸化炭素より，−140.7℃まで液温を下げないと液化しない空気の方が液化しにくい物質ということになります。

(3) 正しい。メタンの臨界温度は−82.5℃なので，それより高い温度の−55℃では，いくら圧力を加えても液体にはならないので，気体の状態となります。

(4) 正しい。二酸化炭素の臨界温度は 31.1℃であり，そのときに臨界圧力である 73 気圧以上の圧力を加えると液化します。

(5) 正しい。水素の臨界温度は−240℃なので，それより温度の低い−241℃であれば，臨界圧力の 12.8 気圧以下の圧力でも液化します。

【問題 3】

20℃の理想気体を体積一定のままで加熱し，その圧力が最初の圧力の 5 倍になった場合，その理想気体の温度は何度になるか。

(1) 4℃
(2) 100℃
(3) 546℃
(4) 1192℃
(5) 1465℃

解説

ボイル・シャルルの法則より，***PV/T* = 一定**であり，また，問題文より，体積 V も一定なので，結局，***P/T* = 一定** となります。

従って，圧力 P が 5 倍になれば，分母の絶対温度 T も 5 倍にならないと，P/T = 一定とはなりません。

よって，圧力が最初の圧力の 5 倍になれば，絶対温度 T も 5 倍になります。

そこで，この絶対温度ですが，摂氏温度を t とすると，

解答

【問題 1】(4)　　【問題 2】(2)

$T = t + 273$〔K〕　という関係になります
（〔K〕は絶対温度の単位であるケルビン）。

従って，最初の温度の 20 ℃は，絶対温度では，

$T = t + 273$
$= 20 + 273$
$= 293$ K　となります。

その 5 倍なので，293 × 5 ＝ 1, 465 K，となり，摂氏温度では，
1, 465 ＝ t +273 より，t ＝ 1, 465－273 ＝ **1, 192 ℃**　となります。

【問題 4 】

水素 12.0 g と，メタン 64.0 g をある容器に入れたところ，0 ℃で全圧が 0.4 Mpa となった。このときの各成分気体の分圧，容器の体積はどれか。なお，計算にあたっては，小数点以下第 2 位を四捨五入するものとする。

	水素の分圧	メタンの分圧	容器の体積
(1)	0. 15 Mpa	0. 05 Mpa	5. 67 ℓ
(2)	0. 16 Mpa	0. 24 Mpa	22. 4 ℓ
(3)	0. 20 Mpa	0. 12 Mpa	22. 69 ℓ
(4)	0. 24 Mpa	0. 16 Mpa	56. 7 ℓ
(5)	0. 36 Mpa	0. 24 Mpa	67. 2 ℓ

解説

たとえば，2 種類の気体 A，B が容器内に入っているとすると，その各々の圧力 Pa，Pb を**分圧**といい，その混合気体の圧力，すなわち，**全圧** P は，$\boldsymbol{Pa}$ $\boldsymbol{+Pb}$ となります。

このように，混合気体の全圧は各成分気体の分圧の和に等しくなります。

これを**ドルトンの法則**（または分圧の法則）といいます。

さて，問題の方ですが，分圧の法則より，密閉容器内における混合気体の分圧は，各気体の分子数に比例します。水素の分子量は，H_2 ＝ 2 なので，水素 12 g は **6 mol**。メタンの分子量は，CH_4 ＝ 16 なので，メタン 64 g は **4 mol**。

よって，容器中における水素とメタンの分圧比は，**6 : 4**。

容器の全圧は 0. 4 Mpa なので，水素分圧は 0. 4×6/10 ＝ **0. 24 Mpa**，メタ

解答

【問題 3】(4)

ン分圧は 0.4 × 4/10 ＝ **0.16 Mpa** となります。

また，0℃，1気圧（**0.1013 Mpa**）の標準状態における気体 1 mol の体積は 22.4ℓ です。

この問題は，この 22.4ℓ が 0℃で 0.4 Mpa の状態で気体 10 mol になったときの**体積**を求めればよいので，そこで，気体の状態方程式 ***PV=nRT*** を思い出します。

この式より，**［気体の体積 *V* は，モル数 *n* に比例し，圧力 *P* に反比例する］**のがわかります。

従って，モル数 n は 10 mol なので，標準状態の **10 倍**になりますが，圧力 *P* は反比例なので，$\mathbf{0.1013 \times \frac{1}{0.4}}$ になります。

よって，容器の体積は，$22.4 \times 10 \times \frac{\mathbf{0.1013}}{\mathbf{0.4}} = 56.728 \fallingdotseq$ **56.7ℓ** となります。

なお，その他，**水素ガス**そのものについても出題例があるので，①**無色・無味・無臭**で，**水に溶けにくく**地球上で**最も軽いガス**。② 燃焼すると**無色**の炎をあげて水を生成する（⇒「黄色の炎をあげて燃える」という出題例があるが，誤り）。③ 常温では安定だが，高温では**金属酸化物**を**還元**し多くの金属や非金属と爆発的に反応し**水素化物を生じる**……等は覚えておいてください。

解答

【問題 4】(4)

3 熱の問題

【問題 1】 イマヒトツ…

次の熱に関する記述のうち，誤っているものはどれか。

(1) 固体と液体とでは液体の方が熱伝導率が小さい。

(2) 一般に熱伝導率の大きな物質ほど燃焼しにくい。

(3) 熱容量が大きな物質は，温まりやすく冷めやすい。

(4) 圧力が一定の場合，一定質量の気体の体積は，温度 1 ℃上がるごとに約 273 分の 1 ずつ体積を増す。

(5) 物質 1 g の温度を 1 ℃上げるのに必要な熱量を比熱という。

解説

(1) 正しい。熱伝導率の大きさは，**固体＞液体＞気体**の順になります。

(2) 正しい。熱伝導率が大きな物質ほど熱が逃げやすく温度が上昇しにくくなります。

(3) 誤り。熱容量は，**物質（全体）の温度を 1 ℃上げるのに必要な熱量**のことをいい，この値が大きな物質ほど**温まりにくく**，かつ，**冷めにくく**なります。

(4) 正しい。なお，これを**シャルルの法則**といいます。

(5) 正しい。

【問題 2】

密栓した内容積 200 ℓ のドラム缶に空間容積を 20 ％残してガソリンが入れてある。いま，温度が 30 ℃上昇した場合，ドラム缶の空間容積として，次のうち正しいものはどれか。ただし，ガソリンの体膨張率を 1.35×10^{-3} K^{-1} とし，ドラム缶の膨張およびガソリンの蒸発は考えないものとする。

(1) 6.48 ℓ　(2) 13.52 ℓ　(3) 23.52 ℓ

(4) 33.52 ℓ　(5) 54.00 ℓ

解答は次ページの下欄にあります。

解説

まず，温度上昇による膨張分は次の式より求まります。

増加体積＝元の体積×体膨張率×温度差

元の体積は200 ℓから空間容積の20％，すなわち，40 ℓ除いたものなので，160 ℓ。

体膨張率は1.35×10^{-3}（K^{-1}は1/Kのことで，1Kあたり，つまり1度あたりという単位を表す），温度差は，30Kなので，計算すると，

$$
\begin{aligned}
\text{増加体積} &= \text{元の体積}\times\text{体膨張率}\times\text{温度差}\\
&=160\times1.35\times10^{-3}\times30\\
&=4,800\times1.35\times10^{-3}\\
&=6.48(\ell)
\end{aligned}
$$

となります。

元の空間容積は40 ℓなので，40−6.48＝33.52 ℓ　となります。

【問題3】

質量が200 g，比熱が4.2 J/(g・K) で80 ℃の湯を，質量が500 g，比熱が0.60 J/(g・K) で20 ℃の容器に入れた場合の湯の温度として，次の数値のうち，最も近いものはどれか。ただし，熱の流れは容器と湯の間のみで行われたものとする。

(1)　23.5 ℃
(2)　31.2 ℃
(3)　53.7 ℃
(4)　59.2 ℃
(5)　64.2 ℃

解説

熱の流れは容器と湯の間のみで行われているので，**エネルギー保存の法則**が成立します。

さて，熱が出入りした場合の熱量〔Q〕は，質量をm，比熱をc，温度差を$\triangle t$とすると，次式で表されます。

解答

【問題1】(3)　　【問題2】(4)

$Q = mc\triangle t$〔J〕(＝質量×比熱×温度差)

そこで，一定になったときの温度を t とすると，エネルギー保存の法則より，湯が失った熱量＝容器が得た熱量　なので，

湯が失った熱量＝$200 \times 4.20 \times (80 - t)$

容器が得た熱量＝$500 \times 0.60 \times (t - 20)$

$200 \times 4.20 \times (80 - t) = 500 \times 0.60 \times (t - 20)$

$840 \times (80 - t) = 300 \times (t - 20)$

$67,200 - 840\,t = 300\,t - 6,000$

$73,200 = 1,140\,t$

$t = 64.210$

$\fallingdotseq 64.2$℃

となります。

【問題 4】

ビーカー（熱容量 60 J/K）に入っている 20 ℃で 500 g の油の中に 80 ℃，200 g の鉄塊（比熱 0.44 J/(g・K)）を入れて，かき混ぜたら油温が 40 ℃で一定になった。この油の比熱として，次のうち正しいものはどれか。ただし，ビーカーの温度は油温と等しいものとし，熱の出入りは，ビーカー，油および金属塊の間だけで行われるものとする。

(1)　0.101〔J/(g・K)〕
(2)　0.232〔J/(g・K)〕
(3)　1.202〔J/(g・K)〕
(4)　2.52〔J/(g・K)〕
(5)　4.20〔J/(g・K)〕

解説

熱の出入りが，ビーカー，油および金属塊の間のみで行われているので，**エネルギー保存の法則**が成立します。

従って，**「鉄塊が失った熱量」＝「ビーカーと油が得た熱量」**となります。

そこで，まず，鉄塊が失った熱量を Qf とし，また，鉄塊を入れた後，一定

解答

【問題 3】(5)

になったときの温度を t とすると，鉄塊が失った熱量 Q_f は次式で求めることができます。

$$Q_f = mc\triangle t = 200 \times 0.44 \times (80-40)$$
$$= 88 \times 40$$
$$= \mathbf{3,520}\ \text{〔J〕}$$

一方，ビーカーが得た熱量を Q_b とすると，ビーカーの場合，熱容量で示されているので，（熱容量×△t）で，ビーカーが得た熱量が求まります。

よって，Q_b = 熱容量×△t = 60×(40−20)

= **1,200〔J〕**

また，油が得た熱量を Q_O，油の比熱を x とすると，Q_O は次式で求めることができます。

$$Q_O = m\,x\triangle t = 500 \times x \times (40-20)$$
$$= 500 \times x \times 20$$
$$= 10,000\,x\ \text{〔J〕}$$

$\therefore\ Q_f = Q_b + Q_O$ だから

$$3,520 = 1,200 + 10,000\,x$$
$$10,000\,x = 2,320$$
$$x = 0.232$$ 〔J/(g・K)〕 となります。

解答

【問題 4】(2)

4 静電気の問題

【問題 1】 特急★★

静電気について，次のうち誤っているものはいくつあるか。

A　静電気は，2つ以上の物体が接触分離を行う過程で発生する。

B　物体に発生した静電気はすべて物体に蓄積され続ける。

C　物体間の電荷のやりとりにより，電気量の総和が減少する。

D　静電気は，固体だけではなく液体でも発生する。

E　静電気による火災には，水による消火は絶対禁物で，一般の電気設備の火災に準じた消火方法をとらなければならない。

(1)　1つ　　(2)　2つ　　(3)　3つ　　(4)　4つ　　(5)　5つ

解説

A　正しい。静電気は，異なる**絶縁体**（電気を通しにくいもの）が接触して離れるときに，一方が**正**，他方が**負**の電荷を帯びるときに発生します。

B　誤り。物体に発生した静電気は，そのすべてが物体に蓄積され続けるのではなく，一部は空気中の水分やその他に漏れていくので，誤りです。

なお，同じような内容で「一度起きた静電気は時間が経っても低下することは無い。」という出題例がありますが，これも上記下線部より，誤りです。（その他，「同種の電荷の間には引力が働く⇒反発力なので×。」「導体に帯電体を近づけると反発する。⇒反発しないので×。」「帯電した物体に流れている電気を静電気という。⇒静電気は流れないので×。」なども注意）。

C　誤り。電荷のやりとりのみで，電気量の総和については変化しません。

D　正しい。なお，静電気は人体にも帯電します。

E　誤り。変圧器のような電気設備の火災，いわゆる電気火災であれば，感電を避けるために水による消火は不適切ですが，単に静電気が原因で発生した火災，というだけであれば，その**燃焼物に適応した消火方法**をとればよく，水による消火は禁止されていないので，誤りです。

従って，誤っているのは，B，C，Eの3つとなります。

解答は次ページの下欄にあります。

【問題 2】 急行★

静電気について，次の説明のうち誤っているものはどれか。

(1)　静電気には正負 2 種類のものがあり，異種の電荷間には吸引力，同種の電荷間には反発力が働く。

(2)　静電気は，湿度の低いときに蓄積しやすい。

(3)　静電気の電荷の間に働く力はクーロン力である。

(4)　金属に帯電した場合のみ，放電が発生する。

(5)　静電気の帯電防止策として，接地する方法がある。

解説

(1)　正しい。なお，「静電気には正と負があり，同極同士は引き合うが異極同士は反発しあう。」という出題例もあるので，引っかからないようにしてください（当然，下線部が逆であり×です）。

(4)　前問の D より，静電気は金属のみではなく，その他の固体や液体にも帯電し，放電することもあります。

【問題 3】 特急★★

石油類のように，非水溶性で導電率（電気伝導度）の小さい液体が配管中を流動するときは静電気が発生しやすくなるが，次のうち，特に静電気が発生しやすいものはいくつあるか。

A　配管の直径が大きいとき。

B　空気中の湿度が高いとき。

C　流れが乱れているとき。

D　流速が大きいとき。

E　管の内壁における表面の粗さが少ないとき。

F　液温が低いとき。

(1)　1 つ　　(2)　2 つ　　(3)　3 つ　　(4)　4 つ　　(5)　5 つ

解説

A　×。配管の直径が大きいと，管壁等との摩擦が少なくなるので，発生しにくくなります。

B　×。静電気は湿度が**低い**ときに発生しやすく，高いときに発生しにくく

解答

【問題 1】(3)

なります（空気中の水分に漏れるので）。

C　○。流れが乱れていれば，流体どうしや壁との**摩擦が増える**ので，発生しやすくなります。

D　○。流れが速いと発生しやすくなります。

E　×。管の内壁における表面の粗さが多ければ，摩擦の機会も増えるので，発生しやすくなりますが，少ないと，その逆になるので，発生しにくくなります。

F　×。液温が低いからといって静電気は発生しやすくはなりません。

従って，静電気が発生しやすいものは，C，D の 2 つのみとなります。

【問題 4】 急行★

物質の摩擦時における静電気発生の防止および抑制は，材料の特性・性能および工程上の制約等から現実的には困難な場合が多いが，一般的な対策として，次のうち A～E のうち正しいものはいくつあるか。

A　接触圧力を高くする。

B　接触する回数を減らす。

C　接触状態にあるものを急激にはがす。

D　接触面積を小さくする。

E　照度を低くする。

(1)　1 つ　　(2)　2 つ　　(3)　3 つ

(4)　4 つ　　(5)　5 つ

解説

A　誤り。接触圧力を高くすると，静電気が発生しやすくなります。

B　正しい。静電気は，2 つ以上の物体が接触分離を行う過程で発生するので，接触する回数を減らすと，その分，発生しにくくなります。

C　誤り。接触状態にあるものを急激にはがすと，発生しやすくなります。

なお，「剥離《はくり》を素早く行う」という表現でも出題例があるので，注意してください（⇒ 当然，発生しやすくなります）。

D　正しい。静電気の発生量が減るので，正しい。

E　誤り。照度と静電気は関係ありません。

従って，正しいのは，B，D の 2 つになります。

解答

【問題 2】(4)　　【問題 3】(2)

【問題 5】 急行★

静電気が蓄積するのを防止する方法として，次のうち誤っているものはどれか。

⑴ 接地（アース）をして静電気を大地に流す。

⑵ 直射日光を避け，空気中の温度を低くする。

⑶ 空気をイオン化する。

⑷ 容器や配管などに導電性の高い材料を用いる。

⑸ 空気中の湿度を高くする。

解説

直射日光を避けて，空気中の温度を低くしたからといって，静電気の蓄積を防止することにはなりません。

【問題 6】

静電気の帯電体が放電するときの放電エネルギーを E，帯電量を Q，帯電電圧を V，静電容量（電気容量）を C とした場合，次のうち誤っているものはどれか。

⑴ 最小着火エネルギーは，その値が最小となる臨界濃度の際の着火エネルギーのことをいう。

⑵ 帯電エネルギーは，次の式で与えられる。

$$E = \frac{1}{2}QV$$

⑶ 帯電量 Q は帯電体の帯電電圧 V と静電容量 C の積で求められる。

⑷ 放電エネルギー E の値は，帯電体の静電容量 C が同一の場合，帯電電圧 V の 2 乗に比例する。

⑸ 静電容量が $C = 150$ pF の物体が 4000 V に帯電したときの帯電エネルギー E は，6.0×10^{-3}J となる。

解説

⑴ 正しい（帯電電圧 $V = 1$ のときの放電エネルギーの値ではないので，注意）。

⑵ 正しい。

解答

【問題 4】⑵

(3)　正しい。式で表すと，$\boldsymbol{Q = CV}$　となります。

(4)　正しい。(2)の $E = \frac{1}{2}\boldsymbol{QV}$ の式の Q に，(3)の $Q = CV$ を代入すると，

$E = 1/2\,QV = \frac{1}{2}\boldsymbol{CV^2}$ となります。

従って，放電エネルギー E の値は，帯電電圧 V の 2 乗に比例します。

(5)　まず，静電容量の単位は，$\mu F = 10^{-6}F$，$pF = 10^{-12}F$ となります。

さて，(4)より，$E = \frac{1}{2}\boldsymbol{CV^2}$

この式に $C = 150 \times 10^{-12}$〔F〕と $V = 4,000$〔V〕$= 4 \times 10^3$〔V〕($\Rightarrow V^2 = 16 \times 10^6$〔V〕)を代入すると，

$E = \frac{1}{2}\boldsymbol{CV^2} = \frac{1}{2} \times 150 \times 10^{-12} \times 16 \times 10^6 = 1,200 \times 10^{-6}$

$= \boldsymbol{1.2 \times 10^{-3}}$ **〔J〕** となります。

【問題 7】

静電気による火災や爆発の事故を防ぐための方法として，最も適切なものは次のうちどれか。

(1)　ノズルから放出する可燃性液体の圧力を高くする。

(2)　配管内を流れる可燃性液体の速度を速くする。

(3)　絶縁性の床上で絶縁靴を着用して作業をする。

(4)　加湿や散水などによって湿度を高くする。

(5)　可燃性液体をタンクに充てんした後の検尺棒による検尺は，静置時間をとらずに素早く行う。

解説

(1)，(2) 可燃性液体の**圧力を高く**するほど，また，**速度を速く**するほど静電気が発生しやすくなります。

(3)　絶縁靴だと帯電してしまうので，**帯電防止靴**を着用します。

(4)　湿度を高くすると静電気が水分に流れるので帯電を防ぐことができます。

(5)　素早く行うと，静電気が発生しやすくなります。

解答

【問題 5】(2)　　【問題 6】(5)　　【問題 7】(4)

第2章　化学の基礎知識

傾向と対策

(1) 物質の変化

物質の変化については非常に出題は少ないですが，ただ，**化合**や**分解**，**重合**などの用語はよく出てくるので，その意味をよく把握しておく必要があります。

(2)　物質について

原子についての出題がたまにありますが，基本的な出題のほか，非常に難度の高い出題もまれにあります。

ただ，出題頻度は少ないので，化学系の大学生以外であるなら，まともに取り組んで時間を費やすよりは，基本的な知識を中心にした学習をした方が効率的ではないかと思います。

また，**アボガドロの法則**については，重要事項なので，確実に把握するようにしておいてください。

(3)　物質の種類

単体，**化合物**，**混合物**については，よく出題されており，その総合問題のほか，単体，化合物，混合物に関する個別の問題もよく出題されています。また，たまに，「次に並べた物質のうち，単体（または化合物，混合物）はどれか。」というような問題も出題されているので，単体，化合物，混合物の見極め方法もポイントです。

化学の重要ポイント

●甲種スッキリ！重要事項 No.3

(1) 物質について

① **原子の質量数＝陽子数＋中性子数**

② **原子番号＝陽子数**

③ アボガドロの法則：すべての気体は，同温，同圧のもとでは，同体積の中に同数の分子を含んでいる。
(⇒ 0℃ 1 気圧の標準状態では，すべての気体の 1 mol は **22.4 ℓ** で，その中に **6.02×10^{23}** 個の気体分子を含む。)

④ 1 mol とは？ ⇒ 原子，分子，イオンなどの粒子が **6.02×10^{23}** 個集まった集団を **1 mol** という。

(2) 物質の種類

物質
- 純物質
  - 単体（酸素，水素，硫黄，鉄銅ナトリウムなど）
  - 化合物（水，エチルアルコール，二酸化炭素など）
- 混合物（空気，ガソリン，灯油，軽油など）

① **混合物**：2 種類以上の純物質が混ざったもの

② **単体**：1 種類の元素からなる物質

③ **同素体**：同じ元素からなる単体でも**性質**が異なる物質どうし

④ **同位体**：陽子数（原子番号）は同じであるが，**中性子数**が異なるため**質量数**が異なる原子どうし（⇒原子番号が同じなので，化学的性質は同じ）
（注：下線部を入換えた出題あり）

⑤ **化合物**：2 種類以上の元素が結合（化合）してできた物質

⑥ **異性体**：分子式は同じでも構造，性質の異なる化合物どうし

(3) 化学反応式の作成法（未定係数法）

水素と酸素から水が生じる反応を例にすると，

$aH_2 + bO_2 \rightarrow cH_2O$……とおいて，両辺の原子の数より，係数を求める。

(4) 化学平衡

（窒素と水素からアンモニアが生じる反応を例にした場合）

$N_2 + 3H_2 \rightleftarrows 2NH_3$

可逆反応（正反応と逆反応が存在する反応）において，正反応，逆反応の速度が等しくなり，見かけ上は変化がなくなった状態を**化学平衡**という。

(5) ル・シャトリエの原理

平衡状態にある可逆反応で，反応条件（濃度，圧力，温度）を変えると，その変化を打ち消す方向に平衡が移動する現象。

(6) 溶液

① 用語（カッコ内は食塩水を例にした場合）

- **溶液**：２つ以上の物質から構成される液体状態の混合物
- **溶質**：溶液に溶けている物質（食塩）
- **溶媒**：溶液中において，溶質を溶かしている液体成分（水）
- **水溶液**：溶液において，特に溶媒が水である溶液をいう。
- **電解質**：水に溶けた際に陽イオンと陰イオンに分離する物質。
- **水和**：イオンなどの溶質粒子が数個の水分子に取り囲まれて結合することをいい（この状態のイオンを**水和イオン**という），水に溶けやすい，溶けにくいは，この水和をする，しないから起こる現象で，一般的に電解質ほど溶けやすくなる。
- **溶解度**：溶質が溶媒中に溶解する量の限界量をいい，一般的に溶質が固体の場合，溶媒 **100** グラムに溶ける溶質の質量（**g**）で表す。
- **飽和水溶液**：溶解度まで溶質が溶けている溶液を飽和溶液といい，それが水溶液の場合を飽和水溶液という。

② **固体の溶解度**：溶媒 **100 g** に溶けることのできる溶質の最大質量（グラム：g）

③ **ヘンリーの法則**：温度が一定なら，一定量の溶媒に溶ける気体の質量は**圧力に比例**する。

④ **質量パーセント濃度**

$$\text{質量パーセント濃度} = \frac{\text{溶質の質量〔g〕}}{\text{溶液の質量〔g〕}} \times 100\text{〔\%〕}$$

⑤ **モル濃度**

$$\textbf{モル濃度 [mol/ℓ]} = \frac{\textbf{溶質の物質量〔mol〕}}{\textbf{溶液の体積〔ℓ〕}}$$

⑥ **質量モル濃度**

$$\text{質量モル濃度 [mol/kg]} = \frac{\text{溶質の物質量〔mol〕}}{\text{溶媒の質量〔kg〕}}$$

⑦ **蒸気圧降下**：液体に不揮発性物質を溶かした場合に，蒸気圧が**下がる**現象

⑧ **沸点上昇**：液体に不揮発性物質を溶かした溶液の沸点が，溶媒の沸点より**上昇する**現象

⑨　**凝固点降下**：溶液の凝固点が溶媒の凝固点より**低くなる**現象

(7)　酸と塩基

①　**酸**：水に溶かした場合に電離して水素イオン（H^+）を生じる物質，または相手に水素イオン（H^+）を与える物質のこと

②　**塩基**：水に溶かした場合に電離して水酸化物イオン（OH^-）を生じる物質，または水素イオン（H^+）を受け取る物質のこと

③　酸と塩基の強弱による分類

	酸		塩基
強酸	塩酸（HCl） 硫酸（H_2SO_4） 硝酸（HNO_3）	強塩基	水酸化ナトリウム（$NaOH$） 水酸化カルシウム（$Ca(OH)_2$） 水酸化カリウム（KOH）
弱酸	酢酸（CH_3COOH） 炭酸（H_2CO_3） 硫化水素（H_2S）	弱塩基	アンモニア（NH_3）

④　**pH**（水素イオン指数）

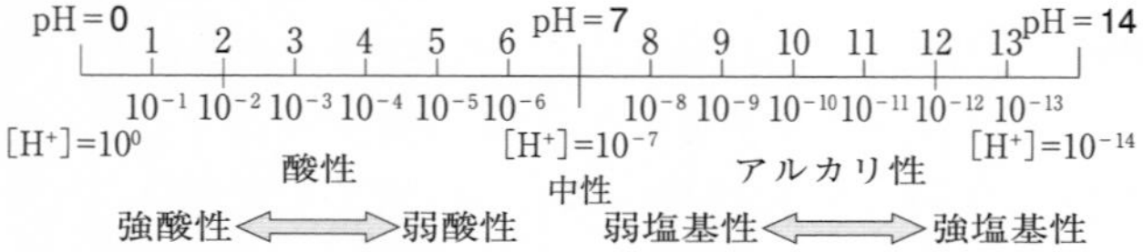

⑤　**中和**：酸と塩基が反応して互いの性質を打ち消しあう反応
具体的には，**酸 ＋ 塩基 → 塩 ＋ 水**　という反応

⑥　**中和滴定**

酸の価数 × 酸の物質量 ＝ 塩基の価数 × 塩基の物質量

の式より，濃度が不明の酸（または塩基）の水溶液の濃度を，濃度が既知の塩基（または酸）で中和させることによって求めることができる。

⑦　中和滴定で用いられる指示薬

・**強**酸と**強**塩基の中和 ⇒ 両方とも使用可能

・**弱**酸と**強**塩基の中和 ⇒ **フェノールフタレイン**を使用

・**強**酸と**弱**塩基の中和 ⇒ **メチルオレンジ**を使用

(8)　酸化と還元

①　酸化

・酸素と化合する

・水素を失う

・電子を失う

② 還元

・酸素を失う

・水素と化合する

・電子を受け取る

③ 酸化数について

(a) **単体**中の原子の酸化数は**0**とする。

(例) H_2, O_2Cl_2……などの酸化数は0

(b) 単原子イオンの場合は**イオンの価数**が酸化数となる。

(例) Ag^+…+1, Mg^{2+}…+2, Cl^-…−1, S^{2-}…−2

(c) 化合物中の**水素原子(H)の酸化数を+1, 酸素原子(O)の酸化数を−2**として化合物中の他の原子の酸化数を求める(注:化合物中の酸化数の総和は**0**とする)。(例:NH_3のNの酸化数は−3)

(d) 多原子イオンでは, 各原子の酸化数の総和がそのイオンの価数となるように決める。

(例) ・SO_4^{2-}… S+(−2)×4=−2, ⇒S=+6

(e) 化合物中のアルカリ金属は+1, アルカリ土類金属は+2とする。

(例) KCl……Kの酸化数は+1

(注:酸化数は, +1, +2のように正の値でも+をつけ, +1でも1は表示する。)

④ 酸化剤と還元剤

酸化剤⇒他に**酸素**を与える物質, 他から**水素**を奪う物質, **還元されやすい**物質

還元剤⇒他に**水素**を与える物質, 他から**酸素**を奪う物質, **酸化されやすい**物質

(9) 金属および電池について

① 金属のイオン化傾向(水溶液中で金属が陽イオンになろうとする性質の度合)

(大)←カソウカ ナ マ ア ア テ ニ ス ナ

(Li>) **K > Ca>Na>Mg>Al>Zn>Fe>Ni>Sn>Pb>**

ヒ ド ス ギルハク(シャッ)キン →(小)

(H_2)>Cu>Hg>Ag>Pt> Au

(注:先頭のリチウムは, 参考資料なので, ゴロ合わせには含まれていません。)

② 金属の腐食の防止

⇒目的とする金属よりイオン化傾向の**大きい**金属を接続して，先にその金属の方を腐食させる。

【例】 配管が鉄製の場合，上記イオン化列で鉄（Fe）より左にあるアルミニウム（Al）やマグネシウム（Mg）などを接続すればよい。

その他，・エポキシ樹脂塗料で塗装する。・亜鉛メッキをする。・ポリエチレンなどの合成樹脂で被覆なども効果的であるが，「ステンレス鋼管とつなぎ合わせると腐食しにくくなる」は誤りなので，要注意！（出題例あり）。）

③ 金属の炎色反応（物質を炎の中に入れた際に現れる元素に特有の色）

アルカリ金属	アルカリ土類金属
リチウム Li ⇒赤 ナトリウム Na ⇒黄 カリウム K ⇒赤紫	カルシウム Ca ⇒橙赤（オレンジ色のこと） バリウム Ba ⇒黄緑

④ 電池の起電力

ニッケル水素 ニッケルカドミウム（ニッカド） アルカリ蓄電池	**1.2 V**
アルカリ，マンガン	**1.5 V**
鉛蓄電池	**2 V**
リチウム	**3 V**

⑽ 有機化合物

（この特徴は出題頻度が高いので，①と次頁の②の表は必ず把握しておいてください。）

① 特徴

1．主成分が**C（炭素），H（水素），O（酸素），N（窒素）**と少ないが，炭素の結合の仕方により多くの化合物が存在する。

2．一般に，**共有結合**による**分子**からなっている。

3．一般に**燃えやすく**，燃焼すると**二酸化炭素**と**水**になる。

4．一般に**融点**および**沸点**が**低い**。

5．一般に**水に溶けにくい**が，**有機溶媒（アルコールなど）にはよく溶ける**。

6．一般に**非電解質**である。

7．一般に**静電気**が発生しやすい（電気の不良導体のため）。

② 有機化合物と無機化合物の特徴の比較

	有機化合物	無機化合物
構成元素	少ない。(主にC，H，O，N)	多い（すべての元素）
化学結合	ほとんどのものは，**共有結合**による**分子**からなる化合物である（⇒分子性物質）	ほとんどのものは，**イオン結合**による塩からなる化合物である（⇒イオン結晶)。
燃焼性	**可燃性**のものが多い。 (⇒CやHなどの構成元素が酸素と結びやすいため)	**不燃性**のものが多い。
沸点と融点	沸点と融点は**低い**ものが多く**高温で分解する**ものが多い（比較的弱い分子間力によって結合しているので，その結合が簡単に外れるため)。	沸点や融点は**高い**ものが多い（強いイオン結合で結合しているので，その粒子を引き離すのに多くの熱が必要となるため)。
水への溶解性	水に**溶けにくい**ものが多い。 <例外> ヒドロキシ基をもつものやイオンになるものは水に溶けやすい。	水に**溶けやすい**ものが多い。
有機溶媒への溶解性	有機溶媒には**溶けやすい**ものが多い。	有機溶媒には**溶けにくい**ものが多い。
電離	一般に**非電解質**である。	一般に**電解質**である。
比重	水より**軽い**ものが多い。	水より**重い**ものが多い。
反応性	反応が**遅い**。 (⇒共有結合を切断するのに大きな活性性エネルギーが必要なため)	反応が**速い**。

③ 炭化水素

1．**鎖式炭化水素**（脂肪族炭化水素）と**環式炭化水素**がある。
2．単結合で結合しているものを**飽和炭化水素**（**メタン**，**エタン**，**プロパン**など）といい，二重結合や三重結合も含むもの**を不飽和炭化水素**（エチレン，アセチレンなど)，ベンゼン環を含むものを**芳香族炭化水素**（ベンゼン，**トルエン**，**キシレン**など）という（注：ベンゼンは**不飽和結合**であるが，付加反応は起きにくく，**置換反応**が起きやすいので，注意)。
3．鎖式飽和炭化水素で**単結合**のものを**アルカン**，**二重結合**が１つのものを**アルケン**，**三重結合**が１つのものを**アルキン**という。

〈炭化水素（炭素・水素のみ含む有機化合物）の分類表〉

炭素骨格の形状

- **鎖状** — **鎖式炭化水素**（脂肪族炭化水素）
  - **飽和化合物**
    - アルカン（メタン系炭化水素）メタン，エタンなど →単結合のみ
  - **不飽和化合物**
    - アルケン（エチレン系炭化水素）エチレンなど →二重結合１つ
    - アルキン（アセチレン系炭化水素）アセチレンなど →三重結合１つ
- **環状**
  - **脂環式炭化水素**（ベンゼン環を持たない）
    - **飽和化合物** —— シクロアルカン，シクロヘキサンなど（単結合のみ）
    - **不飽和化合物** —— シクロアルケン（二重結合１つ），シクロアルキン（三重結合１つ）
  - **芳香族炭化水素**（ベンゼン環を持つ） —— 不飽和結合のみ（ベンゼン，トルエン，キシレンなど）

④　酸素を含む有機化合物

アルコール（脂肪族のみ），フェノール（芳香族のみ），アルデヒド，ケトン，カルボン酸，エステル，ニトロ化合物，スルホン酸，エーテル

⑤　官能基

−OH	ヒドロキシル基	−O−	エーテル結合
−CHO	アルデヒド基	−NH	アミノ基
>CO	ケトン基	$-NO_2$	ニトロ基
−COOH	カルボキシル基	$-SO_3H$	スルホ基
−COO−	エステル結合		

1．**第一級アルコール**を酸化すると**アルデヒド（−CHO）**になる。
　アルデヒドを酸化すると**カルボン酸（−COOH）**になる。
2．**第二級アルコール**を酸化すると，**ケトン（>CO）**になる。
3．**第三級アルコール**は**酸化されにくい**。

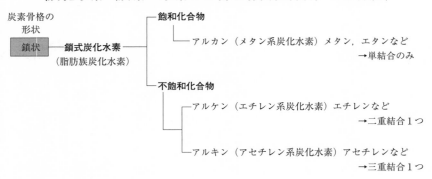

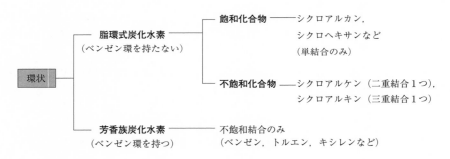

第1級アルコール$\xrightarrow{\text{酸化}}$アルデヒド$\xrightarrow{\text{酸化}}$カルボン酸

（例：エタノール→アセトアルデヒド→酢酸）

第2級アルコール$\xrightarrow{\text{酸化}}$ケトン

⑥　アルコールの分類

1．**1価アルコール**は，**−OH**を**1個**含むもの（2価は2個，3価は3個）

2．−OHが**2個以上**のものを，特に**多価アルコール**という。

3．**第一級アルコール**は，R（Cに結合した炭化水素基）が**1個**結合したもの（第二級はRが2個，第三級はRが3個結合したもの）

4．炭素数の多いアルコールを**高級アルコール**，炭素数の少ないアルコールを**低級アルコール**といい，高級アルコールは**水に溶けにくく**，低級アルコールは**水に溶けやすい**。また，**沸点**，**融点**は，高級アルコールは**高く**，低級アルコールは**低い**。

⑦　用語

1．**エステル**　⇒　**カルボン酸**と**アルコール**が**脱水縮合**して生成した化合物のことで，その反応を**エステル化**という。

2．**ニトロ化**　⇒　**ニトロ基（$-NO_2$）**による**置換反応**

3．**スルホン化**　⇒　**スルホ基（$-SO_3H$）**による**置換反応**

4．**脱離反応**　⇒　有機化合物から簡単な分子が取れて二重結合や三重結合を生じる反応をいう。

5．**縮合**　⇒　離脱反応により新しい化合物が生じる反応をいう。

6．**脱水反応**　⇒　脱離反応のうち，**水**が脱離する反応をいう。

7．**脱水縮合**　⇒　脱水反応によって縮合する反応をいう。

8．**付加反応**　⇒　二重結合や三重結合の不飽和結合が切れて，その部分に他の**原子**や**原子団**が結合する反応をいう。

9．**重合**　⇒　二重結合や三重結合の不飽和結合が切れた分子量が小さな物質（⇒単量体＝モノマー）が次々と結合して，分子量の大きな物質（**⇒重合体＝ポリマー＝高分子化合物という**）になる反応をいう。

10．**付加重合**　⇒　重合のうち，付加反応によるものをいう（⇒例：エチレンがポリエチレンになる）

1 物質の問題

<物質を構成するもの>

【問題 1】

原子に関する次の記述について，誤っているものはいくつあるか。

A　陽子は水素の原子核であって，プラスの電荷をもつ粒子であり，中性子より質量がはるかに大きい。

B　原子番号 6 の原子には，陽子が 6 個ある。

C　原子の質量は，陽子の質量と電子の質量の和にほぼ等しい。

D　陽又は陰の電気を帯びた原子又は原子団をイオンという。

E　原子価は 1 つの元素において必ずしも 1 つとは限らない。

(1)　1 つ　　(2)　2 つ　　(3)　3 つ　　(4)　4 つ　　(5)　5 つ

解説

A　誤り。陽子の質量は，中性子より質量がわずかに小さいので，誤りです。

B　正しい。ちなみに，原子番号 6 の原子というのは，炭素（C）です。

C　誤り。電子の質量は，陽子や中性子に比べてはるかに小さく，陽子の質量に加えても，ほぼ陽子の質量に同じです。

一方，**中性子の質量**は**陽子の質量**とほぼ等しく，両者の和は，ほぼ原子の質量に等しくなります（**原子の質量≒中性子の質量＋陽子の質量**）。

D　正しい。

E　正しい。なお，原子価とは，水素原子の原子価を 1 価と定め，その水素と化合できる数のことをいいます。

従って，誤っているのは，A，C の 2 つとなります。

【問題 2】

原子やイオン等に関する次の記述のうち，誤っているものはどれか。

(1)　原子核に含まれている陽子の数は，それぞれの元素固有のものである。

(2)　同一元素でも，中性子の数が異なる原子どうしを同位体（アイソトープ）という。

解答は次ページの下欄にあります。

(3)　同位体どうしの質量は異なるが，化学的性質は非常によく似ている。

(4)　原子から電子1個を取り去るのに必要なエネルギーをイオン化エネルギーという。

(5)　電子親和力が大きいほど陽イオンになりやすい。

解説

電子親和力は，原子が1個の電子と結合して陰イオンになる際に放出されるエネルギーであり，これが大きいほど**陰イオン**になりやすくなります。

【問題3】

原子や分子等に関する次の記述のうち，誤っているものはどれか。

(1)　原子量とは，$^{12}C=12$ を基準にした，各元素の相対質量のことをいう。

(2)　分子量とは，分子を構成する元素の原子量の総和である。

(3)　原子の最外殻にある電子は，原子価などの化学的性質を決定し，イオンの形成や化学結合の際に重要な働きをするので，価電子という。

(4)　典型元素では，価電子の数は最外殻電子の数に等しい。

(5)　金属元素の原子は，価電子を放出して陰イオンになりやすい。

解説

(1)〜(3)　正しい。

(4)　正しい。なお，典型元素とは，周期表の1族，2族，12〜18族の元素のことをいいます。

(5)　誤り。元素には，**金属元素**と**非金属元素**があり，金属元素は電子を放出しやすく（＝陽性が強い），**陽イオン**になりやすいので，誤りです。

なお，非金属元素の方は，電子を受けとりやすい（＝**陰性が強**い）という性質があるので，**陰イオン**になりやすい性質があります。

【問題4】

次に示す元素の陽子数，中性子数，電子数の組合せで，正しいのはどれか。

$^{27}_{13}Al$

解答

【問題1】(2)

	陽子数	中性子数	電子数
(1)	13	14	27
(2)	13	27	13
(3)	13	14	13
(4)	14	13	27
(5)	14	27	13

解説

まず，元素記号の左上にある数字が**質量数**，左下にあるのが**原子番号**であり，かつ，**陽子数（＝電子数）**になります。

また，**質量数＝陽子数＋中性子数**　になります。

従って，アルミニウムの陽子数，電子数は**13**，質量数は，質量数＝陽子数＋中性子数より，27＝13＋中性子数

よって，中性子数＝27－13＝**14**　となります

＜物質の種類＞

【問題 5】 急行★

物質の単体，化合物，混合物について，次のうち正しいものはいくつあるか。

A　単体は，純物質でただ1種類の元素のみからなり，通常の元素名とは異なる。

B　混合物は，混ざり合っている純物質の割合が異なっても，融点や沸点などが一定で，固有の性質を持つ。

C　気体の混合物は，必ず気体のみからなっているが，溶液の混合物は必ずしもその成分がすべて液体であるとは限らない。

D　単体は，分解することができない。

E　同素体とは，同じ元素からできている単体でも性質が異なる物質どうしをいう。

(1) 1つ　(2) 2つ　(3) 3つ　(4) 4つ　(5) 5つ

解説

A　誤り。たとえば，酸素は，ただ1種類の元素であるOから成り立って

解答

【問題 2】(5)　【問題 3】(5)

いますが，名称は同じく酸素です。

B　誤り。混合物の融点や沸点などは，成分の混合割合によって変化します。

C　正しい。たとえば，食塩水は，液体である水と固体である食塩からなっています。

D　正しい。

E　正しい。たとえば，**黒鉛**と**ダイヤモンド**，**酸素**と**オゾン**，**黄リン**と**赤リン**など。

従って，正しいものは，C，D，Eの3つとなります。

【問題6】

物質の化合物について，次のうち誤っているものはいくつあるか。

A　化合物とは，2種類以上の元素からできている純物質のことである。

B　一般に化合物は，蒸留，ろ過などの簡単な操作によって2以上の成分に分けられる。

C　化合物は，一般的に有機化合物と無機化合物に大別されるが，両者の中間に位置するものも存在する。

D　それぞれの化合物ごとに，その成分元素の質量比は一定である。

E　化合物のうち，無機化合物は酸素，窒素，硫黄などの典型元素のみで構成されている。

(1)　1つ　　(2)　2つ　　(3)　3つ　　(4)　4つ　　(5)　5つ

A　正しい。

B　誤り。ろ過や蒸留，再結晶などの簡単な操作によって2以上の成分に分けることができるのは，2種類以上の物質が化学的な結合をせずに，単に混ざり合った物質である**混合物**の方です（化合物の場合，2種類以上の物質に分解するには，**分解**などの化学的方法によらなければならない）。

C　正しい。炭素原子を骨格に持つ化合物は**有機化合物**に分類され，炭素の他に水素や酸素，窒素を含むものが多くあります。一方，それ以外の化合物は**無機化合物**と呼ばれますが，有機物と無機物（金属など）が化合した物質など，両者の中間に位置する物質も存在します。

D　正しい。

解答

【問題4】(3)　　【問題5】(3)

E　誤り。たとえば，第２類危険物の硝酸銀（$AgNO_3$）は無機化合物ですが，化合物中の Ag は遷移元素です。

従って，誤っているのは，B，E の２つになります。

【問題７】

次に示す物質のうち，混合物であるものはいくつあるか。

「希硫酸，エタノール，ガソリン，塩化ナトリウム，蒸留水，硫酸灯油，グルコース，石灰水」

(1)　1つ　　(2)　2つ　　(3)　3つ　　(4)　4つ　　(5)　5つ

解説

化合物は，**２種類以上の元素が化合した物質**であり，化学式で表すことができます。それに対して混合物は，**単に２種類以上の物質が混ざり合ったもの**であり，化学式で表すことはできません。

従って，エタノール，塩化ナトリウム，硫酸は**化合物**になります。また，蒸留水（H_2O）も水素と酸素の**化合物**になります。

一方，**希硫酸**は硫酸と水の**混合物**，**ガソリン**と**灯油**は種々の炭化水素の**混合物**，石灰水は水酸化カルシウム（$Ca(OH)_2$）と水の混合物になるので，混合物は４つということになります（グルコース（ブドウ糖）は化合物）。

なお，問題にはありませんでしたが，塩酸は塩化水素（HCl）が水に溶解したものなので，**混合物**になります。

【問題８】

分子式が $C_4H_{10}O$ である化合物に対して，考えられる異性体の種類はいくつあるか。ただし，光学異性体は考えないものとする。

(1)　5種類

(2)　6種類

(3)　7種類

(4)　10種類

(5)　11種類

解答

【問題6】(2)

解説

まず，$C_nH_xO_m$ において，$x = 2n+2$ ならば，鎖状の飽和結合（単結合のみで二重結合，三重結合がない）になります。

従って，$C_4H_{10}O$ は，$n = 4$ なので，$(2 \times 4)+2 = 10$ となり，鎖状の飽和結合になります。この場合，C の数が 4 であり，ベースとなる炭素の骨格は，次の 2 種類になります。

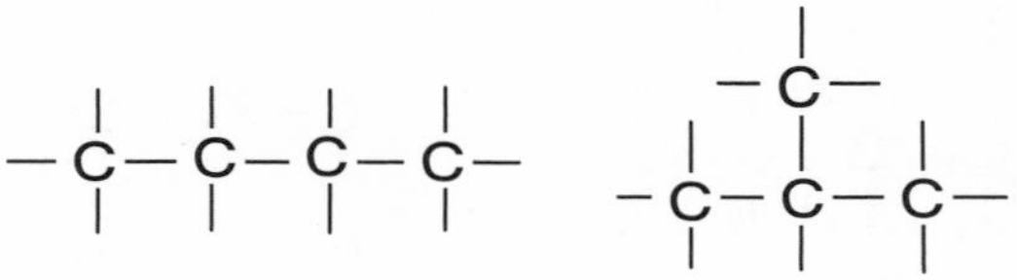

次に，O の入る位置を考えると，下図の 7 種類が考えられるので，異性体の種類は 7 つということになります。

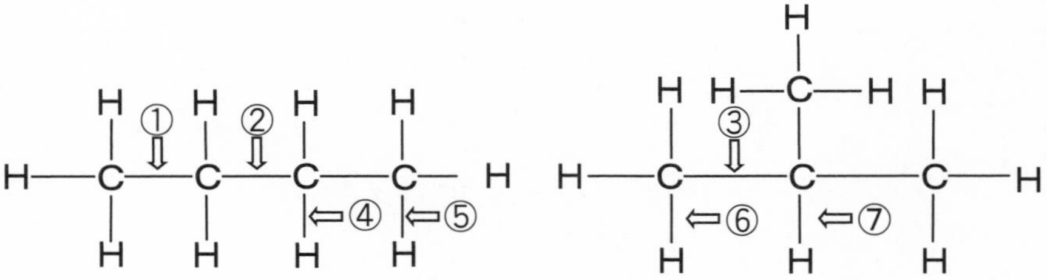

【問題 9】

分子式が C_5H_{12} で表される化合物に対して，考えられる構造異性体の種類はいくつあるか。

(1)　2 種類

(2)　3 種類

(3)　4 種類

(4)　5 種類

(5)　6 種類

解答

【問題 7】(4)　　【問題 8】(3)

第 2 編　物理学および化学

解説

C_5H_{12} は，$\mathbf{C_nH_{2n+2}}$ となるので，**アルカン**になります。

また，n＝5 より，ペンタンとなります（数字の 5 を表す接頭語のペンタの語尾に，アルカンの場合は－ane を付ける。ただし，炭素数 1〜4 は接頭語ではなく，順に，メタン，エタン，プロパン，ブタンという慣用名を用いる）。

その構造異性体は，下図のように，C が 5 個で 1 つ，C が 4 個で 1 つ，C が 3 個で 1 つの計 3 つになります。

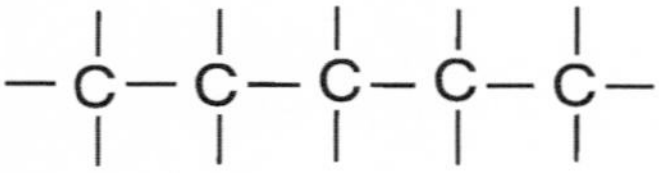

ペンタン

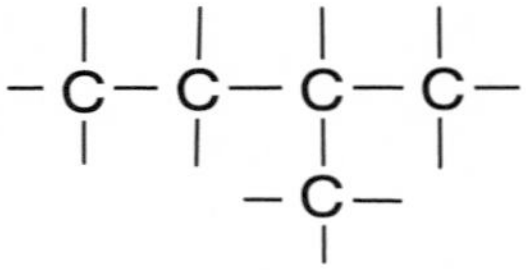

イソペンタン
(2－メチルブタン)

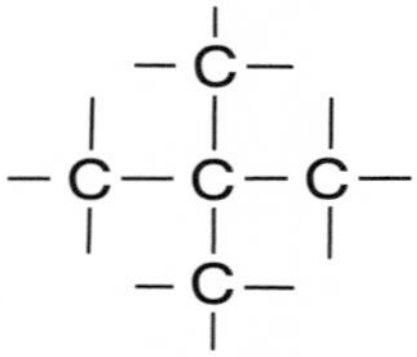

2. 2－ジメチルプロパン
(ネオペンタン)

【問題 10】

次の物質の組合わせのうち，互いに異性体であるものはいくつあるか。

A　エタノールとジメチルエーテル
B　鉛と亜鉛
C　水素と重水素
D　黄リンと赤リン
E　n ブタンとイソブタン
F　メタンとエタン

(1)　1 つ　　(2)　2 つ　　(3)　3 つ　　(4)　4 つ　　(5)　5 つ

解説

A　正しい。エタノールとジメチルエーテルの分子式は，ともに $\mathbf{C_2H_6O}$ の

解答

【問題 9】(2)

構造異性体です。

B　誤り。鉛と亜鉛は，同じ「鉛」の字を使っていますが，まったく別の物質です。

C　誤り。水素と重水素は，陽子数と電子数が同じで，中性子数が異なる物質どうしの**同位体**です。

D　誤り。黄リンと赤リンは**同素体**です。

E　正しい。n ブタンとイソブタンの分子式はともに $\mathbf{C_4H_{10}}$ ですが，炭素原子 C の並び方が異なるので**構造異性体**となります。

F　誤り。メタンは CH_4，エタンは C_2H_6 なので，分子式が異なります。

従って，互いに異性体であるものは，A，E の 2 つになります。

（その他，イソブチルアルコール（イソブタノール）とノルマルブチルアルコール（1−ブタノール），2−ブタノールも異性体です）

【問題 11】

希ガスに関する以下の記述のうち誤っているものはどれか。

(1)　化学的に安定で，他の原子とは反応しにくい。

(2)　原子の最外殻の電子配列をみると，電子殻が閉殻となっていて，他の原子と結びつきにくい。

(3)　イオン化エネルギーが小さい。

(4)　ヘリウム，ネオン，アルゴンなどがある。

(5)　空気中には，原子としてわずかに含まれている。

解説

希ガスは電子配置が安定しており，電子を奪う力も大きく必要になるので，その分，イオン化エネルギーは**大きく**なります。

解答

【問題 10】(2)　【問題 11】(3)

2 化学反応と熱の問題

＜化学反応と熱＞ (P.410 に理論酸素量のまとめがあります)

【問題 1】

濃硫酸と濃硝酸の混合物（混酸）にベンゼンを加えて加熱すると，ニトロベンゼンを生成した。この化学反応として，次のうち正しいものはどれか。

⑴ 縮合　　⑵ スルホン化

⑶ ハロゲン化　　⑷ ニトロ化

⑸ 融合

解説

ベンゼンに濃硝酸と濃硫酸の混合物（混酸）を作用させて，ニトロベンゼンを生成する反応式は，次のようになります。

$$C_6H_6 + HNO_3 \rightarrow C_6H_5NO_2 + H_2O$$ （濃硫酸は触媒）

従って，C_6H_6 のうちの 1 個の水素（H）がニトロ基（$-NO_2$）に置き換えられているので，**ニトロ化**が正解となります。

なお，ベンゼンはハロゲン化，ニトロ化，スルホン化などの置換反応を起こしやすく，このうち，スルホン化の反応式は次のようになります。

$$\underset{\text{ベンゼン}}{C_6H_6} + H_2SO_4 \rightarrow \underset{\text{ベンゼンスルホン酸}}{C_6H_5SO_3H} + H_2O$$

(濃硫酸にベンゼンを加え加熱すると，C_6H_6 のうちの 1 個の水素原子がスルホン基（$-SO_3H$）に置換され，**ベンゼンスルホン酸**を生じる。)

【問題 2】

過塩素酸（$HClO_4$）100.5 kg と炭酸ナトリウム（Na_2CO_3）を反応させて，過塩素酸ナトリウム（$NaClO_4$）122.5 kg を生成した。この反応において，必要な炭酸ナトリウムの量は，次のうちどれか。ただし，原子量は H = 1，C = 12，O = 16，Na = 23，Cl = 35.5 とする。

⑴ 53 kg　　⑵ 106 kg

解答は次ページの下欄にあります。

(3)　159 kg　　(4)　212 kg
(5)　424 kg

解説

過塩素酸（$HClO_4$）と炭酸ナトリウム（Na_2CO_3）から過塩素酸ナトリウム（$NaClO_4$）が生成する反応式は，次のとおりです。

$$2\,HClO_4 + Na_2CO_3 \rightarrow 2\,NaClO_4 + H_2O + CO_2$$

これより，2 mol の過塩素酸と 1 mol の炭酸ナトリウムが反応して，2 mol の過塩素酸ナトリウムと 1 mol の水と 1 mol の二酸化炭素が生成するのがわかります。ここで，過塩素酸と炭酸ナトリウムの 1 mol の質量を求めます。

過塩素酸（$HClO_4$）　⇒ $1 + 35.5 + (16 \times 4)$
$= 100.5$ g

過塩素酸ナトリウム（$NaClO_4$）⇒ $23 + 35.5 + (16 \times 4)$
$= 122.5$ g

従って，過塩素酸 100.5 kgは 1 kmol，過塩素酸ナトリウム 122.5 kgも 1 kmol となります。

「2 mol の過塩素酸と 1 mol の炭酸ナトリウムが反応して 2 mol の過塩素酸ナトリウムが生成する」のだから，「**2 kmol** の過塩素酸と **1 kmol** の炭酸ナトリウムが反応して **2 kmol** の過塩素酸ナトリウムが生成する⇒**1 kmol** の過塩素酸と **0.5 kmol** の炭酸ナトリウムが反応して **1 kmol** の過塩素酸ナトリウムが生成する」ということになります。

従って，1 kmol の過塩素酸（100.5 kg）から 1 kmol の過塩素酸ナトリウム（122.5 kg）を生成するのに必要な炭酸ナトリウムの量は，**0.5 kmol** ということになります。よって，1 mol の炭酸ナトリウムは，

Na_2CO_3 ⇒ $(23 \times 2) + 12 + (16 \times 3) = 106$ g だから，0.5 kmol の炭酸ナトリウムは，53 kgになります。

【問題 3】

1.0 ℓ の密閉容器に 1.0 mol のヨウ素（I_2）と 1.0 mol の水素を入れ，一定温度で反応させたら 10 秒後にヨウ化水素（HI）が 2.0×10^{-1} mol 生じた。このとき水素（H_2）は何 mol 反応したか。

(1)　2.0×10^{-3} mol　　(2)　1.0×10^{-2} mol

解答

【問題 1】(4)

(3)　2.0×10^{-2} mol　　(4)　1.0×10^{-1} mol

(5)　2.0×10^{-1} mol

解説

水素とヨウ素を同一容器に入れ，数百℃に加熱すると，次のように反応してヨウ化水素が生成します。

$$H_2+I_2 \rightarrow 2\,HI$$

この反応式より，水素1 molとヨウ素1 molが反応して2 molのヨウ化水素が生じるのがわかります。つまり，水素が1，ヨウ素が1でヨウ化水素が2の割合になります。問題文の場合，ヨウ化水素が0.2 molしか生じていないので，水素も同じく10分の1の0.1 molということになります。

【問題4】 特急

0℃，1気圧（1.013×10^5 Pa）において，プロパンを完全燃焼させたところ27 gの水が生成した。このときに消費された酸素の量として，正しいものは次のうちどれか。なお，Cの原子量12，Hの原子量1，Oの原子量16とする。

(1)　8.40 ℓ　　(2)　11.2 ℓ

(3)　13.0 ℓ　　(4)　21.0 ℓ

(5)　42.0 ℓ

解説

まず，プロパン（C_3H_8）を完全燃焼させた際の化学反応式を作ります。

その際，有機化合物を燃焼させると二酸化炭素と水になるので，次のような式となります（注：プロパンと第1石油類の酢酸エチルは理論酸素量が同じです！）。

$$C_3H_8 + aO_2 \rightarrow bCO_2 + CH_2O$$

左右の原子数を比較すると，

① C原子に着目，3 = b × 1より，b = 3

② H原子に着目，8 = c × 2より，c = 4

③ O原子に着目，a × 2 = b × 2 + c × 1より，

$2a = 2b + c$

$2a = 2\times3 + 4$　　$2a = 10$　∴　$a = 5$

解答

【問題2】(1)

よって，化学反応式は次のようになります。

$C_3H_8 + 5O_2 \rightarrow 3CO_2 + 4H_2O$ （係数の**和**を求める出題例あり！⇒12）

この反応式より，「プロパン **1 mol** を完全燃焼させるには，**5 mol** の酸素が必要で（⇒P.410），その結果，**4 mol** の水が生じる」ということがわかります。

従って，水が 27 g 生成しているので，その mol 数を求めれば，比例式より，消費された酸素量 O_2 も求めることができます。

そこで，水（H_2O）1 mol は，（1 × 2）＋ 16 ＝ 18 g なので，27 g は 3/2 mol になります。

反応式より比例式を作ります。

C_3H_8	＋	$5O_2$	→	$3CO_2$	＋	$4H_2O$
1 mol		5 mol		3 mol		4 mol
		↓				↓
		x mol				3/2 mol

> P.410 の表を覚えれば，化学反応式を簡単に導き出すことができます。

$$\Rightarrow \quad 5 : x = 4 : 3/2$$
$$4x = 15/2$$
$$x = 15/8 \text{ mol}$$

酸素 1 mol の体積は 22.4 ℓ なので，15/8 mol では，

22.4 × 15/8 ＝ 42 ℓ の酸素，ということになります。

【問題 5】 特急★

エタノール（C_2H_5OH）10 g が完全燃焼するときに必要とする空気の標準状態（0℃，1 気圧（1.013×10^5 Pa））における体積として，次のうち最も近いものはどれか。ただし，空気中の酸素の割合は 20 %（体積）とし，原子量は H ＝ 1，C ＝ 12，O ＝ 16 とする。

(1) 16.8 ℓ　　(2) 22.4 ℓ

(3) 44.8 ℓ　　(4) 67.2 ℓ

(5) 73.0 ℓ

解説

まず，エタノール（C_2H_5OH）が完全燃焼するときの反応式を未定係数法で作成していきます。その際，エタノールの係数を 1 と仮定します。

$C_2H_5OH + aO_2 \rightarrow bCO_2 + cH_2O$

解答

【問題 3】(4)　　【問題 4】(5)

① Cの数について……$2 = b$

② Hの数について……$6 = 2c$

③ Oの数について……$1 + 2a = 2b + c$

②より，$c = \mathbf{3}$ だから，$b = 2$，$c = 3$ を③に代入すると，

$1 + 2a = 4 + 3$　よって，$a = \mathbf{3}$ となります。

従って，反応式は，

$\mathbf{C_2H_5OH + 3O_2 \rightarrow 2CO_2 + 3H_2O}$ となります。

この反応式より，「エタノール **1 mol** を完全燃焼させるには，**3 mol** の酸素が必要」ということがわかります。つまり，エタノールの **3 倍**の物質量の酸素が必要になります。エタノール 1 mol は 46 g なので（24＋ 5 ＋16＋ 1 ＝ 6），10g は 10/46 ＝ **5/23 mol** であり，酸素はその 3 倍必要だから，5/23×3 ＝ **15/23 mol** 必要となります。

気体の 1 mol は 22.4 ℓ なので，22.4×15/23 ＝ **14.6 ℓ** の酸素が必要ということになります（理論酸素量を求める問題ならこれが答になる）。

空気と酸素の割合は，100：20 なので（80：20 ではないので注意），100：20 ＝ 5：1 となります。

すなわち，酸素の **5 倍**の空気量が必要となるので，**14.6 ℓ** × 5 ≒ **73 ℓ** の空気量が必要ということになります。

なお，アセトン（CH_3COHCH_3）が完全燃焼するときに必要とする空気量を求める出題もあるので，注意してください。

【問題 6】

気体状態のある化合物 1 ℓ を完全燃焼させようとしたところ，同温同圧の酸素 4 ℓ を消費したという。この化合物に該当するものとして，次のうち正しいものはどれか。ただし，いずれも理想気体として挙動するものとする。

(1)　アセトン　　(2)　エチレン

(3)　メタノール　　(4)　酢酸

(5)　エタン

解答

【問題 5】(5)

解説

体積の割合が化合物１に対し酸素４なので，化合物をＡとすると，反応式は，

$$A + \mathbf{4O_2} \rightarrow aCO_2 + bH_2O \cdots\cdots\cdots\cdots\cdots (1)$$

という形になります。

ここで，消費する酸素の量を求めるわけですが，１つ１つ化学反応式を作成していたら，時間がかかりすぎてしまうので，次のような方法を取ります。

「消費するＯの量＝２Ｃ＋Ｈ/２－Ｏ」$\cdots\cdots\cdots\cdots\cdots$(2)

これは，(1)式において，右辺の水（H_2O）はＨが２個で１つのＯを消費し，二酸化炭素（CO_2）はＣが１個で２個のＯを消費し，さらに，化合物Ａの分子中にＯがあれば，それが燃焼の際に消費されるので，その分，差し引いたものです。

この消費するＯの数が４O_2，すなわち，８個のものを探せばよいわけです。

よって，順に計算すると，

(1)　アセトン（CH_3COCH_3）　⇒　２×３＋３－１＝**８**
(2)　エチレン（C_2H_4）　⇒　２×２＋２＝６
(3)　メタノール（CH_3OH）　⇒　２×１＋２－１＝３
(4)　酢酸（CH_3COOH）　⇒　２×２＋２－２＝４
(5)　エタン（C_2H_6）　⇒　２×２＋３＝７

となるので，(1)のアセトンが正解となります。

【問題７】 難

ベンゼン 156 g が完全燃焼するために必要な空気量は，メタノール 32 g が完全燃焼するために必要な空気量の何倍か。

(1)　3.0 倍　　(2)　5.0 倍
(3)　8.0 倍　　(4)　10.0 倍
(5)　12.5 倍

解説

まず，ベンゼンが完全燃焼するときの反応式をベンゼンの係数を１として，未定係数法で作成していきます。

$$C_6H_6 + aO_2 \rightarrow bCO_2 + cH_2O$$

解答

【問題６】(1)

① Cの数について……$6 = b$
② Hの数について……$6 = 2c$
③ Oの数について……$2a = 2b+c$

②より，$c =$ **3** だから，$b = 6$，$c = 3$ を③に代入すると，
$2a = 12 + 3$　よって，$a =$ **7.5**　となります。
従って，反応式は，
$C_6H_6 + 7.5\,O_2 \rightarrow 6\,CO_2 + 3\,H_2O$　となります。
ベンゼン1 mol が完全燃焼するために必要な酸素量は7.5 mol となります(7.5倍の酸素が必要)。
よって，ベンゼン1 mol の質量は，(12 × 6) + 6 = 78 g なので，ベンゼン156 g は2 mol となり，ベンゼン156 g が完全燃焼するために必要な酸素量は，2 mol の7.5倍の **15 mol** となります。
一方，メタノール（CH_3OH）が完全燃焼するときの反応式も同じように求めます。
$aCH_4O + bO_2 \rightarrow cCO_2 + dH_2O$
左右の原子数を比較すると，
① C原子に着目，$a \times 1 = c \times 1$ より，$a = c$
② H原子に着目，$a \times 4 = d \times 2$ より，$4a = 2d$
③ O原子に着目，$a \times 1 + b \times 2 = c \times 2 + d \times 1$ より，
$a + 2b = 2c+d$
例によって，$a = 1$ と置くと，
①より，$c = 1$，
②より，$d = 2$（$4 = 2d$ より），
③より，$1 + 2b = 2 + 2$ だから，
$b = 3/2$
従って，$CH_4O + 3/2\,bO_2 \rightarrow CO_2 + 2\,H_2O$
簡単な整数比にするため，全体を2倍にすると，
$2\,CH_4O + 3\,O_2 \rightarrow 2\,CO_2 + 4\,H_2O$　となります。
この式より，メタノール2 mol を燃焼させるには3 mol の酸素が必要ということがわかります。
従って，メタノール1 mol（12 + 4 + 16 = 32 g）を燃焼させるには **1.5 mol**

解答

【問題7】(4)

の酸素が必要ということになります。空気量は酸素量に比例するので，ベンゼン 156 g が完全燃焼するために必要な酸素量が **15 mol**，メタノール 32 g が完全燃焼するために必要な酸素量が **1.5 mol** なので，

$$\frac{\text{ベンゼン 156 g が完全燃焼するために必要な酸素量}}{\text{メタノール 32 g が完全燃焼するために必要な酸素量}}$$

$$= \frac{15\ \text{mol}}{1.5\ \text{mol}}$$

= **10（倍）** となります。

＜別解＞

問題 6 の **「消費する O の量＝2 C＋H/2－O」** を利用すると，

ベンゼン（C_6H_6）⇒ 2×6＋3－0＝15

メタノール（CH_3OH）⇒ 2×1＋2－1＝3

ベンゼンが 2 mol，メタノールが 1 mol なので，ベンゼンの O の数は倍の 30 になります。

よって，30/3＝**10 倍**ということになります。

【問題 8】 急行★

次の物質のうち，その 1 kg を完全燃焼させるために必要な理論空気量が最も多いものはどれか。

(1) 1－ペンタノール　(2) 2－プロパノール

(3) 酢酸エチル　(4) シクロヘキサン

(5) 酸化プロピレン

解説

まず，理論空気量は理論酸素量に比例し，理論酸素量は化学式中の O の数に比例します。従って，その物質が 1 kg中に $x$mol あるとすれば，問題 6 の(1)式より求まる 1 mol あたりに消費する O の数を x 倍すれば，物質が 1 kgを完全燃焼させるために必要な O の数が求まり，それが最も多いものが答となります。

消費する O の量 ＝ 2 C＋H/2 － O

(1) 1－ペンタノール（$C_5H_{12}O$）

解答は次ページの下欄にあります。

1 mol あたりに消費する O の数 ＝ 2 × 5 ＋ 6 － 1 ＝ 15
1－ペンタノール 1 mol は，(12 × 5) ＋ 12 ＋ 16 ＝ 88 g
1 kgの mol 数は，1, 000/88
よって，1 kgにおける消費 O の数＝ 15 × 1, 000/88 ≒ **170**

⑵　2－プロパノール（イソプロピルアルコール　C_3H_8O）
1 mol あたりに消費する O の数＝2 × 3 ＋ 4 － 1 ＝ 9
2－プロパノール 1 mol は，(12 × 3) ＋ 8 ＋ 16 ＝ 60 g
1 kgの mol 数は，1, 000/60
よって，1 kgにおける消費 O の数 ＝ 9 × 1, 000/60 ＝ **150**

⑶　酢酸エチル（$CH_3COOC_2H_5$）
1 mol あたりに消費する O の数 ＝ (2 × 4) ＋ 4 － 2 ＝ 10
酢酸エチル 1 mol は，(12 × 4) ＋ 8 ＋ (16 × 2) ＝ 88 g
1 kgの mol 数は，1, 000/88
よって，1 kgにおける消費 O の数＝10 × 1, 000/88 ＝ **114**

⑷　シクロヘキサン（C_6H_{12} 第 1 石油類）
1 mol あたりに消費する O の数 ＝ 2 × 6 ＋ 6 ＝ 18
シクロヘキサン 1 mol は，(12 × 6) ＋ 12 ＝ 84 g
1 kgの mol 数は，1, 000/84
よって，1 kgにおける消費 O の数＝18 × 1, 000/84 ≒ **214**

⑸　酸化プロピレン（CH_3CHOCH_2）
1 mol あたりに消費する O の数 ＝ 2 × 3 ＋ 3 － 1 ＝ 8
酸化プロピレン 1 mol は，(12×3) ＋6＋16 ＝ 58 g
1 kgの mol 数は，1, 000/58
よって，1 kgにおける消費 O の数 ＝ 8 ×1, 000/58 ≒ **138**

従って，物質 1 kgを完全燃焼させるために必要な理論空気量が最も多いものは，⑷のシクロヘキサンということになります。

なお，本問のように解答に時間が取られるような出題が仮にあった場合，まずは飛ばして，最後に余った時間に解答するのが無難ではないかと思います。

（ジメチルエーテルが燃焼した際の空気体積についても出題例があります。
⇒CH_3OCH_3＋**3**O_2 → $2CO_2$＋$3H_2O$）

解答

【問題 8】⑷

【問題 9】 急行★

次の物質 1 mol を完全燃焼させた場合，必要な酸素が最も多いものはどれか。

(1) エタン　　　　(2) アセトアルデヒド

(3) イソブタン　　(4) アセトン

(5) 酢酸

解説

問題 6 の(2)式より，消費する O の量から求めていきます。

消費する O の量 ＝ 2 C＋H/2－O

(1) エタン（C_2H_6）⇒ 2 × 2 ＋ 3 ＝ 7

(2) アセトアルデヒド（CH_3CHO）⇒ 2 × 2 ＋ 2 － 1 ＝ 5

(3) イソブタン（C_4H_{10}）⇒ 2 × 4 ＋ 5 ＝ 13

(4) アセトン（CH_3COCH_3）⇒ 2 × 3 ＋ 3 － 1 ＝ 8

(5) 酢酸（CH_3COOH）⇒ 2 × 2 ＋ 2 － 2 ＝ 4

従って，(3)のイソブタンが正解となります。

【問題 10】 急行★

各物質 1 mol を完全燃焼させた際に消費される理論酸素量が互いに等しい組合わせは，次のうちどれか。

(1) 亜鉛　　　　　　炭素

(2) メタン　　　　　酢酸

(3) プロパン　　　　一酸化炭素

(4) ベンゼン　　　　ブタン

(5) アセトアルデヒド　酢酸エチル

解説

（前問解説の「消費する O の量」より求めます。）

(1) 亜鉛（Zn）のように，C も H も O もない場合は，まずは，酸化数を考えます。亜鉛が化合物をつくる際の酸化数は＋2 なので，

解答は次ページの下欄にあります。

$Zn+O \rightarrow ZnO$ となり，消費する O の数は **1 個**となります。

一方，炭素（C）の場合は，2 × 1 = **2** となるので，異なります。

⑵ メタン（CH_4）は，2 × 1 + 2 = **4**，酢酸（CH_3COOH）は，2 × 2 + 2 − 2 = **4** となるので，理論酸素量が互いに等しくなります。

⑶ プロパン（C_3H_8）は，2 × 3 + 4 = **10**，一酸化炭素（CO）は，2 × 1 − 1= **1**　となるので，異なります。

⑷ ベンゼン（C_6H_6）は，2 × 6 + 3 = **15**，アセトン（CH_3COCH_3）は，2 × 3 + 3 − 1 = **8**　となるので，異なります。

⑸ アセトアルデヒド（CH_3CHO）は，2 × 2 + 2 − 1 = **5**，酢酸エチル（$CH_3COOC_2H_5$）は，(2 × 4) + 4 − 2 = **10**　となるので，異なります。

なお，主な物質 1 モル当たりの燃焼に必要な理論酸素量を P.410 にまとめておきましたので，参考にして下さい。

＜熱化学＞

【問題 11】

NH_3 の燃焼に関する次の反応式の係数の和として，正しいものはどれか。

(A) NH_3 + (B) O_2 → (C) NO + (D) H_2O

⑴ 7　⑵ 9　⑶ 13　⑷ 19　⑸ 21

解説

NH_3（アンモニア）の燃焼式は，次のようになります。

4 NH_3 + 5 O_2 → 4 NO + 6 H_2O（系数の覚え方⇒ **あ〜も《アンモ》**〜**信《4》号《5》し《4》ろ《6》**）

従って，4 + 5 + 4 + 6 = 19　となります。

なお，下記の②と③の式より，エタン（C_2H_6）の生成熱を求める問題も出題されているので，要注意です。

⇒ ①　$2C+3H_2=C_2H_6+Q$　　⇒この Q を求めればよい。

②　$C+O_2=CO_2+394$ KJ

③　$H_2+1/2\,O_2=H_2O+286$ KJ…③

②× 2 +③× 3 −① から，$2C+3H_2=C_2H_6+86$ kJ　と求まります。

解答

【問題 9】⑶　【問題 10】⑵

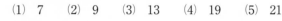

<反応速度と化学平衡>

【問題 12】

反応速度について，次のうち誤っているものはいくつあるか。

A　反応温度が高くなると，反応速度は大きくなる。

B　活性化エネルギーが大きくなると，反応速度が大きくなるので，反応は起こりやすくなる。

C　溶液の濃度が低くなると，反応速度は大きくなる。

D　可逆反応では，正反応と逆反応の速度差が見かけ上の反応速度になる。

E　触媒には，反応速度を大きくしたり小さくしたりする働きがある。

(1)　1つ　　(2)　2つ　　(3)　3つ　　(4)　4つ　　(5)　5つ

解説

B　活性化エネルギーが大きくなると，それだけ大きなエネルギーを与えないと反応が起こらないので，反応速度は小さくなり，反応は起こりにくくなります。

C　溶液の濃度が低くなると，粒子の衝突回数が減るので，反応速度は小さくなります。

E　触媒を加えると反応速度が変化し，かつ，反応終了後において反応前と同じ状態で存在します。

従って，誤っているのは，B，Cの2つとなります。

【問題 13】

標準状態で，1.12 ℓ の炭化水素（気体）があり，それを燃焼させて冷却し，生成した水を集めたところ，その質量は1.8 g であった。また，この炭化水素に適当な触媒を使用して水素を付加させたところ，炭化水素と同量の水素を消費した。この炭化水素に当てはまるのは次のうちどれか。

(1)　アセチレン　　(2)　メタン　　(3)　エタン

(4)　エチレン　　(5)　イソブチレン

解説

解答

【問題 11】(4)

まず，(1)〜(5)の炭化水素 1 mol が燃焼する際の反応式は，次のようになります。

(1)　アセチレン　：$C_2H_2 + 5/2\ O_2 \rightarrow 2\ CO_2 + H_2O$
(2)　メタン　　　：$CH_4 + 2\ O_2 \rightarrow CO_2 + 2\ H_2O$
(3)　エタン　　　：$C_2H_6 + 7/2\ O_2 \rightarrow 2\ CO_2 + 3\ H_2O$
(4)　エチレン　　：$C_2H_4 + 3\ O_2 \rightarrow 2\ CO_2 + 2\ H_2O$
(5)　イソブチレン：$C_4H_8 + 6\ O_2 \rightarrow 4\ CO_2 + 4\ H_2O$

さて，炭化水素 1.12 ℓ は，1.12/22.4 = **0.05 mol**。

発生した水（H_2O＝18 g）は，1.8/18 = **0.1 mol**。

つまり，**炭化水素分子 1 個で，水分子 2 個が発生した**ことになるので，燃焼により $2\ H_2O$ が発生している(2)メタンと(4)エチレンが問題に当てはまります。

次に，炭化水素への水素の付加は**不飽和結合（二重結合や三重結合）に水素が結合する**ことで起こり，下記のような反応式になります。

(1)　アセチレン　：$CH \equiv CH + 2\ H_2 \rightarrow CH_3 - CH_3$
(4)　エチレン　　：$\mathbf{CH_2} = CH_2 + \mathbf{H_2} \rightarrow CH_3 - CH_3$
(5)　イソブチレン：$\mathbf{CH_2} = C(CH_3)_2 + \mathbf{H_2} \rightarrow CH_3 - CH(CH_3)_2$

(2)メタン（CH_4）と(3)エタン（C_2H_6）には不飽和結合がないため，水素の付加は起こりません。また，反応式から，1 つの二重結合に **1 分子の水素（H_2）**，1 つの三重結合に **2 分子の水素（$2\ H_2$）**が結合して単結合に変化しているのがわかると思います。炭化水素と同量（**同じ mol 数**）の水素が反応しているのは，二重結合を 1 つ持つ(4)エチレンと(5)イソブチレンなので，前半の結果と合わせると，(4)のエチレンが正解になります。

【問題 14】 急行★

触媒を用いた化学反応に関する一般的説明について，次の A〜E のうち誤っているものはいくつあるか。

A　触媒は可逆反応の平衡定数を変化させることはない。
B　反応熱は，触媒があることによって大きくなる。
C　触媒自身は，化学反応の前後で変化はしない。
D　反応により消費され，反応速度が大きくなる。
E　触媒を用いると，活性化エネルギーの大きい反応経路を経由する。

(1)　1 つ　　(2)　2 つ　　(3)　3 つ　　(4)　4 つ　　(5)　5 つ

解答

【問題 12】(2)　　【問題 13】(4)

解説

A　正しい。触媒は，反応速度に影響を与えますが，可逆反応の平衡定数には影響を与えません（⇒「平衡そのものは異動しない」ということ）。

B　誤り。A の解説にあるとおり，触媒は**反応速度**に影響を与えますが，**反応熱**には影響を与えず，元のままなので（触媒を加えても反応物と生成物とのエネルギー差は変化しない），誤りです。

　なお，熱や光によって反応が加速されても，それを触媒作用とは言わないので，注意してください。

C　正しい。触媒には反応速度を変化させる働きがありますが，自身は，反応終了後に反応前と同じ状態で存在します。

D　誤り。C にあるとおり，触媒自身は変化せず，反応終了後も反応前と同じ状態で存在します。

E　誤り。触媒を用いると，活性化エネルギーの小さな反応経路を経由するので，誤りです。

従って，誤っているのは，B，D，E の 3 つになります。

【問題 15】

次の A～E のうち，触媒によって変化するものはいくつあるか。

A　反応熱　　　　　　　B　反応速度

C　分子の運動エネルギー　　D　活性化エネルギー

E　反応生成物の結合エネルギーの和

(1)　1 つ　　(2)　2 つ　　(3)　3 つ　　(4)　4 つ　　(5)　5 つ

解説

化学反応が起こるためには，ある一定以上の活性化エネルギーが必要であり，触媒を加えると，この**活性化エネルギー**が小さくなり（活性化エネルギーの小さな反応経路を経由する），その結果，**反応速度**が大きくなります。

従って，触媒によって変化するものは，B，D の 2 つとなります。

なお，活性化エネルギーそのものは，温度や圧力などの外部因子には影響されないので，注意してください。

解答

【問題 14】(3)　　　　【問題 15】(2)

3 溶液の問題

【問題1】

コロイド溶液に関する記述について，次のうち誤っているものはどれか。

(1) コロイド溶液中において，コロイド粒子がふるえるように不規則に動いているように見えるのは，水分子がコロイド粒子に不規則に衝突しているためである。

(2) コロイド溶液に横から光を当てた場合，光の通路が明るく光ってみえるのは，コロイド粒子が光を散乱させるためである。

(3) コロイド溶液に電極を入れて直流の電源につないだ場合，帯電しているコロイド粒子は同符号の電極の方へ移動して集まる。

(4) 疎水コロイド溶液に親水コロイド溶液を加えた場合，疎水コロイドの粒子が親水コロイドの粒子によって取り囲まれるので，凝析しにくくなる。

(5) 親水コロイド溶液に少量の電解質を加えてもコロイド粒子は沈殿しないが，多量の電解質を加えた場合は沈殿する。

解説

(1) 正しい。これを**ブラウン運動**といいます。

(2) 正しい。これを**チンダル現象**といいます。

(3) 誤り。問題文は**電気泳動**の説明ですが，帯電しているコロイド粒子は同符号ではなく，反対符号の電極の方へ移動して集まります。

(4) 正しい。

(5) 正しい。これを**塩析**といいます。

【問題2】 急行★

80 ℃のホウ酸飽和水溶液 100 g を 20 ℃まで冷却したときに析出するホウ酸の量として，次のうち正しいものはどれか。

ただし，20 ℃および 80 ℃におけるホウ酸の溶解度は，それぞれ 5 g，25 g とする。

(1) 16 g　(2) 20 g　(3) 30 g

解答は次ページの下欄にあります。

⑷　32 g　　⑸　36 g

解説

まず，ポイントとなる数値を表にすると，次のようになります。

	飽和水溶液
80 ℃	(100＋25) g
20 ℃	(100＋ 5) g
析出量	20 g

まず，80 ℃で 100 g の水にはホウ酸が 25 g 溶け，20 ℃で 100 g の水には 5 g しか溶けないので，**80 ℃，125 g の飽和水溶液をそのまま 20 ℃に冷却すると，25 － 5 ＝ 20 g のホウ酸が析出する**ことになります。

従って，125 g の飽和水溶液で 20 g 析出するので，100 g の飽和水溶液での析出量を求めるためには，次の比例関係を利用します。

・125 g の飽和水溶液 ⇒ 125 g での析出量
・100 g の飽和水溶液 ⇒ 100 g での析出量（x と置く）

⇒

$$\frac{125\text{ g での析出量}}{125\text{ g の飽和水溶液}} = \frac{x}{100\text{ g の飽和水溶液}} \qquad \frac{20}{125} = \frac{x}{100}$$

$\therefore\ x = 16$ **(g)**

【問題 3】

20 ℃の塩化カリウム飽和水溶液 200 g の温度を 80 ℃まで上げたとき，あと約何 g の塩化カリウムが溶けるか。

ただし，塩化カリウムの溶解度を 20 ℃で 34.5 g，80 ℃で 56.0 とする。

⑴　11.5 g　　⑵　13 g　　⑶　23 g
⑷　32 g　　⑸　43 g

解説

まず，20 ℃における塩化カリウムの溶解度が 34.5 g ということは「100 g の水に 34.5 g の塩化カリウムが溶ける」ということなので，水溶液の総重量

解答

【問題 1】⑶

第 2 編　物理学および化学

は**134.5 g**になります。

一方，80 ℃における塩化カリウムの溶解度は56.0 gなので，「100 gの水に56.0 gの塩化カリウムが溶ける」となり，水溶液の総重量は**156.0 g**となります。

従って，20 ℃，134.5 gの飽和水溶液をそのまま80 ℃に上げると，156.0 − 134.5 = 21.5 gの塩化カリウムが溶けることになります。

よって，134.5 gで21.5 gだから，200 gだと，下の比例式より，

$x = 200 \times 21.5 \div 134.5$

$= 31.9702 \cdots\cdots$

$\fallingdotseq 32$ g　となります。

まとめると，次のようになります。

・134.5 gの飽和水溶液を20 ℃から80 ℃ ⇒ 21.5 g溶ける。

・200 gの飽和水溶液を20 ℃から80 ℃　⇒ x g溶ける。

$$\frac{\text{134.5 gでの析出量}}{\text{134.5 gの飽和水溶液}} = \frac{x}{\text{200 gの飽和水溶液}}$$

$$\frac{21.5}{134.5} = \frac{x}{200}$$

$\therefore\ x \fallingdotseq$ **32（g）**

【問題4】

濃度96 wt%の濃硫酸がある。いま，0.5 mol/ℓの希硫酸水溶液500 mℓをこの濃硫酸から作ろうとした場合，必要とする濃硫酸の量として，次のうち正しいものはどれか。ただし，H_2SO_4の分子量を98，濃硫酸の密度を1.84 g/cm³とする。

(1)　12.78 mℓ　　(2)　13.31 mℓ

(3)　13.87 mℓ　　(4)　25.52 mℓ

(5)　46.96 mℓ

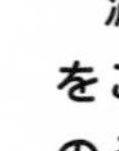

解説

濃硫酸から希硫酸水溶液を作る段階で，硫酸（H_2SO_4）の物質量そのものは変わらない，というところから計算式を作成します。

まず，濃度が0.5 mol/ℓの希硫酸水溶液500 mℓ（=0.5 ℓ）を作るというこ

解答

【問題2】(1)　　【問題3】(4)

とだから，その硫酸水溶液中には，0.5 ℓ ×0.5 mol/ℓ ＝0.25 mol の硫酸があればよい，ということになります。

硫酸 1 mol の分子量は 98 g だから，その 0.25 mol は，24.5 g になります。

必要とする濃硫酸の量を x とすると，その 96 wt%，つまり，0.96 倍が 24.5 g になるので，必要とする濃硫酸の量 x は，次式より求められます。

$$x \times 0.96 = 24.5$$

$$x \fallingdotseq 25.52\ \mathrm{g}$$

解答は，質量 g ではなく体積 mℓ を求めているので，濃硫酸 25.52 g を mℓ に変換します。

濃硫酸の密度は 1.84 g/cm³ なので，逆にすると，1/1.84 cm³/g　となります。

すなわち，1 g 当たり，1/1.84 cm³ あるので，それを 25.52 倍すれば，体積 mℓ が求まります。

よって，25.52×1/1.84 ≒ 13.87 cm³ ＝13.87 mℓ ということになります。

なお，wt%は，質量パーセント濃度または質量百分率（重量百分率）といい，**溶質**の質量と**溶液**の質量の割合をパーセントで表したもので，次式で表されます。

$$\textbf{質量パーセント濃度} = \frac{\textbf{溶質の質量〔g〕}}{\textbf{溶液の質量〔g〕}} \times 100\ \text{〔\%〕}$$

【問題 5】 急行★

0.1 mol/ℓ の濃度の炭酸ナトリウム水溶液を作ろうとした場合，次の操作のうち正しいものはどれか。

ただし，炭酸ナトリウム（Na_2CO_3）の分子量は 106 とし，水（H_2O）の分子量は 18.0 とする。

(1)　10.6 g の Na_2CO_3 を 1 ℓ の水に溶かす。

(2)　10.6 g の Na_2CO_3・10 H_2O を水に溶かして 1 ℓ にする。

(3)　28.6 g の Na_2CO_3・10 H_2O を 1 ℓ の水に溶かす。

(4)　28.6 g の Na_2CO_3・10 H_2O を水に溶かして 1 ℓ にする。

(5)　57.2 g の Na_2CO_3・10 H_2O を水に溶かして 1 ℓ にする。

解説

解答

【問題 4】(3)

問題文にある0.1 mol/ℓの濃度というのは，水が1ℓではなく，炭酸ナトリウムが水に溶けた状態で1ℓという意味なので，(1)と(3)は誤りになります。

次に，Na_2CO_3・10 H_2O（炭酸ナトリウム十水和物 ⇒ 濃厚な炭酸ナトリウム水溶液を放置した際に析出する結晶で，10 H_2O は結晶を安定に維持するのに必要な結晶水を表しています。）ですが，1 mol は，106＋10×18 ＝ 286 g となります。これが1ℓ水溶液中に0.1 mol 溶けているのだから，286×0.1＝28.6 g の炭酸ナトリウムを溶かせばよい，ということになります。

従って，(4)が正解となります。

【問題 6】

一般に温度が上昇すると増加するものは次のうちどれか。

(1)　気体の水に対する溶解度
(2)　浸透圧
(3)　金属の熱伝導率
(4)　液体の粘性
(5)　金属の電気伝導率

解説

(1)　固体や液体の水に対する溶解度は，温度が上昇すると大きくなるものが多いですが，気体では逆に小さくなるものが多くなります。

(2)　浸透圧の大きさ（π）は，溶液のモル濃度を c，気体定数を R，絶対温度を T として次の式で表されます。$\pi = cRT$

よって，浸透圧の大きさ π は，絶対温度 T に比例します。

(3)，(5)　一般に，金属の熱伝導率，電気伝導率とも，温度が上昇するとともに小さくなります。

(4)　液体の粘性については，温度の上昇とともに分子の運動が活発になり，分子間の引き合う力が減少するので，粘性が減少します。

解答

【問題 5】(4)　　【問題 6】(2)

4 酸と塩基の問題

【問題 1】

酸に関する次の記述のうち，正しいものはどれか。

⑴　赤色リトマス試験紙を青く変える。

⑵　酸の価数とは，酸 1 分子に含まれる酸素原子のうち，水素イオンとして電離できる数のことをいう。

⑶　濃度が大きくても電離度が 1 に近い酸は強酸である。

⑷　水溶液の pH は，7 より大きい。

⑸　鉄などの金属を溶かして酸素を発生する。

解説

⑴　誤り。リトマス試験紙には青色と赤色がありますが，酸の場合は，青リトマス試験紙を**赤く**変えます。

⑵　誤り。酸を水に溶かした際，電離して生じる**水素原子**（H^+）の数を**酸の価数**といいます。従って，酸 1 分子に含まれる酸素原子ではなく，水素原子になります。

⑶　正しい。水溶液中でほとんど電離している，すなわち，電離度（α）が 1 に近い酸や塩基を**強酸**，**強塩基**といいます。

$$\text{電離度}(\alpha) = \frac{\text{電離している酸（塩基）の物質量}}{\text{溶液に溶けている酸（塩基）の物質量}}$$

逆に，ほとんど電離していない，すなわち，電離度（α）が小さいものを**弱酸，弱塩基**といいます。

⑷　誤り。酸の pH は 7 より**小さく**，塩基の pH は 7 より大きくなります。

⑸　誤り。鉄などの金属を溶かして**水素**を発生します。

【問題 2】

濃度が 0.01 mol/ℓ の一塩基酸の pH は，次のうちどれか。ただし，電離度は 0.01 とする。

⑴　2　　⑵　3　　⑶　4　　⑷　5　　⑸　6

解答は次ページの下欄にあります。

解説

水溶液中の **$[H^+]$ = 酸のモル濃度×酸の価数×電離度** なので，

　　$[H^+]$ $=0.01\times1\times0.01=1.0\times10^{-4}$mol/ℓ　となります。

（一塩基酸（酢酸，塩酸など）は **1 価の酸**になるので，酸の価数＝1 になる）

従って，水素イオン濃度 $[H^+]$ は，

$$\mathbf{pH = -\log[H^+]} = -\log 10^{-4}$$
$$= 4 \log 10$$
$$= \mathbf{4}$$　となります。

【問題 3】

0.1 mol/ℓ の希塩酸を水で 10 倍に薄めた場合，pH の値として，次のうち正しいものはどれか。

(1)　1　　(2)　2　　(3)　3　　(4)　4　　(5)　5

解説

前問の解説より，**pH = $-\log[H^+]$** より求めますが，結果的に，$[H^+]=1.0\times10^{-n}$ のときの pH は ***n*** となります。

これを **10 倍**に薄めると，$[H^+]$ は$\times1/10=\times10^{-1}$ となるので，先ほどの $[H^+]$は，

$[H^+]=1.0\times10^{-n}\times10^{-1}=1.0\times10^{-n-1}$

　　　$=1.0\times10^{-(n+1)}$ となり，冒頭の下線部より，pH は **(*n*＋1)** となります。

従って，0.1 mol/ℓ の希塩酸の pH は，$[H^+]=1.0\times10^{-1}$　より，冒頭の n は 1 となるので，10 倍に薄めた pH は（n＋1)＝なので，10 倍に薄めた場合は，1＋1＝**2** となります。

酸を **10 倍**に薄めると　⇒　pH ＝ ***n*+1**
酸を **100 倍**に薄めると ⇒　pH ＝ ***n*+2**

【問題 4】

pH が 3 の希塩酸を pH ＝ 6 にするためには，水で何倍に薄めたらよいか。

解答

【問題 1】(3)　　【問題 2】(3)

(1) 10^1 (2) 10^2 (3) 10^3 (4) 10^4 (5) 10^5

解説

前問の解説より，pH が 3 の希塩酸が pH = 6 になるので，pH は，6 − 3 = 3 より，pH は 3 大きくなることになります。

従って，酸を 10 倍に薄めると pH は 1 大きくなり，10^2 倍に薄めると 2 大きくなるので，pH を 3 大きくするためには，10^3 倍 = **1,000 倍**に薄める必要があります。

【問題 5】

0.1 mol/ℓ の硫酸 50 mℓに 0.1 mol/ℓ の水酸化ナトリウム 50 mℓを混合した場合の pH は，次のうちどれか。ただし，log 5=0.699 とする。

(1) 約 1.1 (2) 約 1.2 (3) 約 1.3
(4) 約 1.4 (5) 約 1.5

解説

酸と塩基を混合した際の溶液の pH は，中和されずに残った酸，または塩基の濃度より求めます。

まず，硫酸の mol 数は，

$0.1\ \mathrm{mol/ℓ} \times 50 \times 10^{-3}\ \mathrm{ℓ} = 5 \times 10^{-3}\mathrm{mol}$ ……(1)

ここで注意しなければならないのは，硫酸は **2 価の酸**ということです。

よって，H^+の mol 数は，次のように(1)式の倍になります。

⇒ 2(価) × 5 × 10^{-3} mol = **10×10^{-3} mol** ……(1)'

一方，水酸化ナトリウムの mol 数は，

$0.1\ \mathrm{mol/ℓ} \times 50 \times 10^{-3}\ \mathrm{ℓ}$ = **5×10^{-3} mol** ……(2)

水酸化ナトリウムの価数は 1 なので，OH^-の mol 数は(2)のままです。

従って，溶液中に残った水素イオンは，次のように(1)−(2)になります。

$10 \times 10^{-3} - 5 \times 10^{-3}$ = **5×10^{-3} mol** ……(3)

この(3)は，あくまでも 100 mℓ中の水素イオンの mol 数なので，1 ℓ 中の mol 数を求めて，水素イオン濃度 [H^+] を求めます。

$$[H^+] = \frac{5.0 \times 10^{-3}\ \mathrm{mol}}{100 \times 10^{-3}\ \mathrm{ℓ}} = 0.05\ \mathrm{mol/ℓ}\ \ (=5 \times 10^{-2}\mathrm{mol/ℓ})$$

解答

【問題 3】(2)

よって，$pH = -\log[H^+]$
$= -\log(5\times10^{-2})$
$= -(\log 5 + \log 10^{-2})$
$= -(\log 5 - 2\log 10)$
$= -(\log 5 - 2)$
$= -(0.699 - 2)$
$= 1.301$
$\fallingdotseq$ **1.3**

＜類題＞

pH 1.0 の塩酸 50 mℓに 0.08 mol/ℓ の水酸化ナトリウム 50 mℓを混合した場合の pH は，次のうちどれか。

(1) 1　(2) 2　(3) 3　(4) 4　(5) 5

解説

まず，pH 1.0 をモル濃度に直します。

$pH\ 1.0 = -\log[H^+] = -\log 10^{-1}$ より，0.1 mol/ℓ となります。

従って，塩酸は，

1(価) × 0.1 × 50/1,000 = **5 ×10⁻³mol**

一方，水酸化ナトリウムは，

1(価) × 0.08× 50/1,000 = **4 ×10⁻³ mol**

よって，$5\times10^{-3} - 4\times10^{-3} = 1\times10^{-3}$ mol の水素イオンが混合後の 100 mℓの溶液中に残ります。

水素イオン濃度は，1ℓ あたりのモル数なので，100 mℓを 1ℓ 当たりに換算すると，1×10^{-2} mol/ℓ となります。

従って，$pH = -\log[H^+] = -\log 10^{-2} =$ **2**　となります。

（答）(2)

【問題 6】

タンクから硝酸 252 kg が流出したので，1 袋 25 kg の炭酸ナトリウムを使って中和した。炭酸ナトリウムは最低，何袋必要とするか。ただし，硝酸の分子量を 63 炭酸ナトリウムの分子量を 106 とする。

解答

【問題 4】(3)

(1) 3袋　(2) 4袋　(3) 5袋　(4) 9袋　(5) 10袋

解説

硝酸（HNO_3）と炭酸ナトリウム（Na_2CO_3）の中和反応式は，次のようになります。

$2HNO_3 + Na_2CO_3 \rightarrow 2NaNO_3 + H_2O + CO_2\uparrow$

これより，**硝酸2 molで炭酸ナトリウム1 molを中和することができる**，ということになります。

ここで，硝酸の分子量は63 g/molなので，単位をkmolにすると，63 kg/kmol　となります。

よって，硝酸は，252〔kg〕÷63〔kg/mol〕＝**4〔kmol〕**流出したことになります。

上記，下線部より，硝酸2に対し炭酸ナトリウムが1なので，中和に必要な炭酸ナトリウムは**2 kmol**ということになります。

炭酸ナトリウム1 molは106 gなので，1 kmolは106 kgになります。

従って，炭酸ナトリウム2 kmolは**212 kg**となります。

炭酸ナトリウム1袋が25 kgなので，212÷25＝8.48　となり，繰り上げて最低**9袋**必要ということになります。

【問題7】

中和滴定において，濃度0.1 mol/ℓの酸とそれに対する塩基および指示薬として，組み合わせが適切なものはいくつあるか。

なお，メチルオレンジの変色域は，pH＝3.1～4.4，フェノールフタレインの変色域はpH＝8.3～10である。

	酸	塩基	指示薬
A	塩酸	炭酸ナトリウム	フェノールフタレイン
B	シュウ酸	水酸化カリウム	メチルオレンジ
C	酢酸	水酸化カリウム	フェノールフタレイン
D	硫酸	水酸化ナトリウム	メチルオレンジ
E	硫酸	アンモニア水	メチルオレンジ

(1) 1つ　(2) 2つ　(3) 3つ　(4) 4つ　(5) 5つ

解答

【問題5】(3)　【問題6】(4)

解説

酸および，塩基とその際に用いる指示薬の組み合わせは，次のようになっています。

a．**強**酸と**強**塩基の中和 ⇒ **両方**とも使用可能
b．**弱**酸と**強**塩基の中和 ⇒ **フェノールフタレイン**を使用
c．**強**酸と**弱**塩基の中和 ⇒ **メチルオレンジ**を使用

これより，順に確認すると，

A　○。塩酸は**強酸**，炭酸ナトリウムは**強塩基**なのでａとなり，両方とも使用可能なので，適切です。

B　×。シュウ酸は**弱酸**，水酸化カリウムは**強塩基**なのでｂとなり，メチルオレンジでは不適切です。

C　○。酢酸は**弱酸**，水酸化カリウムは**強塩基**なのでｂとなり，フェノールフタレインで適切です。

D　○。硫酸は**強酸**，水酸化ナトリウムは**強塩基**なのでａとなり，両方とも使用可能なので，適切です。

E　○。硫酸は**強酸**，アンモニア水は**弱塩基**なのでｃとなり，メチルオレンジが使用できるので，適切です。

従って，適切なものは，Ｂ以外の４つとなります。

【問題８】

次のうち，一塩基酸はいくつあるか。

「塩酸，硫酸，炭酸，硝酸，酢酸，リン酸，水酸化ナトリウム」

(1)　1つ　　(2)　2つ　　(3)　3つ　　(4)　4つ　　(5)　5つ

解説

一塩基酸とは，１価の酸のことで，電離して１個の H^+ を生じる酸のことをいいます。

①　**塩酸（HCl）**は，電離して水素イオン（H^+）を１個生じるので，**一塩基酸**となります。

解答

【問題7】(4)

② 硫酸（H_2SO_4）は，電離して水素イオン（H^+）を2個生じるので，**二塩基酸**となります。

③ 炭酸（H_2CO_3）は，電離して水素イオン（H^+）を2個生じるので，**二塩基酸**となります。

④ **硝酸（HNO_3）**は，電離して水素イオン（H^+）を1個生じるので，**一塩基酸**となります。

⑤ **酢酸（CH_3COOH）**は，電離して水素イオン（H^+）を1個生じるので，**一塩基酸**となります。

⑥ リン酸（H_3PO_4）は，電離して水素イオン（H^+）を3個生じるので，**三塩基酸**となります。

⑦ 水酸化ナトリウム（NaOH）は，電離して水酸化物イオン（OH^-）を1個生じるので，**一酸塩基**となります。

従って，一塩基酸は，**塩酸，硝酸，酢酸**の**3つ**となります。

【問題9】

硫酸の特性について，次のうち誤っているものはどれか。

(1) 濃硫酸は，脱水効果がある。
(2) 濃硫酸に水を入れると沸騰して濃硫酸が飛散する。
(3) 希硫酸にアルミニウム，亜鉛，鉄などを入れると水素を発生する。
(4) 酸化銅（II）と反応して硫酸銅を作る。
(5) 無色で粘性が大きく，消防法では酸化性の液体に指定されている。

解説

(1) 正しい。濃硫酸は強い脱水作用および腐食作用があるので，皮膚や衣類に付着しないように注意する必要があります。

(2) 正しい。水は比重が小さいので，濃硫酸に水を入れると，液面近くにとどまりやすく，かつ沸点が低いので，沸騰して濃硫酸が飛散します。

(3)，(4) 正しい。

(5) 誤り。硫酸は，かつては消防法で危険物に指定されていましたが，現在は除かれています。

解答

【問題8】(3)　　【問題9】(5)

5 酸化と還元の問題

【問題１】

酸化と還元に関する説明として，次のうち誤っているものはどれか。

(1) 酸化還元反応において，ある物質の酸化数が増加した場合，その物質は還元剤として働いていることになる。

(2) 水素が関与する反応では，水素を失う反応を酸化といい，逆に水素と結びつく反応を還元という。

(3) 一般に，酸化と還元は，同一反応系においては同時に進行する。

(4) 酸化とは物質が電子を得る変化であり，還元とは物質が電子を失う変化である。

(5) 単体が反応又は生成する反応は，酸化還元反応である。

解説

(1) 正しい。酸化数が増加しているので酸化されているのであり，逆に相手の物質を**還元している**ことになるので，還元剤として働いていることになります。

(2) 正しい。水素を**失う**反応が**酸化**であり，水素と**化合する**反応が**還元**となります。

(3) 正しい。ある物質の電子が奪われると，逆に，その電子を受け取る物質があるはずなので，酸化と還元は，同時に起こります。

(4) 誤り。(3)の解説より，**酸化とは物質が電子を失う変化**であり，**還元とは物質が電子を得る変化**なので，逆になっています。

(5) 正しい。単体の原子の酸化数は **0** であり，（その反応によって生成した）化合物内の原子の酸化数は０ではないので，酸化数の増減があります。従って，単体が反応又は生成する反応は，酸化または還元反応（酸化還元反応）となります。

【問題２】

酸化と還元の説明について，次のうち誤っているものはどれか。

解答は次ページの下欄にあります。

(1) 物質が酸素と化合する反応を酸化といい，酸素を含む物質が酸素を失う反応を還元という。

(2) 酸化剤は相手の物質を酸化するが，酸化剤自身は還元される。

(3) 還元剤は，相手の物質を還元するが，還元剤自身は酸化される。

(4) 反応する相手の物質によって酸化剤として作用したり，あるいは還元剤として作用する物質がある。

(5) ある原子の酸化数は，1つのみである。

解説

(1) 正しい。

(2) 正しい。酸化剤は**還元されやすい物質**です。

(3) 正しい。還元剤は，**酸化されやすい物質**です。

(4) 正しい。**過酸化水素**や二酸化硫黄などは，反応する相手の物質により酸化剤として作用することもあれば還元剤として作用することもあります。（酸化力が強い方が酸化剤となる⇒問題5のD参照）

(5) 誤り。窒素原子（N）や硫黄原子（S）などのように，酸化数を複数持つものもあります。

たとえば，H_2SO_4 におけるSの酸化数は+6ですが，H_2S のSの酸化数は−2になります。

【問題3】

次の変化において，酸化反応に該当するものはいくつあるか。

A　$FeCl_2$ → $FeCl_3$

B　CH_3OH → $HCHO$

C　MnO_2 → $MnSO_4$

D　Ag → $AgNO_3$

E　CH_3COOH → CH_3CHO

(1) 1つ　(2) 2つ　(3) 3つ　(4) 4つ　(5) 5つ

解説

A 酸化反応である。（注：解説文中の(a)(b)……は，P.157③，酸化数における番号です。）左辺のFeは，Clの酸化数が(b)より−1なので，Feの酸

解答

【問題1】(4)

化数を x とすると，$x+(-1)\times 2=0$ より，$x=$ **+2**。右辺の Fe の酸化数を y とすると，$y+(-1)\times 3=0$ より，$y=$ **+3**。

従って，Fe の酸化数が+2 ⇒ +3 と**増加**しているので，**酸化反応**となります。

B　酸化反応である。左辺は H が 4 つ，右辺は H が 2 つなので，H が失われており，**酸化**になります。

C　還元反応である。左辺の MnO_2 は，O の酸化数が(c)より－2 なので O_2 で酸化数は－4，よって Mn の酸化数は**+4**。一方，右辺の $MnSO_4$ は，SO_4 の酸化数が(d)より－2 なので，Mn の酸化数は**+2** になります。

従って，Mn の酸化数が+4 から+2 に**減少**しているので，**還元**となります。

D　酸化反応である。Ag は単体だから(a)より酸化数は **0**。NO_3 の酸化数は(d)より－1 なので，右辺の Ag の酸化数は**+1**。よって，Ag の酸化数は 0 ⇒ +1 と**増加**しているので，**酸化反応**となります。

E　還元反応である。左辺に比べて右辺は O が 1 つ失われているので，**還元**になります。

従って，酸化反応は，A，B，D の **3 つ**となります。

【問題 4】

次の反応式のうち，酸化，還元反応でないものは，いくつあるか。

A　$NaCl + AgNO_3 \rightarrow AgCl + NaNO_3$

B　$SO_2 + 2\,H_2S \rightarrow 2\,H_2O + 3\,S$

C　$2\,K_4[Fe(CN)_6] + Cl_2 \rightarrow 2\,K_3[Fe(CN)_6] + 2\,KCl$

D　$H_2SO_4 + 2\,NaOH \rightarrow Na_2SO_4 + 2\,H_2O$

E　$2\,KI + Br_2 \rightarrow 2\,KBr + I_2$

(1)　1 つ　　(2)　2 つ　　(3)　3 つ　　(4)　4 つ　　(5)　5 つ

解説

(解説文中の丸数字は P.157，③の酸化数の原則です。)

A　$NaCl + AgNO_3 \rightarrow AgCl + NaNO_3$

Na に注目すると，**+1** ⇒ **+1**，Cl は**−1** ⇒ **−1**　といずれも変化していないので，酸化，還元反応には該当しません。

解答

【問題 2】(5)　　【問題 3】(3)

B　$SO_2+2H_2S \rightarrow 2H_2O+3S$

　SO_2 の S に注目すると酸化数は**+4**，3 S の S は**0**。よって，**+4 ⇒ 0** と減少しているので，**還元**となります。

　次に，$2H_2S$ の S に注目すると酸化数は**−2**，3 S の S は**0**。よって，**−2 ⇒ 0** と増加しているので，**酸化**となり，**酸化，還元反応**となります。

C　Fe は**+2 ⇒ +3** で**酸化**，Cl は 0 ⇒ −1 で**還元**となり，酸化，還元反応となります。

D　塩（Na_2SO_4）と水（H_2O）が生じているので，**中和**になります。

E　I に注目すると，(e)より，2 KI の I の酸化数は**−1**，I_2 は(a)より**0**。よって，**−1 ⇒ 0** と増加しているので，**酸化**となります。

　次に Br に注目すると，Br_2 の酸化数は 0，KBr の Br の酸化数は−1。よって，**0 ⇒ −1** と減少しているので，還元となり，**酸化**，**還元反応**となります。

　従って，酸化，還元反応でないのは，A，D の 2 つとなります。

【問題 5】

次の下線部分の物質の説明として，誤っているものはいくつあるか。

A　$2KI+Cl_2 \rightarrow I_2+2KCl$
　Cl_2 は酸化剤として働いている。

B　$2Na+2H_2O \rightarrow 2NaOH+H_2$
　Na は酸化剤として働いている。

C　$H_2+Cl_2 \rightarrow 2HCl$
　H_2 は還元剤として働いている。

D　$5H_2O_2+2KMnO_4+3H_2SO_4 \rightarrow 5O_2+2MnSO_4+K_2SO_4+8H_2O$
　$5H_2O_2$ は酸化剤として働いている。

E　$2FeCl_3+SnCl_2 \rightarrow 2FeCl_2+SnCl_4$
　$SnCl_2$ は還元剤として働いている。

(1)　1 つ　　(2)　2 つ　　(3)　3 つ　　(4)　4 つ　　(5)　5 つ

解説

A　正しい。Cl の酸化数は，**0 → −1** と減少しているので還元されており，**酸化剤**として働いています。

解答

【問題 4】(2)

B　誤り。Na の酸化数は，**0 → +1** と増加しているので酸化されており，**還元剤**として働いています。

C　正しい。H_2 の酸化数は，**0 → +1** と増加しているので酸化されており，**還元剤**として働いています（問題は NH_3（アンモニア）の生成式）。

なお，この NH_3 の酸化反応式，$4NH_3+5O_2 \rightarrow 4NO+6H_2O$ の係数の和を求める問題も出題されているので，注意してください（答⇒19）。

D　誤り。$H_2O_2 \rightarrow O_2$ の反応において，O の酸化数は，**−1 → 0** と増加しているので酸化されており，H_2O_2 は**還元剤**として働いています。（$KMnO_4$ の方が酸化力が強い）

E　正しい。Sn の酸化数は，**+2 → +4** と増加しているので酸化されており，$SnCl_2$ は**還元剤**として働いています。

従って，誤っているのは，B，D の**2つ**となります。

【問題 6】

次の反応のうち，下線部の物質が還元されているものはどれか。

(1)　炭素が不完全燃焼して一酸化炭素になった。

(2)　メタンが完全燃焼して二酸化炭素と水になった。

(3)　黄リンが燃焼して五酸化リンになった。

(4)　硫黄が燃えて亜硫酸ガスが発生した。

(5)　酸化第二銅を加熱すると銅になった。

解説

(1)　酸化されている。$C+O \rightarrow CO$　より，**酸化**になります。

(2)　酸化されている。$CH_4+2O_2 \rightarrow CO_2+2H_2O$　より，メタンが酸素と化合して燃焼しているので，**酸化**になります。

(3)　酸化されている。$4P+5O_2 \rightarrow P_4O_{10}$　より，黄リンが酸素と化合して燃焼しているので，**酸化**になります（組成式が P_2O_5 なので五酸化二リン（または**十酸化四リン**）とも言います。）

(4)　酸化されている。$S+O_2 \rightarrow SO_2$　より，硫黄が酸素と化合して燃焼しているので，**酸化**になります。

(5)　式で表すと，$2CuO+C \rightarrow 2Cu+CO_2$，となり，CuO から O がとれているので**還元**となります。

解答

【問題 5】(2)　　【問題 6】(5)

⑥ 金属および電池の問題

＜イオン化傾向＞

【問題 1】

次のイオン化傾向に関する記述について，正しいものは次のうちどれか。

⑴ ナトリウムはカルシウムよりイオン化傾向が大きい。

⑵ アルミニウムは亜鉛よりイオン化傾向が大きい。

⑶ 鉛はスズよりイオン化傾向が大きい。

⑷ 金は銀よりイオン化傾向が大きい。

⑸ 銅は鉄よりイオン化傾向が大きい。

解説

（P.202 問題 4 のイオン化列より）

⑴ イオン化傾向は，カルシウム（Ca）の方がナトリウム（Na）より大きいので，誤りです。

⑵ 正しい。イオン化傾向は，アルミニウム（Al）＞亜鉛（Zn）の順なので，適切です。

⑶ イオン化傾向は，スズ（Sn）の方が鉛（Pb）より大きいので，誤りです。

⑷ イオン化傾向は，銀（Ag）の方が金（Au）より大きいので，誤りです。

⑸ イオン化傾向は，鉄（Fe）の方が銅（Cu）より大きいので，誤りです。

【問題 2】

次の金属の組合せのうち，イオン化傾向の大きな順に並べたものはどれか。

⑴ Mg＞Ca＞Na

⑵ Al＞K＞Li

⑶ Cu＞Ni＞Au

⑷ Pb＞Pt＞Hg

⑸ Fe＞Sn＞Ag

解答は次ページの下欄にあります。

解説

(1) Ca＞Na＞Mg　の順になります。
(2) Li＞K＞Al　の順になります。
(3) Ni＞Cu＞Au　の順になります。
(4) Pb＞Hg＞Pt　の順になります。
(5) イオン化傾向の大きな順に並べられています。

【問題 3】 特急★★

地中に埋設された危険物配管を電気化学的な腐食から防ぐのに異種金属を接続する方法がある。配管が鉄製の場合，接続する異種の金属として，次のうち正しいものはいくつあるか。

銅，ナトリウム，スズ，マグネシウム，アルミニウム，鉛，銀

(1) 1つ　(2) 2つ　(3) 3つ　(4) 4つ　(5) 5つ

解説

鉄の腐食を防ぐには，鉄よりイオン化傾向の大きい金属を接続すればよいので，【問題 4】の解説イオン化列において Fe より左にある金属であればよいことになります。

従って，Fe より左にある**ナトリウム（Na），マグネシウム（Mg），アルミニウム（Al）**の **3 つ**になります。

【問題 4】 特急★★

地中に埋設された危険物配管を電気化学的な腐食から防ぐのに異種金属を接続する方法がある。配管が鉄製の場合，接続する異種の金属として，次のうち正しいものはいくつあるか。

Ni，Pb，Sn，Cu，Ag，Zn，Au

(1) 1つ　(2) 2つ　(3) 3つ　(4) 4つ　(5) 5つ

解説

イオン化列において，問題の金属に下線を付すと，

Li＞K＞Ca＞Na＞Mg＞Al＞Zn＞**Fe**＞Ni＞Sn＞Pb＞(H_2)＞Cu＞Hg＞

解答

【問題 1】(2)　【問題 2】(5)

Ag>Pt>Au

従って，Fe より左には 1 つしかないので，正解は(1)になります。

なお，「炭素鋼管とステンレス鋼管を接続すると腐食しにくくなる」という出題例もありますが，答は×になります（⇒電池を形成するため，腐食しやすくなる。）

【問題 5】

トタン板（鉄板に亜鉛メッキしたもの）とブリキ板（鉄板にスズをメッキしたもの）のメッキ部分にそれぞれ中の鉄板まで届く傷をつけて屋根上に放置し，雨水にさらした場合の，次の記述について，（A）～（C）に当てはまる語句として，次のうち正しいものはどれか。

「鉄（Fe）と亜鉛（Zn），スズ（Sn）をイオン化列でみると，（A）の順になっている。

従って，鉄板に亜鉛をメッキしたトタンの場合，（B）の方が先に錆びるのに対し，鉄板にスズをメッキしたブリキ板の方は，（C）の方が先に錆びる。」

	(A)	(B)	(C)
(1)	Zn>Fe>Sn	鉄板	鉄板
(2)	Sn>Fe>Zn	亜鉛	スズ
(3)	Zn>Fe>Sn	亜鉛	鉄板
(4)	Sn>Fe>Zn	鉄板	鉄板
(5)	Zn>Fe>Sn	亜鉛	スズ

解説

(A) について

鉄（Fe）と亜鉛（Zn），スズ（Sn）をイオン化列でみると，**Zn>Fe>Sn** の順になっているので，(1)，(3)，(5)が正しい。

(B) について

次に，鉄板に亜鉛をメッキした**トタン板**の場合，亜鉛の方が鉄よりもイオン化傾向が大きいのですが，亜鉛は強い酸化被膜を作って溶けにくくなるため，鉄単体よりも錆びにくくなります。

しかし，いったん傷が付いて雨水にさらされると，鉄と亜鉛の両方が水に

解答

【問題 3】(3)　　【問題 4】(1)

さらされることになり，そうなると，亜鉛の方が鉄板よりイオン化傾向が大きいので，**亜鉛の方が先に溶け**，その後に鉄が溶けることになります。
よって，⑶，⑸が正しい。

(C) について

鉄板にスズをメッキした**ブリキ板**の方は，鉄板よりイオン化傾向の小さいスズで覆っているので，鉄単体よりもイオン化しにくく，トタンよりも錆びにくい性質があります。

しかし，いったん傷が付いて雨水にさらされると，鉄とスズの両方が水にさらされることになり，そうなると，スズより鉄板の方がイオン化傾向が大きいので，内部の**鉄板の方が急速に錆びる**ことになります。

よって，結局，⑶が正解となります。

【問題６】

地中に埋設している配管（鋼管）が腐食する原因として，次のうち適切でないものはどれか。

⑴　配管を通気性の異なる土壌にまたがって埋設した。
⑵　配管を海砂を用いて埋設した。
⑶　電気器具のアース棒（銅製）を地中に打ち込んだ際に，配管と接触した。
⑷　タールエポキシ樹脂塗料で配管がコーティングされている。
⑸　配管を埋設した近くの直流電気設備から漏れている迷走電流の影響を受けている。

解説

タールエポキシ樹脂塗料は防食性に優れているので，腐食する原因としては不適切です。

⑴は，通気性の異なる土壌による電池作用により，通気性の悪い方に埋設された部分が腐食し，⑵は海砂の塩分により腐食，⑶は銅と鉄（鋼管）のイオン化傾向の差により局部電池が形成され，腐食が起こります。

⑸は，流入した迷走電流が流出する際にイオン化した鉄が溶けだすために腐食します。

解答

【問題５】⑶

<金属>

【問題7】

鉄を腐食させる環境で最も影響の小さいものはどれか。

(1) NO_2を含む大気中
(2) 湿度の高い大気中
(3) 氷点下の乾燥した大気中
(4) 温度変化の激しい大気中
(5) SO_2を含む大気中

解説

金属を大気中に置くと，空気中の水や酸素などと反応して**酸化物**や**水酸化物（さび）**となり，徐々に腐食が進んでいきます。

まず，(2)の**湿度が高い**状態では，鉄が空気中の水と反応しやすくなるので，**腐食が進行**します。

また，(4)の**温度変化が大きい大気中**では，鉄の表面に結露が生じやすくなり，(2)の高湿度の時と同様に腐食が起こります。

さらに，(1)と(5)ですが，**NO_2**や**SO_2**は金属を腐食させる作用があり，腐食性ガスとも呼ばれます。これらのガスは空気中の水分と反応し，それぞれ**硝酸，亜硫酸**となり，金属を溶解・腐食させます。

従って，残りの(3)が正解となります（乾燥状態では鉄と反応する水が少なく，また，低温では化学反応の進行自体が**遅く**なるので，最も腐食が起こりにくい環境ということになります）。

<電池>

【問題8】 特急

2種の金属の板を電解液中に離して立て，金属の液外の部分を針金でつないで電池をつくろうとした。この際に，片方の金属をAlとした場合，もう一方の金属として最も大きな起電力が得られるものは次のうちどれか。

(1) Ni　(2) Ag　(3) Pb　(4) Fe　(5) Cu

解答

【問題6】(4)

解説

イオン化傾向の異なる金属を電解液中に入れて導線でつなぐと，イオン化傾向の**大きい**金属が**負極**となって電子を放出し，イオンとなって溶液中に溶けだして，その電子が導線を伝わってイオン化傾向の**小さい正極**の金属に移動します（イオン化傾向の順を問う出題例があるので，要注意！）。

つまり，電池を形成するわけで，電流の方はイオン化傾向の小さい金属（正極）から大きい金属（負極）へと流れます。

その際，両者のイオン化傾向の差が**大きい**ほど，移動する電子の量も増加し，起電力も**大きく**なります。

従って，アルミニウムとのイオン化傾向の差が最も大きいものを選べばよいわけで，下記のイオン化傾向より，**Ag** がアルミニウムとのイオン化傾向の差が最も大きい金属，ということになります。

Li＞K＞Ca＞Na＞Mg＞**Al**＞Zn＞Fe＞Ni＞Sn＞Pb＞(H_2)＞Cu＞Hg＞Ag＞Pt＞Au＞

なお，イオン化傾向の最も大きいリチウムを用いたのが**リチウムイオン（二次）電池**で（⇒携帯等に使用），Li^+となることで電子を放出して**酸化される**ので（⇒相手は**還元**），リチウムが**陰極**となります。

【問題 9】 特急

2 種の金属の板を電解液中に離して立て，金属の液外の部分を針金でつないで電池をつくろうとした。この際に，片方の金属を Cu とした場合，もう一方の金属として最も大きな起電力が得られるものは，次のうちどれか。

(1) Fe
(2) Ni
(3) Sn
(4) Zn
(5) Pb

解答

【問題 7】(3)

解説

前問と同じく，イオン化列で確認すると，**Zn（亜鉛）** が Cu とのイオン化傾向の差が最も大きい金属，ということになります。

K＞Ca＞Na＞Mg＞Al＞Zn＞Fe＞Ni＞Sn＞Pb＞(H_2)＞**Cu**＞Hg＞Ag＞Pt＞Au＞

【問題 10】

希硫酸水溶液に鉛と酸化鉛を浸して電極とした鉛蓄電池について，次のうち誤っているものはどれか。

(1) 放電すると両極の表面に白色の物質が生じる。
(2) 放電すると，電解液の硫酸の濃度は低くなる。
(3) 放電すると負極では鉛が電子を放出する反応が起きる。
(4) 充電すると，溶液中の硫酸が減少する。
(5) 充電すると，両極では放電と逆の化学反応が起き，起電力が回復する。

解説

まず，負極の反応ですが，電解液の希硫酸は，$\mathbf{H^+}$イオンと$\mathbf{SO_4^{2-}}$イオンに電離しています。正極から負極へ電流が流れる放電時において，負極では，Pb から電子 **2 e^-**が正極へ放出され，Pb が酸化されて $\mathbf{Pb^{2+}}$となります（電子を放出するのは酸化である⇒P.157，(8)①）。

この Pb^{2+}は，電解液の SO_4^{2-}と結合して $\mathbf{PbSO_4}$ となり，極板に付着します。

従って，負極の反応は，$\mathbf{Pb+SO_4^{2-}\rightarrow PbSO_4+2\,e^-}$　となります。

一方，正極の反応ですが，PbO_2 は，$\mathbf{Pb^{4+}}$と 2 個の $\mathbf{O^{2-}}$からなります。放電時に Pb^{4+}は，まず負極から導線を伝わって移動してきた電子 2 e^-を受け取って Pb^{2+}に還元され，さらに希硫酸 H_2SO_4 に含まれる SO_4^{2-}と結合して，負極と同じ $PbSO_4$ となります。

また，その際，2 個の O^{2-}は希硫酸に含まれる H^+4 個と結合して，2 個の H_2O（水）になります。

従って，正極の反応は，$\mathbf{PbO_2+4\,H^++SO_4^{2-}+2\,e^-\Rightarrow PbSO_4+2\,H_2O}$ となります。

解答

【問題 8】(2)　　【問題 9】(4)

この両極の反応を１つにまとめると，次のようになります。

$$\underset{\text{(負極)}}{Pb} + \underset{\text{(正極)}}{PbO_2} + 2H_2SO_4 \underset{\leftarrow\ \text{充電}\ (2e^-)}{\overset{\text{放電}\ (2e^-)\ \rightarrow}{\rightleftarrows}} 2PbSO_4 + 2H_2O$$

なお，←の矢印は，充電時の反応式で，放電時とは逆の反応になります。

⑴　正しい。放電すると両極の表面に白色の**硫酸鉛（$PbSO_4$）**が生じます。

⑵　正しい。両極の反応式より，放電すると，**硫酸が消費される**ので，硫酸の濃度は低くなります。

⑶　正しい。負極では，鉛（Pb）が酸化されて電子を放出し，Pb^{2+}となって溶液中のSO_4^{2-}と結合して**硫酸鉛（$PbSO_4$）**となります。

⑷　誤り。充電時は⑵とは逆の反応が起こり，負極の$PbSO_4$は正極からの電子を受け取って還元されて**Pb**となり，正極の$PbSO_4$は酸化されて**PbO_2**となり，希硫酸の濃度も元通りとなって起電力が回復します。

⑸　正しい。充電時には，放電時とまったく逆の変化が起こり（電子の流れも逆になる），起電力も回復します。

【問題 11】

次の文の（　）内のア～エに当てはまる語句の組合せとして，正しいものはどれか。

「亜鉛板と銅板を希硫酸中に立て，両者を導線で結ぶと，電子は導線中を（ア）の方向に流れ，電流は（イ）の方向に流れる。

このとき，銅板では（ウ）反応となって正極となり，亜鉛板では（D）反応となって負極となる。」

	ア	イ	ウ	エ
⑴	Cu→Zn	Zn→Cu	還元	酸化
⑵	Zn→Cu	Cu→Zn	酸化	還元
⑶	Cu→Zn	Zn→Cu	酸化	還元
⑷	Zn→Cu	Cu→Zn	還元	酸化
⑸	Zn→Cu	Cu→Zn	酸化	酸化

解説

解答

【問題 10】⑷

「**希硫酸中**に**亜鉛板**と**銅板**」ということから，この電池は**ボルタ電池**で，負極が亜鉛（Zn），正極が銅（Cu）になります。

まず，鉛蓄電池と同様，電解液の希硫酸は，H^+イオンとSO_4^{2-}イオンに電離しています。

負極の亜鉛は，H^+イオンよりイオン化傾向が大きいので，Zn^{2+}となって溶け出し（⇒ **亜鉛板が溶ける**），**酸化反応**によって放出された電子の方は正極の銅板の方に移動します。

$Zn \rightarrow Zn^{2+} + 2e^-$

一方，正極の銅は，H^+イオンよりイオン化傾向が小さいので，イオン化は起こらず，変化はしません。

（一般に，イオン化傾向の**小さい**金属が**正極**，イオン化傾向の**大きい**金属が**負極**となり，両者のイオン化傾向の差が大きいほど起電力は大きくなる。）

この正極と負極を導線で結ぶと，酸化反応によって放出された負極の電子が正極の方に移動します（電流は逆に正極の銅から負極の亜鉛に流れます）。

正極に移動した電子は，電離した電解液のH^+イオンと結びついて**水素**を発生します（Zn と H では，Zn の方がイオン化傾向が大きいので，電子は H と結合する）。

$2H^+ + 2e^- \rightarrow H_2\uparrow$（**還元**）

すなわち，「**亜鉛から銅に電子が流れ，希硫酸中の水素イオンが電子を受け取り，銅板から水素が発生する**。」となります（過去問）。

以上より，正解は次のようになります。

「亜鉛板と銅板を希硫酸中に立て，両者を導線で結ぶと，電子は導線中を（**Zn→Cu**）の方向に流れ，電流は（**Cu→Zn**）の方向に流れる。

このとき，銅板では（**還元**）反応となって正極となり，亜鉛板では（**酸化**）反応となって負極となる。」

従って，⑷が正解です。

【問題 12】 急行

各種電池の起電力を大きい順に並べた場合，正しいものは次のうちどれか。

A　リチウム電池　　B　鉛蓄電池　　C　アルカリ蓄電池

D　マンガン電池　　E　ニッケル水素電池

解答

【問題 11】⑷

F　ニッケル，カドミウム電池

(1)　A＞B＞C＞D

(2)　F＞C＞A＞E

(3)　A＞B＞D＞E

(4)　C＞A＞B＞D

(5)　B＞E＞D＞A

解説

各種電池の起電力は，次のようになります。

電池の種類	起電力
・アルカリ蓄電池 ・ニッケル水素電池（ニッケルが正極，**水素**が**負極**） ・ニッケル，カドミウム電池（ニッカド電池）	**1.2 V**
・マンガン電池 ・アルカリマンガン電池（単にアルカリ電池ともいう）	**1.5 V**
鉛蓄電池	**2 V**
リチウム電池	**3 V**

（下線部の電池は二次電池です。）

従って，(3)の　A＞B＞D＞E　が大きい順ということになります。

【問題 13】

白金線に金属の塩の水溶液をつけて炎の中に入れた場合，発生する炎が黄色のものは，次のうちどれか。

(1)カリウム　　(2)ナトリウム　　(3)リチウム

(4)バリウム　　(5)カルシウム

解説

カリウムは**赤紫**，リチウムは**深赤**，バリウムは**黄緑**，カルシウムは**橙赤色**《とうせきしょく》となります。

解答

【問題 12】(3)　　【問題 13】(2)

7 有機化合物の問題

＜有機化合物＞

【問題１】 特急★★

有機化合物の一般的な性状について，誤っているものはどれか。

⑴　構成元素は，炭素の他，水素，酸素，窒素，硫黄，リンなどであり，元素の種類は少ない。

⑵　元素間の結合の多くは共有結合であり，無機化合物に比べて融点が高い。

⑶　300 ℃を超える高温では分解するものが多い。

⑷　水に溶けにくく，有機溶媒に溶けやすいものが多い。

⑸　分子式が同じでも，性質の異なる異性体が存在する。

解説

⑴　有機化合物は，化合物の種類は非常に多いですが，構成元素の種類は少ないので，正しい。

⑵　元素間の結合の多くは，炭素原子に水素，酸素，窒素，硫黄，リン，ハロゲンなどの原子が**共有結合**で結びついた構造であり，その点に関しては正しいですが，分子どうしは分子間力（**ファンデルワールス力**）で結ばれているので，結合力が**弱く**，無機化合物に比べて**融点や沸点が低い**ので，誤りです（共有結合は，他のイオン結合や金属結合より結合力が強いが，それは原子どうしの結合の強さであり，分子間の結合の強さとは関係がない）。

⑷　有機化合物は，一般に**水に溶けにくく**，メタノール，アセトンおよびジエチルエーテル等の**有機溶媒に溶けるものが多い**ので，正しい。

【問題２】 急行★

有機化合物の特性について，次のＡ～Ｅのうち誤っているものはいくつあるか。

Ａ　一般的には，成分元素の主体は炭素，水素であり，可燃性である。

Ｂ　一般に反応速度が大きく，触媒を必要とする反応も多い。

解答は次ページの下欄にあります。

第２編　物理学および化学

C　炭素原子が多数結合したとき，鎖状構造の他に，シクロヘキサン，ベンゼンのように環状構造をつくる。

D　燃焼すると二酸化炭素や水を生成する。

E　分子量が大きいものが多い。

(1)　1つ　　(2)　2つ　　(3)　3つ　　(4)　4つ　　(5)　5つ

解説

A　正しい。

B　誤り。一般に，有機化合物の反応速度は**小さい**ので，誤りです。

C～E　正しい。

従って，誤っているのはBの1つのみとなります。

【問題3】

有機化合物と無機化合物の一般的な性質を比較した次の表について，正しいものはどれか。

	有機化合物	無機化合物
(1)	ほとんどのものは，イオン結合による塩からなる化合物である。	ほとんどのものは，共有結合による分子からなる化合物である。
(2)	不燃性のものが多い。	可燃性のものが多い。
(3)	沸点や融点は低いものが多い。	沸点や融点は高いものが多い。
(4)	一般的に水に溶けやすく，有機溶媒に溶けにくい。	一般的に水に溶けにくく，有機溶媒には溶けやすい。
(5)	反応が速い。	反応が遅い。

解説

(3)が正しく，その他は，有機化合物と無機化合物が逆になっています。

なお，(1)の結合については，無機化合物にも共有結合のものがあり，その共有結合からなる無機化合物には，二酸化炭素や塩化水素などがあります。

また，(5)については，有機化合物の反応速度は一般的に遅いので，**触媒**を用いたりしています。

解答

【問題1】(2)

【問題 4】

アルカンについて，次のうち誤っているものはどれか。

⑴　C－C 結合，または C－H 結合からなり，比較的安定な有機化合物である。

⑵　炭素原子間の結合がすべて単結合の鎖式飽和炭化水素である。

⑶　一般式は，C_nH_{2n+2} で表される。

⑷　メタンは最も簡単な構造のアルカンである。

⑸　炭素数が 4 のアルカンには 3 種類の異性体が存在する。

解説

⑶　正しい。一般式は，アルケンが C_nH_{2n}，アルカンが C_nH_{2n+2}，アルキンが C_nH_{2n-2} で表されます。

⑷　正しい。メタン（CH_4）は最も簡単な構造のアルカンです。

⑸　炭素数が 1～3 までのアルカンは 1 種類しか存在しませんが，炭素数が 4 のアルカンには，次の **2 種類**の異性体が存在します。

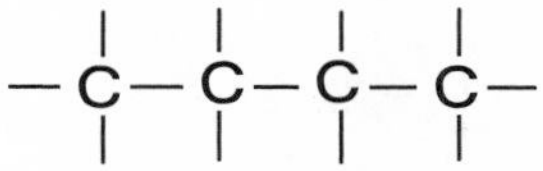

ブタン（慣用名）

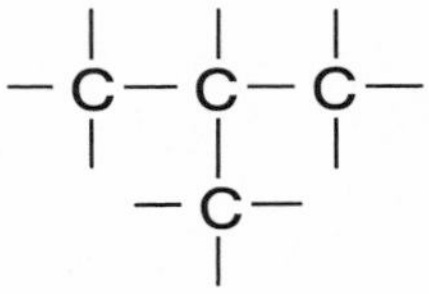

イソブタン

【問題 5】

分子式 C_nH_{2n+2}（n は自然数）で表されるアルカンの性状について，次のうち誤っているものはどれか。

⑴　化学的に安定であり，低温では酸化剤，還元剤，酸，アルカリとも反応しにくいが，光照射の下で塩素または臭素と反応してハロゲン化炭化水素を生成する。

⑵　n が大きくなるにつれて，気体の挙動は理想気体に近づく。

⑶　n の値が 4 以上になると異性体が存在するようになる。

⑷　分子量が大きくなるにつれて沸点も上昇するが，分子量が同じであれば枝分かれ構造のものより直鎖構造のものの方が沸点は高くなる。

解答

【問題 2】⑴　　【問題 3】⑶

(5) 分子は無極性か極性はあっても極めて小さいため，極性の小さな有機溶媒にはよく溶けるが，水にはほとんど溶けない。

解説

(2) アルカンでは，n が大きくなる，つまり炭素数が増すにつれ**体積・分子間力**ともに**増大**し，気体分子自体の**体積を考えない**理想気体からは，逆に遠ざかっていきます。

【問題 6】

次の文の（　）内の A〜C に当てはまる語句の組合せとして，正しいものはどれか。

「有機化合物のうち，炭素原子間がすべて単結合でつながっている（A）をアルカンといい，一般式（B）で表される。このアルカンのように，共通の一般式で表され，性質や構造がよく似た一群の化合物を（C）という。最も簡単なアルカンはメタンで，ガソリンには n の値が 5 から 10 のアルカンが含まれている。」

	A	B	C
(1)	鎖式不飽和炭化水素	C_nH_{2n}	同族体
(2)	鎖式飽和炭化水素	C_nH_{2n-2}	異性体
(3)	鎖式不飽和炭化水素	C_nH_{2n}	異性体
(4)	鎖式飽和炭化水素	C_nH_{2n+2}	同族体
(5)	鎖式不飽和炭化水素	C_nH_{2n-2}	異性体

解説

正解は，次のとおりです。

「有機化合物のうち，炭素原子間がすべて単結合でつながっている（**鎖式飽和炭化水素**）をアルカンといい，一般式（$\mathbf{C_nH_{2n+2}}$）で表される。このアルカンのように，共通の一般式で表され，性質や構造がよく似た一群の化合物を（**同族体**）という。最も簡単なアルカンはメタンで，ガソリンには n の値が 5 から 10 のアルカンが含まれている。」

なお，同族体は，化学的性質が似ていますが，沸点や融点などは，分子量が大きくなるにつれて高くなる傾向があります。

解答

【問題 4】(5)

【問題7】

次の有機化合物に関する説明のうち，誤っているものはどれか。

(1) 第一級アルコールを酸化すると，アルデヒドが生成される。

(2) アルデヒドは，強い酸化性を有している。

(3) ケトンは還元作用がなく，酸化されにくい。

(4) アルコールとカルボン酸が結合すると，エステルが生成される。

(5) エーテルは，アルコールと同じ分子式をもち，アルコールの異性体である。

解説

(1) 正しい。第一級アルコールは酸化すると**アルデヒド**に，さらに酸化すると**カルボン酸**になります。なお，第二級アルコールを酸化すると**ケトン**になります。

(2) 誤り。アルデヒドには，カルボニル基（>C＝O）に水素原子がついており，相手を還元する性質があるので，**還元性**を有しています（⇒酸化されやすいということ）。

(3) 正しい。ケトンは，アルデヒドと異なりカルボニル基には水素原子が付いてないので，酸化されにくく，還元性はありません。

(4) 正しい。カルボン酸とアルコールを反応させると脱水反応が起こり，エステルを生成します。また，このようなエステルを生成する脱水反応を**エステル化**といいます。**R−OH＋R−COOH ⇄ R−COO−R＋H_2O**

(5) 正しい。エーテル（R−O−R′）は，飽和1価アルコール（R−OH）と**構造異性体**の関係にあります。

【問題8】

次の有機化合物に関する説明のうち，誤っているものはどれか。

(1) アルデヒドとケトンはともにカルボニル基をもっているので，カルボニル化合物といわれる。

(2) カルボン酸は，一般に第一級アルコールまたはアルデヒドの酸化によってできる化合物である。

(3) アルデヒドを還元すると，第二級アルコールになる。

(4) エステルは，カルボン酸とアルコールの縮合作用によって生成される。

(5) カルボン酸は，水溶液中でわずかに電離して弱酸性を示す。

解答

【問題5】(2)　　【問題6】(4)

解説

⑴　正しい。アルデヒド（R－CHO）とケトン（R－CO－R′）はともにカルボニル基（$>C=O$）をもっているので，**カルボニル化合物**といいます。

⑵　正しい。第一級アルコールを酸化するとアルデヒドを経て**カルボン酸**を生じ，第二級アルコールを酸化すると**ケトン**を生じます。

⑶　誤り。前問の⑴より，アルデヒドを還元すると，**第一級アルコール**になります（P.160，⑤参照）。

⑷　正しい。カルボン酸とアルコールを反応させると脱水反応が起こり，縮合して**エステル**が生成します。なお，このようなエステルを生成する脱水反応を**エステル化**といいます。

⑸　正しい。カルボン酸は，水溶液中で次のようにわずかに電離して弱酸性を示します。$R-COOH \rightleftarrows R-COO^{-}+H^{+}$

【問題 9】

有機化合物について，次のうち誤っているものはいくつあるか。

A　アルデヒドは還元作用をもち，容易に酸化されてカルボン酸になる。

B　ケトンは，一般に第二級アルコールの酸化によってできる化合物である。

C　フェノール類は，ベンゼン環の水素原子をカルボキシ基（カルボキシル基）で置換してできる化合物である。

D　スルホン酸は，炭化水素の水素原子をスルホ基（スルホン基）で置換してできる化合物である。

E　カルボン酸を還元すると第二級アルコールが生じる。

⑴　1つ　　⑵　2つ　　⑶　3つ　　⑷　4つ　　⑸　5つ

解説

A　正しい。第1級アルコールを酸化すると，**アルデヒド**になり，アルデヒドを酸化すると，**カルボン酸**になります（P.160，⑤）。

$R-CH_2-OH \rightarrow R-CHO \rightarrow R-COOH$

また，アルデヒドは，カルボニル基に水素原子が付いているので，**酸化されやすい（還元性を有する）**，という性質があります。

B　正しい。第一級アルコールを酸化するとアルデヒドとなり，第二級アル

解答

【問題7】⑵　　【問題8】⑶

コールを酸化すると，次の図のようにケトンとなります。

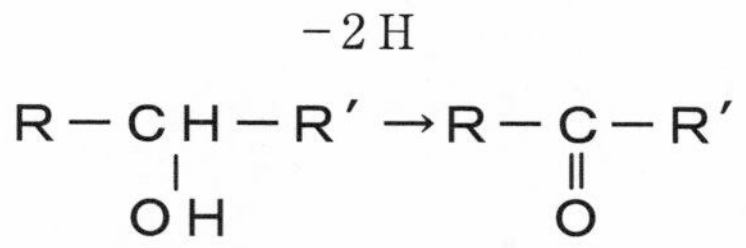

（第二級アルコール）　　　（ケトン）

C　誤り。フェノールは，ベンゼン環の水素原子 1 個を**水酸基（ヒドロキシル基）**で置換した，**環状構造**を持つ（直鎖状ではない！）有機化合物です。

D　正しい。スルホン酸はスルホ基（別名，スルホン基，スルホン酸基　$-SO_3H$）が置換した化合物の総称です。一般的には炭素骨格にスルホ基が置換した有機化合物をさします。

E　誤り。カルボン酸は第一級アルコールの酸化によって生じるので，反対に，カルボン酸を還元すると**第一級アルコール**になります。

従って，誤っているのは，C，Eの**2つ**となります。

【問題 10】

有機化合物について，次のうち誤っているものはどれか。

A　メタン，エタン，プロパン，ブタンなど，単結合のみの鎖式飽和炭化水素をアルカンといい，一般式 C_nH_{2n+2} で表される。

B　ベンゼンなどの環状構造内に二重結合を 2 個以上有する不飽和炭化水素をシクロアルケンといい，一般式 C_nH_{2n} で表される。

C　アセチレン，プロピンなど，三重結合を有する鎖式不飽和炭化水素をアルキンといい，一般式 C_nH_{2n-2} で表される。

D　メタン，エタンのような炭化水素の炭素原子をヒドロキシ基（ヒドロキシル基）で置き換えて，R−OH の構造で表されるものをアルコールという。

E　カルボニル基（ >C=O）の炭素原子に 1 個の水酸基が結合したカルボキシル基（−COOH）を持つ化合物 R−COOH をカルボン酸という。

F　芳香族炭化水素は，一般式 C_nH_{2n-6} で表され，分子内にベンゼン環を持つ炭化水素である。

解答

【問題 9】(2)

(1)　A と B
(2)　A と E
(3)　B と D
(4)　C と F
(5)　D と E

解説

B　シクロアルケンではなく，F の**芳香族炭化水素**になります。
D　炭化水素の炭素原子ではなく，炭化水素の**水素原子**です。

なお，アルカン（単），アルケン（二重），アルキン（三重）の結合数の覚え方（下線部より）

⇒「カ・ケ・キンは 1，2，3 倍」（読者の方提供）

【問題 11】

脂肪酸について，次の文中の下線部 A〜E のうち，誤っているものはどれか。

「脂肪酸のうち，二重結合を含むものが A，飽和脂肪酸とよばれ，二重結合を含まないものが B，不飽和脂肪酸とよばれる。C，ステアリン酸は飽和脂肪酸で D，オレイン酸と E，リノール酸は不飽和脂肪酸である。」

(1)　A と B
(2)　A と D
(3)　B と C
(4)　B と D
(5)　C と E

解説

カルボキシル基（−COOH）をもつ化合物を**カルボン酸（RCOOH）**といい，**第一級アルコール**や**アルデヒド**を**酸化する**ことによって得られます。

そのカルボン酸は，その分子中のカルボキシル基の数により，1 価カルボン酸（モノカルボン酸），2 価カルボン酸（ジカルボン酸）……などに分類され，鎖式で 1 価のものを**脂肪酸**といい，そのうち，①炭化水素基がすべて**単結合**からなるものを**飽和脂肪酸**，②**二重結合**などの不飽和結合を含むものを**不飽和脂

肪酸といいます（⇒ **酸化**されやすく**風化**しやすい）。

従って，A の二重結合を含むものが飽和脂肪酸，というのは上記②より誤りで，正しくは**不飽和脂肪酸**になります。

また，B の二重結合を含まないものが不飽和脂肪酸，というのも①より誤りとなり，正しくは**飽和脂肪酸**になります。

【問題 12】

アルコールの性質に関する次の記述について，正しいものはどれか。

(1) アルキル基の炭素数が増すと沸点は低くなる。
(2) アルキル基の炭素数が増すと融点は高くなる。
(3) 分子量の大きいものは，水によく溶ける。
(4) アルコールの水溶液は，酸性である。
(5) 1 価アルコールとは，ヒドロキシル基（$-OH$）が結合している炭素原子に，1 個の水素原子が結合しているアルコールのことをいう。

解説

(1) 誤り。アルキル基の炭素数が増すと**沸点**は**高く**なります。
(2) 正しい。アルキル基の炭素数が増すと**融点**は**高く**なります。
(3) 誤り。まず，アルコールは，水に馴染みやすい親水基である**ヒドロキシ基**と，水に馴染みにくい疎水基である**炭化水素基**に分けることができます。分子量が小さい炭素数が 3 までの低級アルコールの場合は，疎水基である炭化水素基が小さく，親水基であるヒドロキシ基が疎水基ごとまとめて水分子と水素結合（＝水和）することができるので，水と任意の割合で混じり合います。

しかし，分子量が大きくなると，疎水基（炭化水素基）も大きくなるため，疎水基を水分子が囲むことができなくなり，水分子と水素結合（＝水和）することができなくなるので，水に**溶けにくく**なります。

(4) 誤り。アルコールの$-OH$ 基は水酸化ナトリウムの$-OH$ 基と異なり，水に溶かしても水酸化物イオン$-OH$ は電離しないので，水溶液は**中性**となります。
(5) 誤り。1 価アルコールとは，分子中に**ヒドロキシル基（$-OH$）1 個**を含むアルコールのことをいいます。

解答

【問題 11】(1)

【問題 13】

官能基とそれに基づく有機化合物との組合わせで，次のうち誤っているものはどれか。

(1)　$-SO_3H$ ……………スルホン酸
(2)　$-COOH$ …………カルボン酸
(3)　$-NO_2$ ………………ニトロ化合物
(4)　$-NH_2$ ………………フェノール類
(5)　>CO ………………ケトン

解説

$-NH_2$ は，アミンの**アミノ基**で，フェノール類は，ベンゼン環にアルコールと同じヒドロキシル基（$-OH$）が直接結合した化合物です。

なお，それぞれの官能基の名称は，次のとおりです。

(1)　$-SO_3H$：スルホ基
(2)　$-COOH$：カルボキシル基
(3)　$-NO_2$　：ニトロ基
(4)　$-NH_2$　：アミノ基
(5)　>CO　：ケトン基

【問題 14】

分子内にヒドロキシ基（ヒドロキシル基）を含む物質は，次のうちいくつあるか。

A　アセトン
B　エタノール
C　酢酸エチル
D　アニリン
E　アセトアルデヒド

(1)　1つ　　(2)　2つ　　(3)　3つ　　(4)　4つ　　(5)　5つ

解説

ヒドロキシ基（$-OH$）は，別名，**水酸基**ともいい，アルコールやフェノールの官能基であり，また，スルホン酸（$R-SO_3H$）やカルボン酸（R−

解答

【問題 12】(2)

COOH）などの構造にも含まれています。

問題の場合，ヒドロキシ基（ヒドロキシル基）を含む物質は，B の**エタノール（C_2H_5OH）**のみとなります。

なお，化学式は次のとおりです。

A　アセトン（CH_3COCH_3）

B　エタノール（C_2H_5**OH**）

C　酢酸エチル（$CH_3COOC_2H_5$）

D　アニリン（$C_6H_5NH_2$）

E　アセトアルデヒド（CH_3CHO）

【問題 15】

次に掲げる物質のうち，分子内にカルボニル基を含むものはいくつあるか。

アセトン，トルエン，n プロピルアルコール，グリセリン，エチルメチルケトン，ジエチルエーテル

⑴　1 つ　　⑵　2 つ　　⑶　3 つ　　⑷　4 つ　　⑸　5 つ

解説

カルボニル基（**＞C＝O**）をもつ化合物を**カルボニル化合物**といい，カルボニル基に，水素原子が 1 個結合したものを**アルデヒド（R－CHO）**，炭化水素基が 2 個結合したものを**ケトン（R－CO-R´）**といいます。

問題の物質のうち，カルボニル基を含むのは，アセトン（CH_3**CO**CH_3），とエチルメチルケトン（CH_3**CO**C_2H_5）の 2 つになります。

その他の物質の化学式は，次のとおりです。

トルエン（$C_6H_5CH_3$）

n－プロピルアルコール（C_3H_7OH）（注：n はノルマルと読み直鎖構造を表す）

グリセリン（C_3H_5（OH）$_3$）

ジエチルエーテル（$C_2H_5OC_2H_5$）

【問題 16】

次のうち，分子内にカルボキシ基（カルボキシル基）を含む物質はいくつあるか。

解答

【問題 13】⑷　　【問題 14】⑴

A　酢酸　　　　　　　　B　アセトン
C　1−プロパノール　　D　アセトアルデヒド
E　ジエチルエーテル

(1)　1つ　(2)　2つ　(3)　3つ　(4)　4つ　(5)　5つ

解説

それぞれを化学式で表すと，次のようになります。

A　酢酸 ……………………………………CH_3**−COOH**
B　アセトン ………………………………CH_3COCH_3
C　1−プロパノール ……………………C_3H_7OH
D　アセトアルデヒド ……………………CH_3CHO
E　ジエチルエーテル ……………………$C_2H_5OC_2H_5$

カルボキシ基（カルボキシル基）は，**−COOH** なので，Aの酢酸のみが正解となります。

【問題 17】

物質とその物質に含まれる官能基との組合わせで，次のうち誤っているものはいくつあるか。

A　アセトアルデヒド………………………アルデヒド基
B　アクリル酸………………………………アミノ基
C　アセトン…………………………………カルボニル基
D　酢酸………………………………………カルボキシル基
E　酢酸エチル………………………………エーテル結合

(1)　1つ　(2)　2つ　(3)　3つ　(4)　4つ　(5)　5つ

解説

A　正しい。アセトアルデヒドの化学式は，CH_3**CHO** なので，**アルデヒド基**（−CHO）が含まれています。

B　誤り。アクリル酸（CH_2=CH**COOH**）は，アミノ基（$-NH_2$）ではなく，**カルボキシル基**（−COOH）をもつ**カルボン酸**です。

C　正しい。アセトン（CH_3−**CO**−CH_3）は，カルボニル基（**>C=O**）をもっている**カルボニル化合物**です。

解答

【問題 15】(2)

D　正しい。酢酸（CH_3-COOH）は，Bと同じく，**カルボキシル基**（−COOH）をもつ**カルボン酸**です。

E　誤り。酢酸エチル（CH_3-**COO**$-C_2H_5$）は，エーテル結合（−O−）ではなく，**エステル結合**（−**COO**−）です。

従って，誤っているのは，B，Eの**2つ**となります。

【問題 18】

次の構造式と有機化合物の名称の組合せとして，次のうち正しいものはどれか。

(A)

$H-C\equiv C-H$

(B)

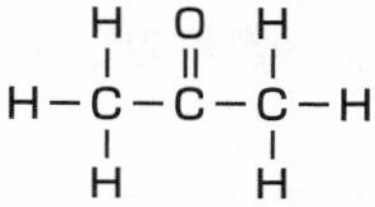

(C)

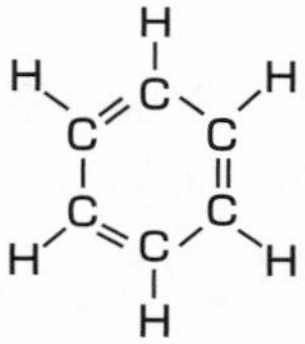

(D)

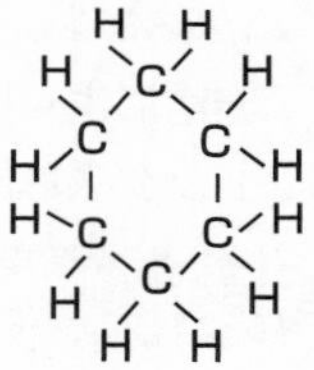

	A	B	C	D
(1)	アセトン	アセチレン	エタン	ベンゼン
(2)	エタン	アセトン	アセチレン	ベンゼン
(3)	アセチレン	アセトン	ベンゼン	シクロヘキサン
(4)	エチレン	アセトン	アセチレン	シクロヘキサン
(5)	アセチレン	エチレン	エタン	ベンゼン

解説

Cは，不飽和の芳香族炭化水素，Dは，飽和の炭化水素です。なお，Aのアセチレンは，「無味無臭（⇒刺激臭はない！）」の気体なので，注意！

解答

【問題 16】(1)　【問題 17】(2)　【問題 18】(3)

第3章　燃焼および消火の基礎知識

傾向と対策

(1)　燃焼

非常によく出題されており，**燃焼の定義や燃焼の仕方**（方法）などのオーソドックスな出題が多い傾向にあります。

(2)　燃焼に必要な空気量（酸素量）

⑴の燃焼よりも，よく出題されており，特に，出題が多いのは，**プロパン**，**メタノール**，**エタノール**，**エタン**，**ベンゼン**などの物質です。

(3)　引火点，発火点，燃焼範囲

それぞれの**定義**がよく出題されていますが，たまに，「～の蒸気が，空気中において完全燃焼するときの理論上の最高濃度に最も近いものは，次のうちどれか。」というような，少し難しい問題も出題されています。

(4)　自然発火

自然発火しやすい原因がよく出題されていますが，たまに，**ヨウ素価**に関する出題もあります。

燃焼，消火のポイント

●甲種スッキリ！重要事項No.4

(1) 燃焼

① 燃焼とは⇒**「熱と光の発生を伴う酸化反応」**のことをいう。

② 燃焼の三要素

可燃物，点火源（熱源），酸素供給源

(2) 燃焼の種類

① 気体の燃焼

・**拡散燃焼**　可燃性ガスと空気（または酸素）とが，別々に供給される燃焼。

例）　ろうそくの燃焼

・**予混合燃焼**　可燃性ガスと空気（または酸素）とが，燃焼開始に先立ってあらかじめ混合される燃焼

例）　ガスバーナーの燃焼，ガソリンエンジンなどの燃焼

② 液体の燃焼

・**蒸発燃焼**　液面から蒸発した可燃性蒸気が空気と混合して燃える燃焼。

例）ガソリン，アルコール類，灯油，重油など

③ 固体の燃焼

・**表面燃焼**：可燃物の表面だけが（熱分解も蒸発もせず）燃える燃焼

例）木炭，コークスなど（**無炎燃焼**ともいう）

・**分解燃焼**：可燃物が熱分解されて発生する可燃性ガスが燃える燃焼

例）木材，石炭などの燃焼

内部燃焼（自己燃焼）：分解燃焼のうち，その可燃物自身に含まれている酸素によって燃える燃焼

例）セルロイド（原料はニトロセルロースなど）

・**蒸発燃焼**：固体を加熱した場合，熱分解することなくそのまま蒸発してその蒸気が燃えるという燃焼で，あまり一般的ではない。

例）硫黄，ナフタリンなどの燃焼

表面燃焼

分解燃焼

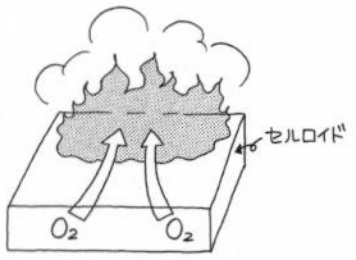

内部燃焼

蒸発燃焼（固体）

第2編

物理学および化学

(3) 二酸化炭素と一酸化炭素

〈二酸化炭素〉	〈一酸化炭素〉
燃えない	燃える
毒性なし	有毒
水に溶ける	水にはほとんど溶けない
液化しやすい	液化は困難である

(4) 燃焼範囲（爆発範囲）

可燃性蒸気が空気と混合して燃焼することができる濃度範囲のこと。

① 可燃性蒸気（混合気）の濃度は，次の式で表す。

$$\text{濃度} = \frac{\text{可燃性蒸気〔L〕}}{\text{混合気全体〔L〕}} \times 100\text{〔vol\%〕}$$

$$= \frac{\text{可燃性蒸気〔L〕}}{\text{可燃性蒸気〔L〕}+\text{空気〔L〕}} \times 100\text{〔vol\%〕}$$

② 燃焼範囲のうち，低い濃度の限界が**下限値**，高い方の限界が**上限値**

③ 下限値の時の温度が**引火点**になる。

(5) 引火点と発火点

① 引火点：可燃性液体の表面に点火源をもっていった時，引火するのに十分な濃度の蒸気を液面上に発生している時の，**最低の液温**のこと。
（注：可燃性蒸気の蒸気圧が下がれば引火点は**高く**なり，蒸気圧が上がれば，引火点は**低く**なる）

② 発火点：可燃物を空気中で加熱した場合，**点火源がなくても**発火して燃焼を開始する時の最低の温度のこと。

③ 燃焼点：引火後**5秒間**燃焼が継続する最低の温度をいい，一般的に，引火点より数℃程度，温度が高い。

(6) 自然発火

① 自然発火の原因
酸化熱，**分解熱**，**吸着熱**，**発酵熱**など。

② 自然発火が起こりやすい条件
1．気温や可燃性物質の**温度が高**いとき。
2．可燃性物質が**多量に保管**されているとき。
3．可燃性物質が粉末状で，**空気との接触面積が大きい**とき。
4．可燃性物質が**通風の悪い状態**で保管されているとき。
5．可燃性物質が**酸化または分解を起こしやすい物質**であるとき。

(7) 燃焼の難易

物質は，一般に次の状態ほど燃えやすくなる。

① 酸化されやすい。　② 空気との接触面積が**広い**。

③　可燃性蒸気が**発生しやすい**。　　④　発熱量（燃焼熱）が**大きい**。

⑤　周囲の温度が**高い**。　　⑥　熱伝導率が**小さい**。

⑦　水分が**少ない**（乾燥している）。

(8)　物質の危険性

1．大きいほど危険性が高いもの

燃焼範囲，燃焼速度，蒸気圧，燃焼熱，火炎伝播速度（炎の伝わる速度）

2．小さいほど危険性が高いもの

燃焼範囲の下限値，最小着火エネルギー，引火点，発火点，熱伝導率
沸点，比熱

（下線部⇒**粉じん爆発**の最小着火エネルギーは**ガス爆発**より**大きい**ので着火しにくいが，**いったん着火した場合のエネルギーはガス爆発より大きい**
⇒　**粉じん爆発＞ガス爆発**）

(9)　混合危険

次の物質どうしを混合した場合は，発火や爆発する危険がある。

①　酸化性物質＋還元性物質（覚え方⇒イチローが西へ行くと爆発する）
「第１類，第６類」＋「第２類，第４類」⇒発火，爆発

②　酸化性塩類（第１類の（過）塩素酸塩類，過マンガン酸塩類など）＋強酸

(10)　消火の三要素

・**除去消火**：**可燃物**を除去して消火をする方法
・**窒息消火**：**酸素の供給**を断って消火をする方法
・**冷却消火**：燃焼物を冷却して熱源を除去し，燃焼が継続できないようにして消火をする方法
（負触媒（抑制）消火も加えると消火の四要素となる。）

(11)　適応火災と消火効果

適応火災と消火効果

消火剤		主な消火効果	適応する火災		
			普通	油	電気
水	棒状	冷却	○	×	×
	霧状		○	×	○
強化液	棒状	冷却	○	×	×
	霧状	冷却　抑制	○	○	○
泡		冷却　窒息	○	○	×
ハロゲン化物		抑制　窒息	×	○	○
二酸化炭素		窒息	×	○	○
粉末	リン酸塩類	抑制　窒息	○	○	○
	炭酸水素塩類	抑制　窒息	×	○	○

注：抑制効果は負触媒効果ともいいます。

1 燃焼の問題

＜燃焼＞

【問題 1】 特急

次の A~E に示す記述のうち，誤っているもののみを掲げているものはどれか。

A　燃焼の 3 要素とは，可燃物，酸素及び点火源をいい，どれか 1 つが欠ければ燃焼は起こらない。

B　点火源は，可燃物と酸素の反応を起こすために必要なエネルギーを与えるものである。

C　熱伝導率の大きいものほど可燃物となりやすい。

D　燃焼反応における活性化エネルギーを燃焼熱という。

E　物質が酸素と化合したとき，相当の発熱があり，更に可視光線が出ていれば，その物質は燃焼しているといえる。

(1)　A と C　　(2)　A と C

(3)　B と C　　(4)　C と D

(5)　C と E

解説

A　正しい。

B　正しい。

C　誤り。熱伝導率の**大きい**ものほど熱が蓄積されにくくなるので，**燃えにくく**なります。

D　誤り。活性化エネルギーは，**物質を活性化状態にするのに必要な最小のエネルギー**であるのに対して，燃焼熱は，物質が酸素と化合して完全燃焼した際に発生する熱量になります。

E　正しい。

従って，(4)が正解になります。

解答

解答は次ページの下欄にあります。

【問題 2】

次の組み合わせのうち，燃焼が起こらないものはどれか。

(1) 熱水……………………ナトリウム……………空気

(2) 酸化熱の蓄熱…………鉄粉……………………酸素

(3) 衝撃火花………………硝酸エチル……………酸素

(4) 静電気の火花…………ヘリウム………………空気

(5) 炎………………………二硫化炭素……………酸素

解説

燃焼が起こるためには，**酸素供給源，可燃物，点火源**の 3 要素が必要です。

(1) 燃焼する。ナトリウムは，空気中において水（熱水）と反応して水素を発生し発火します。

(2) 燃焼する。鉄粉（第 2 類危険物）の場合，空気中で何らかの原因で酸化熱が蓄熱すると，発火することがあります。

(3) 燃焼する。硝酸エチルは第 5 類の危険物であり，燃焼の 3 要素が揃っています。

(4) 燃焼しない。点火源（静電気の火花）と酸素供給源（空気）は揃っていますが，ヘリウムは不燃物なので，燃焼はしません。

(5) 燃焼する。燃焼の 3 要素が揃っています。

【問題 3】 特急

燃焼について，次のうち誤っているものはいくつあるか。

A 燃焼は熱と光の発生を伴う急激な酸化反応である。

B 可燃物は，どんな場合でも空気がなければ燃焼しない。

C 吸熱の酸化反応でも燃焼現象を示すものがある。

D 密閉された室内で可燃性液体が激しく燃焼した場合は，一時に多量の発熱が起こって圧力が急激に増大し，爆発することがある。

E 燃焼に必要な酸素供給源には，過マンガン酸カリウムや硝酸カリウムなどの酸化性物質が使われることもある。

(1) 1 つ　(2) 2 つ　(3) 3 つ　(4) 4 つ　(5) 5 つ

解説

解答

【問題 1】(4)

A　正しい。

B　誤り。Eのような酸化剤（第1類危険物）も「酸素供給源」になる場合があります。

C　誤り。Aにあるように，燃焼は熱と光の発生を伴う急激な酸化反応であり，熱の発生を伴うことが条件なので，吸熱の酸化反応では燃焼とはなりません。

D　正しい。

E　正しい。過マンガン酸カリウムや硝酸カリウムとも第1類危険物の酸化剤（酸化性物質）であり，燃焼に必要な酸素供給源として使われることがあります。

従って，誤っているのは，B，Cの**2つ**になります。

【問題4】

燃焼の一般的事項について，次のうち誤っているものはどれか。

(1)　一般に，液体および固体の可燃物は，燃焼による発熱により加熱されて蒸発または分解し気体となって燃える。

(2)　一般に，完全燃焼した酸化物も可燃物となる。

(3)　内部（自己）燃焼する物質は，燃焼速度が速い。

(4)　窒素や塩素の酸化反応は，酸素と結合する際に発熱を伴わないので燃焼にはあたらない。

(5)　可燃物は，空気中で燃焼すると，より安定な酸化物に変わる。

解説

完全燃焼した酸化物は，それ以上酸素と結びつかないので，可燃物とはなりません。

【問題5】

燃焼の一般的事項について，次のうち正しいものはいくつあるか。

A　無炎燃焼は，固体の可燃性物質特有の燃焼形態である。

B　高引火点の可燃性液体でも布等にしみ込ませると容易に着火する。

C　可燃性気体の燃焼は，一般に空気と燃焼範囲の混合気が形成された場合に起こる。

解答

【問題2】(4)　　【問題3】(2)

D　酸素の供給量が十分な場合は，物質の燃焼する温度が高くなり燃焼速度は速くなる。

E　アセチレンのように大きな発熱を伴い分解する気体は，酸化剤がない場合でも燃焼する。

(1)　1つ　　(2)　2つ　　(3)　3つ　　(4)　4つ　　(5)　5つ

解説

A～Eとも全て正しい。

【問題6】 急行★

燃焼および発火等に関する一般的説明として，次のうち正しいものはどれか。

(1)　燃焼速度は，外圧及び酸素濃度には影響を受けず，物質によって一定である。

(2)　活性化エネルギーが小さいほど，燃焼は起きやすい。

(3)　気化熱の大きい物質ほど，燃焼温度が高い。

(4)　気体の燃焼速度は，その濃度が燃焼範囲の上限値に近いほど速い。

(5)　静電気の発生しやすい物質ほど燃焼が激しい。

解説

(1)　誤り。燃焼速度は，外圧が高いほど蒸気は発生しにくくなるので**遅く**なり，また，酸素濃度も低いほど燃焼速度が**遅く**なります。

(2)　正しい。活性化エネルギーは，**物質を活性化状態にするのに必要な最小のエネルギー**であり，このエネルギーが小さいほど，活性化状態になりやすくなるので，燃焼が起きやすくなります。

(3)　誤り。

(4)　誤り。一般的に，気体の燃焼速度は，空気とガスがある一定の混合割合のときに最大となり，上限値や下限値に近いほど**遅く**なります。

(5)　誤り。

【問題7】

液体の燃焼について，次のうち正しいものはいくつあるか。

解答

【問題4】(2)

A　燃焼速度は，液温が低いほど蒸気の比重が大きくなるので速くなる。
B　燃焼速度は，液面を大きくすると蒸発潜熱が大きくなるので遅くなる。
C　液面に点火し，燃焼が継続するときの最低の液温を燃焼点という。
D　水溶性の可燃性液体は非水溶性のそれより燃焼点は低い。
E　可燃性液体でも表面燃焼するものがある。

(1)　1つ　　(2)　2つ　　(3)　3つ　　(4)　4つ　　(5)　5つ

解説

A　誤り。燃焼速度は，液温が低いほど蒸気が発生しにくくなるので，燃焼速度は**遅く**なります。

B　誤り。液面を大きくするほど空気と接触する面積が増えるので，**速く**なります。

C　正しい。なお，燃焼点は，一般的に，**引火点より数℃程度高い温度**となっています。

D　誤り。

E　誤り。可燃性液体の燃焼は，液面から蒸発した可燃性蒸気が空気と混合して燃焼する**蒸発燃焼**です。

従って，正しいのは，Cの1つとなります。

＜燃焼の仕方＞

【問題8】　急行★

燃焼の形式について，次の文に該当するものはどれか。

「可燃性ガスと空気あるいは酸素とが，燃焼開始に先立ってあらかじめ混ざりあって燃焼することをいう。」

(1)　蒸発燃焼　　(2)　拡散燃焼
(3)　内部燃焼　　(4)　予混合燃焼
(5)　表面燃焼

解説

家庭用のガスコンロなどでもみられるように，あらかじめ空気あるいは酸素と可燃性ガスが混合してから燃焼することを予混合燃焼といいます。

解答

【問題5】(5)　　【問題6】(2)

【問題 9】 急行★

燃焼の仕方と可燃物の組合せについて，次のうち誤っているものはどれか。

(1)　蒸発燃焼とは，液体や固体の蒸発した可燃性気体が空気と混合して燃焼することをいう。
…………………………………………ガソリン，硫黄の燃焼

(2)　表面燃焼とは，固体の可燃物が分解せず，かつ，可燃性ガスを発生することなく，その表面だけが酸素と反応して燃焼することをいう。
…………………………………………木炭，コークスの燃焼

(3)　分解燃焼とは，固体の可燃物が加熱されて分解し，このとき発生する可燃性ガスが燃焼することをいう。
…………………………………………木材，プラスチックの燃焼

(4)　自己燃焼（内部燃焼）とは，燃焼に際して外部から酸素の供給を必要としない燃焼のことをいう。
…………………………………………硫黄，ナフタリンの燃焼

(5)　予混合燃焼とは，可燃性ガスと空気あるいは酸素とが，あらかじめ燃焼に先立って混合されて燃焼することをいう。
…………………………………………ガスこんろによる都市ガスの燃焼

解説

硫黄やナフタリンの燃焼は，自己燃焼（内部燃焼）ではなく，**蒸発燃焼**です（自己燃焼の説明は正しい）。

なお，(2)の表面燃焼ですが，**無炎燃焼**ともいい，**炎を上げなくても燃焼になる**ので，要注意。

【問題 10】

次の物質の組合せのうち，常温（20 ℃），1 気圧において，蒸発燃焼する組合せはどれか。

(1)　エタノール，木材
(2)　ガソリン，アセトアルデヒド
(3)　ニトロセルロース，石炭
(4)　なたね油，アルミニウム粉
(5)　木炭，コークス

解答

【問題 7】(1)　　【問題 8】(4)

解説

(1)　木材は，**分解燃焼**です。

(2)　両者とも**蒸発燃焼**です。

(3)　ニトロセルロースは**内部燃焼**，石炭は**分解燃焼**です。

〔分解燃焼の覚え方⇒　奇　　跡　の分解燃焼
　　　　　　　　　　木材　石炭〕

(4)　なたね油は蒸発燃焼ですが，アルミニウム粉などの金属粉は**表面燃焼**です。

(5)　木炭，コークスとも**表面燃焼**です。

【問題 11】 特急★

空気の一般的性状について，次のうち誤っているものはどれか。

(1)　乾燥した空気の組成は地域または季節によって著しく異なる。

(2)　空気と軽油を内燃機関（ディーゼルエンジン）で燃焼させると，酸化窒素が発生しやすくなる。

(3)　空気中の窒素は，可燃物の急激な燃焼を抑制する働きがある。

(4)　空気中の水蒸気は可燃物の燃焼に影響を与える。

(5)　空気の成分の割合はほぼ一定であり，その成分の約 8 割を窒素が，約 2 割を酸素が占めている。

解説

(1)　空気の組成は地域または季節などにかかわらず，窒素が 78 %，酸素が 20.9 %のほか，微量の炭酸ガスやアルゴンなどを一定に含む気体の混合物です。

(5)　空気の成分の 99 体積パーセントは窒素と酸素で占められており，そのうち窒素は 78 体積パーセントを，酸素は 20.9 体積パーセントを占めています。

【問題 12】

酸素の性状について，次のうち誤っているものはいくつあるか。

A　液体酸素は淡青色である。

解答

【問題 9】(4)　　　　【問題 10】(2)

B　常温では，いくら加圧しても液体にならない。

C　窒素と激しく反応することがある。

D　無色無臭の気体である。

E　化学的にきわめて活性で，多くの元素と燃焼・化合してその酸化物をつくる。

(1)　1つ　　(2)　2つ　　(3)　3つ　　(4)　4つ　　(5)　5つ

解説

A　正しい。

B　正しい。酸素の臨界温度は－118℃であり，それより温度の高い常温（20℃）では，いくら加圧しても液体にはなりません。

C　誤り。不活性ガスの窒素とは反応しません。

D，E　正しい。

従って，誤っているのは，Cの**1つ**のみとなります。

【問題13】

一酸化炭素について，次のうち誤っているものはいくつあるか。

A　無色無臭の非常に有毒な気体である。

B　空気より重い気体である。

C　高温の二酸化炭素と水蒸気との反応で生成する。

D　有機物が不完全燃焼するときに生成する。

E　水に溶けやすい。

(1)　1つ　　(2)　2つ　　(3)　3つ　　(4)　4つ　　(5)　5つ

解説

A　正しい。

B　誤り。空気より若干**軽い**気体（比重：0.967）です。

C　誤り。高温の二酸化炭素と水蒸気ではなく，「高温の**炭素**と水蒸気（または二酸化炭素）との反応で生成」します。

D　正しい。

E　誤り。一酸化炭素は**水に溶けにくい**気体です。

従って，誤っているのは，B，C，Eの**3つ**になります。

解答

【問題11】(1)

【問題 14】 急行★

二酸化炭素の生成および性状について，次のうち正しいものはいくつあるか。

A　無色，無臭である。

B　不燃性で，空気より重い。

C　水に溶けると弱いアルカリ性を示す。

D　冷却と加圧によって液体または固体にすることができ，固体の二酸化炭素は空気中で昇華する。

E　液化しやすい。

(1)　1つ　　(2)　2つ　　(3)　3つ　　(4)　4つ　　(5)　5つ

解説

A，B　正しい。

C　誤り。水に溶けると，水溶液は**弱酸性**を示します。(水温が低いほど，また，圧力が高いほどよく溶ける。)

D，E　正しい。

従って，正しいのは，A，B，D，Eの**4つ**となります。

【問題 15】

一酸化炭素と二酸化炭素に関する性状の比較において，次のうち誤っているものはどれか。

	一酸化炭素	二酸化炭素
(1)	液化しにくく，固化しにくい	液化しやすく，固化しやすい
(2)	燃える	燃えない
(3)	水にわずかに溶ける	水によく溶け，水溶液は弱酸性
(4)	毒性が強い	毒性が弱い
(5)	空気より重い	空気より軽い

解説

問題13と問題14より，一酸化炭素は空気より**軽く**，二酸化炭素は空気より**重い**ので，(5)が誤りです。

解答

【問題 12】(1)　　【問題 13】(3)

＜燃焼範囲と引火点，発火点＞

【問題 16】 特急

引火点及び発火点等の説明について，次のうち誤っているものはどれか。

⑴　一般に引火点とは，可燃性液体の液面近くに，引火するのに十分な濃度の蒸気を発生する液面の最低温度である。

⑵　引火点は，空気との混合ガスの燃焼下限界と密接な関係をもっている。

⑶　可燃性液体は，その温度に相当する一定の蒸気圧を有するので，液面付近では，蒸気圧に相当する蒸気濃度がある。

⑷　発火点とは，可燃性物質を空気中で加熱したときに火源なしに自ら燃焼し始める最低の温度をいう。

⑸　引火点とは，可燃性液体が燃焼範囲の上限値の濃度の蒸気を発するときの液体の温度をいう。

解説

引火点とは，可燃性液体が燃焼範囲の上限値ではなく，**下限値**の濃度の蒸気を発するときの液体の温度をいいます。

【問題 17】

引火点及び発火点等の説明について，次のうち誤っているものはいくつあるか。

A　同一可燃性物質においては，一般的に発火点の方が引火点より高い数値を示す。

B　引火点に達すると，液体表面からの蒸発のほかに，液体内部からも気化が起こり始める。

C　可燃性液体の温度がその引火点より高いときは，火源により引火する危険がある。

D　燃焼点とは，燃焼を継続させるのに必要な可燃性蒸気が供給される温度をいう。

E　同一可燃性物質においては，一般的に引火点より燃焼点の方が低い数値を示す。

⑴　1つ　　⑵　2つ　　⑶　3つ　　⑷　4つ　　⑸　5つ

解答

【問題 14】⑷　　【問題 15】⑸

解説

A　正しい。

B　誤り。液体内部からも気化が起こり始めるのは**沸騰**です。

C　正しい。

D　正しい。なお，「引火点＞燃焼点のものもある」は×なので注意！

E　誤り。燃焼点は，**引火後 5 秒間燃焼が継続するときの最低の温度で**，引火点より数 ℃ **高い**のが一般的です。**引火点 < 燃焼点 < 発火点**　**重要**

従って，誤っているのは，B，E の **2 つ**になります。

【問題 18】 急行★

次の文中の（A）～（C）に示す下線部のうち，誤っているものはいくつあるか。

「一般に，引火点とは，可燃性液体が空気中で燃焼するのに必要な A，最高濃度の蒸気を液面に発生するときの液温をいう。従って，空気との混合ガスの B，燃焼下限値に密接な関係を有している。可燃性液体は，液温に対応した C，蒸気圧があるので，液面付近では，C，蒸気圧に相当する D，蒸気濃度がある」

(1)　0　　(2)　1 つ　　(3)　2 つ　　(4)　3 つ　　(5)　4 つ

解説

正解は次のようになります（**太字**部分が間違っている箇所です。）。

「一般に，引火点とは，可燃性液体が空気中で燃焼するのに必要な A，**最低濃度**の蒸気を液面に発生するときの液温をいう。従って，空気との混合ガスの B．燃焼下限値に密接な関係を有している。可燃性液体は，液温に対応した C，蒸気圧があるので，液面付近では，C，蒸気圧に相当する D，蒸気濃度がある」

【問題 19】

燃焼範囲に関する説明として，次のうち誤っているものはどれか。

(1)　可燃性ガスの種類により異なる。

(2)　同一の可燃性ガスであっても，圧力により異なる値を示す。

解答

【問題 16】(5)

(3) 同一の可燃性ガスであっても，温度が高くなると燃焼範囲は広くなる。
(4) 燃焼範囲の下限値が高く，上限値が低いほど危険性は大きい。
(5) 気体の燃焼速度は，その濃度が燃焼範囲の下限値や上限値に近いほど遅くなる。

解説

燃焼範囲は広いほど，すなわち，その下限値が**低く**，上限値が**高い**ほど危険性が大きくなります。

【問題 20】

次の性状を有する引火性液体についての説明として正しいものはどれか。

液体の比重	1.32
蒸気比重	3.13
沸点	48.2
引火点	−30 ℃
発火点	88 ℃
蒸気の燃焼範囲	1～55 vol%

(1) 発生する蒸気の重さは，水蒸気の 3.13 倍である。
(2) この液体 1 kgの体積は，1.32 ℓ である。
(3) 液体が 48.2℃ に加熱されても，その蒸気圧は標準大気圧と等しくならない。
(4) 引火するのに十分な濃度の蒸気を液面上に発生する最低の液温は，−30 ℃である。
(5) 炎を近づけても，液温が 88 ℃になるまでは燃焼しない。

解説

(1) 誤り。蒸気比重は，水蒸気ではなく**空気**が基準です。
(2) 誤り。液体の比重が 1.32 なので，この液体 1 ℓ は 1.32 kgとなり，1 kgは，1/1.32 ℓ ということになります。
(3) 誤り。沸点は，その液体が沸騰するときの温度，すなわち，蒸気圧と外圧が等しいときの温度であり，外圧が標準大気圧のときの沸点を標準沸点

解答

【問題 17】(2)　　【問題 18】(2)

といい，一般的に沸点といえば，この標準沸点のことをいいます。

従って，この液体が，沸点である 48.2 ℃に加熱されると，蒸気圧が標準大気圧と等しくなるので，誤りです。

⑷ 正しい。引火するのに十分な濃度の蒸気を液面上に発生する最低の液温のことを**引火点**というので，−30 ℃になります。

⑸ 誤り。炎を近づければ，液温が引火点以上（−30 ℃以上）になれば，燃焼します。

【問題 21】

次の燃焼範囲の危険物を 100 ℓ の空気と混合させ，その均一な混合気体に電気火花を発すると，燃焼可能な蒸気量はどれか。

燃焼下限値　1.4 vol%
燃焼上限値　7.6 vol%

⑴ 1 ℓ　⑷ 15 ℓ
⑵ 5 ℓ　⑸ 20 ℓ
⑶ 10 ℓ

解説

空気 100 ℓ と可燃性蒸気の蒸気量を混合したときの濃度は次式より求められます。

$$\frac{\text{蒸気量（}\ell\text{）}}{\text{蒸気量（}\ell\text{）＋空気 }100\,\ell} \times 100 \quad \text{〔vol\%〕}$$

この濃度が問題文の燃焼範囲内（**1.4〜7.6 vol%**）であれば燃焼可能，ということになります。

⑴ $\frac{1}{1+100} \times 100 = 0.99$〔vol%〕 ⇒ ×。

⑵ $\frac{5}{5+100} \times 100 \fallingdotseq 4.76$〔vol%〕 ⇒ ○。

⑶ $\frac{10}{10+100} \times 100 \fallingdotseq 9.09$〔vol%〕 ⇒ ×。

⑷ $\frac{15}{15+100} \times 100 \fallingdotseq 13.04$〔vol%〕 ⇒ ×。

解答

【問題 19】⑷

(5)　$\frac{20}{20+100}\times 100 \fallingdotseq 16.66$〔vol%〕⇒ ×。

なお，燃焼範囲については，「燃焼範囲の上限（または下限）に近づくほど速く燃える」という出題例もありますが，混合ガスが薄すぎても濃すぎても燃えにくくなるので，×になります。

＜自然発火＞

【問題 22】

自然発火しやすいものとして，次のうち該当しないものはどれか。

(1)　吸湿したごみ固形化燃料
(2)　硝化綿
(3)　大量に積まれたゴムくず
(4)　あまに油の染み込んだぼろきれ
(5)　メタノールの染み込んだぼろきれ

解説

まず，自然発火の起こるメカニズムを要約すると，次のようになります。

「**自然発火とは，物質が火花，火炎などの着火源なしに，反応熱の蓄積により発火を起こす現象である。**（⇒出題例あり）」

(1)　ごみ固形化燃料は，燃えるゴミに石灰を混ぜて圧縮成形した燃料で，天ぷら油などが含まれていると自然発火しやすくなります。
(2)　硝化綿とは，**ニトロセルロース**のことで，野積みしていたドラム缶が自然発火して火災となったケースもあります。
(3)　大量に積まれたゴムくずも自然発火の危険性があります。
(4)　**不飽和脂肪酸**である**あまに油**は，第 4 類危険物の動植物油類のうち，ヨウ素価の高い**乾性油**で，酸化して自然発火を起こしやすい物質です。
(5)　メタノールの沸点は 65℃ と低いので揮発性が高く，ぼろきれに染み込ませても，すぐに蒸発するため，自然発火しやすいものには該当しません。

【問題 23】

屋内に油を含んだボロ布や天ぷらの揚げかすおよびゴムや金属の粉末

解答

【問題 20】(4)　【問題 21】(2)

のような可燃性物質が貯蔵されているとき，自然発火が最も起こりにくいものは，次のうちどれか。

⑴　多量に保管されている場合。

⑵　気温や可燃性物質の温度が高い場合。

⑶　空気が乾燥し，可燃性物質も乾燥している場合。

⑷　粉末状で，空気との接触面積が大きい場合。

⑸　可燃性物質が酸化または分解を起こしやすい物質である場合。

解説

油を含んだボロ布などは，水分（湿気）が適度にある方が自然発火しやすく，乾燥していると，逆に起こりにくくなります。

【問題 24】

自然発火の原因となる主な発熱原因と発熱する物質との組合せとして，次のうち妥当でないものはどれか。

⑴　分解熱によるもの……………………木炭粉末，ニトロセルロース

⑵　吸着熱によるもの……………………活性炭

⑶　重合熱によるもの……………………スチレン，アクリロニトリル

⑷　酸化熱によるもの……………………さらし粉，油脂

⑸　微生物の発酵熱によるもの…………干し草

解説

木炭粉末による自然発火は，**吸着熱**によるものです（ニトロセルロースは正しい）。ちなみに，分解熱によるものとしては，**セルロイド**などがあります。

なお，⑶の重合とは，分子量の小さな化合物が繰り返し結合して分子量の大きな別の化合物（高分子）になることです。

また，⑸の発酵熱によるものには，その他，**堆肥**や**ゴミ**などもあります。

＜類題＞

自然発火の要因とならないものはいくつあるか。

A　分解熱による発熱

B　生成熱による発熱

解答

【問題 22】⑸

C　微生物による発熱

D　吸着熱による発熱

E　酸化熱による発熱

(1)　1つ　　(2)　2つ　　(3)　3つ　　(4)　4つ　　(5)　5つ

解説

Bの生成熱による発熱は，自然発火の要因とはなりません。(答) (1)

＜混合危険＞

【問題 25】

次のうち，混合した際に発火または爆発する危険性がある組合せはどれか。

(1)　過塩素酸アンモニウム……………………硝酸

(2)　赤リン…………………………………………灯油

(3)　黄リン…………………………………………アセトン

(4)　メタノール……………………………………過酸化水素

(5)　硝酸メチル……………………………………硫黄

解説

P.227の混合危険より問題を確認するわけですが，混合危険がある組合せは消防法の運搬における混載（⇒P.113）ができないので，混載の組合せで判断すればよいかと思います。

さて，発火または爆発する危険性がある組合せに○，ない組合せに×を付すと，次のようになります。

(1)　過塩素酸アンモニウムは第1類，硝酸は第6類なので，×。

(2)　赤リンは第2類，灯油は第4類なので，×。

(3)　黄リンは第3類，アセトンは第4類なので，×。

(4)　メタノールは第4類，過酸化水素は第6類なので，○。

(5)　硝酸メチルは第5類，硫黄は第2類なので，×。

解答

【問題 23】(3)　　【問題 24】(1)　　【問題 25】(4)

2 消火の問題

【問題1】 急行★

消火について，次のうち誤っているものはどれか。

⑴　水は，燃焼に必要な熱エネルギーを取り去るための冷却効果が大きい。

⑵　可燃性蒸気の濃度が燃焼範囲の下限値以下の場合は，点火源を近づけても引火することはない。

⑶　可燃物，酸素供給源，エネルギー（発火源）を燃焼の3要素といい，このうち，どれか1つを取り除くと消火することができる。

⑷　燃焼は，可燃物の分子が次々と活性化され，連続的に酸化反応して燃焼を継続するが，この活性化した物質（化学種）から活性を奪ってしまうことを負触媒効果という。

⑸　化合物中に酸素を含有する酸化剤や有機過酸化物などは，空気を断って窒息消火するのが最も有効な消火手段である。

解説

化合物中に酸素を含有している物質は，空気を断って窒息消火をしても化合物中の酸素によって自己燃焼をするので，効果がありません。

【問題2】

水の消火作用について，次の文中の（A），（B）に当てはまる語句として，正しいものはどれか。

「水による消火は，燃焼に必要な熱エネルギーを取り去るための冷却効果が大きい。これは，水が（A）蒸発熱と比熱を有するからである。

また，発生する水蒸気により酸素や可燃性蒸気を（B）するという効果もある。」

	(A)	(B)		(A)	(B)
⑴	大きな	増加	⑵	小さな	希釈
⑶	大きな	冷却	⑷	小さな	冷却
⑸	大きな	希釈			

解答は次ページの下欄にあります。

解説

正解は，次のようになります。

「水による消火は，燃焼に必要な熱エネルギーを取り去るための冷却効果が大きい。これは，水が（**大きな**）蒸発熱と比熱を有するからである。

また，発生する水蒸気により酸素や可燃性蒸気を（**希釈**）するという効果もある。」

【問題 3】

消火剤とその主な消火効果の組合わせで，次のうち誤っているものはどれか。

(1) 水消火剤……………………………比熱，蒸発熱により冷却する効果
(2) 強化液消火剤………………………比熱，蒸発熱により冷却する効果
(3) 泡消火剤……………………………冷却と酸素の供給を遮断し窒息する効果
(4) 二酸化炭素消火剤…………………燃焼を化学的に抑制する効果
(5) 粉末消火剤…………………………燃焼を化学的に抑制する効果

解説

P.227(11)の表より，二酸化炭素消火剤の主な消火効果は，**窒息効果**であり，抑制効果ではありません（泡消火剤にも抑制効果はないので，注意！）。

【問題 4】

二酸化炭素消火剤の特徴として，次のうち誤っているものはどれか。

(1) 電気の不導体である。
(2) ガソリンなどの引火性液体とは反応しない。
(3) 消火器の容器内では液化している。
(4) 燃焼の連鎖反応を抑制する効果がある。
(5) 酸素濃度を減少させる効果がある。

解説

二酸化炭素消火剤の消火効果は，**窒息作用**と若干の冷却作用であり，抑制（負触媒）作用というのは，不適当です。

解答

【問題 1】(5)　【問題 2】(5)

【問題 5】

消火に関する次の文の（　）内の A，B に当てはまる語句の組合せとして，正しいものはどれか。

「一般に石油類では，空気中の酸素濃度が約（A）以下になると燃焼は停止する。この性質を利用して，燃焼に必要な酸素の供給を遮断する消火を（B）という。」

	A	B		A	B
(1)	14 %	窒息消火	(2)	14 %	除去消火
(3)	18 %	除去消火	(4)	18 %	窒息消火
(5)	20 %	除去消火			

解説

一般に石油類では，空気中の酸素濃度が約 **14 %以下**になると燃焼は停止します。また，この性質を利用して，燃焼に必要な酸素の供給を遮断する消火を**窒息消火**といいます。

【問題 6】 急行★

消火剤の説明として，次のうち誤っているものはいくつあるか。

A　強化液消火剤は，燃焼を化学的に抑制する効果と冷却効果があるので，水に比べて消火後の再燃防止効果がある。

B　ハロン 1301 の消火効果は，主として燃焼抑制作用（負触媒効果）によるものである。

C　リン酸塩類を主成分とする消火粉末は，油火災と電気火災に適応するが木材等の火災には適応しない。

D　泡消火剤のうち，たん白泡消火剤は耐火，耐熱性に優れ，界面活性剤泡に比べて起泡性や風による飛散及び消泡が少ない泡消火剤である。

E　二酸化炭素消火剤は，不燃性の気体で窒息効果があり，気体自体に毒性はないので，狭い空間でも安心して使用できる。

(1)　1 つ　　(2)　2 つ　　(3)　3 つ　　(4)　4 つ　　(5)　5 つ

解説

A，B　正しい。

解答

【問題 3】(4)　　【問題 4】(4)

C　誤り。リン酸塩類を主成分とする消火粉末の場合，油火災，電気火災のほか，木材等の普通火災にも適応します。

D　後半の起泡性部分が誤りで，界面活性剤泡の起泡性の方が優れています（界面活性剤泡は起泡性，流動性に優れているが風の影響を受けやすい)。

E　誤り。二酸化炭素消火剤は，不燃性の気体で窒息効果があるので，狭い空間で使用すると，人が窒息する危険性があります。

従って，誤っているのは，C，D，Eの**3つ**になります。

【問題7】

大学の研究室で引火性液体がこぼれ引火した。消火器がなかったので次の物質で消火した。正しいものは次のうちどれか。

(1)　二硫化炭素＋次亜塩素酸カルシウム

(2)　リン粉

(3)　リン酸アンモニウム＋炭酸水素ソーダ（ナトリウム）

(4)　亜鉛

(5)　活性炭＋炭化カルシウム

解説

リン酸アンモニウム，炭酸水素ナトリウムとも粉末消火剤の成分です。

【問題8】

乾燥砂の主な消火効果として，次のうち最も適切なものはどれか。

(1)　冷却効果

(2)　窒息効果

(3)　窒息効果と抑制効果

(4)　抑制効果

(5)　冷却効果と窒息効果

解説

乾燥砂の主な消火効果は，砂で表面を覆うことによる**窒息効果**です。

【問題9】

消火器の泡に要求される一般的性質について，次のうち不適切なものはいくつあるか。

解答

【問題5】(1)　　【問題6】(3)

A　保水性があること。
B　寿命が短いこと。
C　加水分解を起こさないこと。
D　粘着性がないこと。
E　消泡性があること。

(1)　1つ　(2)　2つ　(3)　3つ　(4)　4つ　(5)　5つ

解説

消火器の泡に要求される一般的性質については，次のようなものがあります。

・**起泡性**を有すること。
・**粘着性**があること。
・**加水分解を起こさない**こと。
・**保水性**があること。
・**流動性**があること。
・燃焼物より**比重が小さい**こと。
・**耐熱**および**耐火性**があること。

以上より，不適切なものは，B，D，Eの**3つ**になります。

なお，泡消火剤のうち，**たん白泡消火剤**は，**界面活性剤**の泡に比べて熱に強く，風による影響も小さいですが，**起泡性**や**流動性**は劣ります。

【問題 10】

次の消火器と適応火災の組合せとして，正しいものはどれか。

A　水消火器（棒状）
B　強化液消火器（棒状）
C　泡消火器
D　二酸化炭素消火器
E　粉末（ABC）消火器

	一般火災	油火災	電気火災
(1)	A，D，E	A，B，C	A，B，E
(2)	A，B，E	B，C，D，E	B，C，D
(3)	A，B，C，E	C，D，E	D，E
(4)	B，C，D，E	A，B，D，E	A，B，C
(5)	B，D，E	B，D，E	B，E

解説

P.227(11)の表より，(3)が正解です。

解答

【問題 7】(3)　【問題 8】(2)　【問題 9】(3)　【問題 10】(3)

第３編

危険物の性質・並びにその火災予防・及び消火の方法

第1章　類ごとの共通性状

傾向と対策

第１類は～，第２類は～というような，**基本的な共通性状を問う出題**のほか，類を特に指摘せずに，～のような危険物（物質）がある，という出題も目立ちます。

従って，単に，～類は～のような性質，という覚え方だけではなく，本書の P.255 にあるような，**全体のまとめ**をよく把握しておく必要があるでしょう。

なお，危険物の性質全体の出題配分ですが，ある年度の本試験の配分を参考までに，次に示しておきます。

・類ごとの共通性状………………１ 問
・事故事例…………………………１ 問
・類をまたいだ総合問題…………３ 問
・第１類危険物……………………３ 問
・第２類危険物……………………２ 問（うち共通性状 １ 問）
・第３類危険物……………………２ 問
・第４類危険物……………………３ 問
・第５類危険物……………………２ 問（うち共通性状 １ 問）
・第６類危険物……………………３ 問（うち共通性状 １ 問）

以上からおわかりのように，おおむね各類 2～3 問ずつ出題されているのがわかると思います。

従って，試験上の効率としては，物質数の少ない第２類，第３類，第６類あたりから攻略していくのが短期合格の秘訣ではないかと思います。

類ごとの共通性状のポイント

●甲種スッキリ！重要事項No.5

	性質	状態	燃焼性	主な性質
1類	酸化性固体（火薬など）	固体	不燃性	① そのもの自体は燃えないが，**酸素**を多量に含んでいて，**他の物質を酸化させる**性質がある。 ② **可燃物**と混合すると，加熱，衝撃摩擦などにより，（その酸素を放出して）爆発する危険がある。
2類	可燃性固体（マッチなど）	固体	可燃性	① **着火**，または**引火**しやすい。 ② 燃焼が速く，消火が困難。
3類	自然発火性および禁水性物質（発煙剤など）	液体または固体	可燃性（一部不燃性）	① 自然発火性物質⇒空気にさらされると**自然発火**する危険性があるもの ② 禁水性物質⇒水に触れると**発火**，または**可燃性ガス**を発生するもの
4類	引火性液体	液体	可燃性	引火性のある液体
5類	自己反応性物質（爆薬など）	液体または固体	可燃性	**酸素**を含み，加熱や衝撃などで**自己反応**を起こすと，発熱または爆発的に燃焼する。
6類	酸化性液体（ロケット燃料など）	液体	不燃性	① そのもの自体は燃えないが，**酸化力が強い**ので，混在する他の可燃物の燃焼を促進させる。 ② 多くは**腐食性**があり，**皮膚**をおかす。

1 各類の危険物の概要に関する問題

【問題 1】

危険物の類とその状態の組み合わせとして，次のうち正しいものはどれか。

(1) 第 1 類――――可燃性の固体

(2) 第 2 類――――不燃性の固体

(3) 第 3 類――――可燃性（一部不燃性）の液体または固体

(4) 第 5 類――――可燃性の固体

(5) 第 6 類――――可燃性の液体

解説

(1) 第 1 類は**不燃性**の固体です。

(2) 第 2 類は**可燃性**の固体です。

(3) 正しい。

(4) 第 5 類は可燃性の**液体または固体**です。

(5) 第 6 類は**不燃性**の液体です。

【問題 2】

危険物の類ごとの性状について，次のうち誤っているものはいくつあるか。

A 第 1 類の危険物は，物質中に酸素を含有しており，分解して酸素を放出する。

B 第 3 類の危険物は可燃性の固体であり，加熱や衝撃で発火，爆発するものが多い。

C 第 4 類の危険物の蒸気が空気と混合した物は，引火及び爆発する危険性がある。

D 第 5 類の危険物は，水との接触により可燃性ガスを発生して発火するものが多い。

E 第 6 類の危険物は，酸化力の強い無機化合物で，加熱や日光によって分

解答は次ページの下欄にあります。

解するものがある。

(1) 0　(2) 1つ　(3) 2つ　(4) 3つ　(5) 4つ

解説

A　正しい。

B　誤り。前問の(3)より，第３類の危険物は，可燃性（一部不燃性）の**液体**または**固体**です。また，「加熱や衝撃で発火，爆発するものが多い。」というのは，第５類の共通性状です。

C　正しい。

D　誤り。「水との接触により可燃性ガスを発生して発火するものが多い。」というのは，第３類危険物の共通性状です。

E　正しい。

従って，誤っているのは，B，Dの２つとなります。

【問題３】

各類の危険物の一般的性状について，次のうち正しいものはどれか。

(1)　第１類と第６類の危険物は，いずれも水と作用し発熱する。

(2)　第１類と第５類の危険物は，いずれも可燃性である。

(3)　第１類と第２類の危険物は，いずれも比重が１以上である。

(4)　第３類および第５類の危険物は，いずれも内部（自己）燃焼性を有する。

(5)　第４類および第５類の危険物は，いずれも分子内に酸素を含有している。

解説

(1)　誤り。水と作用し発熱するのは，第１類では過酸化カリウムや過酸化ナトリウムなど，第６類では，三フッ化臭素，五フッ化臭素などの一部の物質です。

(2)　誤り。第１類は**不燃性**の固体です。

(3)　正しい。

(4)　誤り。第３類は，自然発火性及び禁水性物質です。

(5)　誤り。分子内に酸素を含有しているのは，第１類や第５類，第６類の危険物（一部除く）などです。

解答

【問題1】(3)　【問題2】(3)　【問題3】(3)

第2章　各類の性状等

傾向と対策

第１類危険物：特に，これといって目立つ出題はありませんが，あえていえば，**過塩素酸カリウム**，**三酸化クロム**，**硝酸アンモニウム**あたりの出題が多少多い傾向にあります。

第２類危険物：**共通の性状**についての出題が目立ちます。個別では，**硫化リン**，**引火性固体**，**赤リン**，**硫黄**，**マグネシウム**あたりの出題が多い傾向にあります。

第３類危険物：**水素化ナトリウム**，**ジエチル亜鉛**，**黄リン**の出題が多く，次には，**第３類の共通性状**，**ナトリウム**，**リチウム**などの出題が目立ちます。

第４類危険物：やはり**ガソリン**の出題がダントツに目立ちます。その他では，**第４類の共通性状**や**酢酸**のほか，意外と**アニリン**の出題が他よりは多い傾向にあります。

第５類危険物：**第５類の共通性状**と**ニトロ化合物**，**過酸化ベンゾイル**などの出題が多い傾向にあり，次に**アジ化ナトリウム**と**エチルメチルケトンパーオキサイド**の出題が目立つ程度です。

第６類危険物：第６類は物質の数が少ないので，そうポイントを絞る必要はないとは思いますが，一応の出題傾向としては，**第６類の共通性状**，**硝酸**，**過塩素酸**の出題が目立っている程度です。

各類横断のまとめ

●甲種スッキリ！重要事項 No.6

(1) **色のまとめ**（主なもの。なお，下記以外の物質は無色だが例外あり。）

色	物　質	状　態	類別
白色	次亜塩素酸カルシウム	粉末	1類
	黄リン（または淡黄色）	ロウ状(固体)	3類
	水素化リチウム	結晶	3類
	過酸化ベンゾイル	結晶	5類
	硫酸ヒドラジン、硫酸ヒドロキシルアミン	結晶	5類
灰白色	過酸化バリウム	粉末	1類
	鉄粉	粉末	2類
灰色	水素化ナトリウム	結晶	3類
	炭化カルシウム（純品は無色）	結晶	3類
灰青色	亜鉛粉	粉末	2類
銀白色	アルミニウム粉	粉末	2類
	マグネシウム	金属結晶	2類
	ナトリウム、カリウム	金属	3類
	リチウム、カルシウム、バリウム	金属結晶	3類
オレンジ色	過酸化カリウム	粉末	1類
橙赤色《とうせき》	重クロム酸カリウム、重クロム酸アンモニウム	結晶	1類
暗赤色	三酸化クロム	針状結晶	1類
	リン化カルシウム	結晶性粉末	3類
赤紫色	過マンガン酸カリウム、過マンガン酸ナトリウム	結晶	1類
赤褐色	赤リン	粉末	2類
黄色	三硫化リン	結晶	1類
	硫黄	固体	2類
	炭化アルミニウム（純品は無色）	結晶	3類
	クレオソート油	液体	4類
	ピクリン酸	結晶	5類
淡黄色	五硫化リン、七硫化リン	結晶	1類
	軽油（または淡褐色）、アニリン（または無色）	液体	4類
	トリニトロトルエン	結晶	5類
黄白色	過酸化ナトリウム	粉末	1類
褐色	重油	液体	4類
黒褐色	二酸化鉛	粉末	1類

⑵　比重が１より大きいもの（第２類の固形アルコールは除く）

第１類危険物，第２類危険物，第５類危険物，第６類危険物 ＋	
第３類危険物	リチウム，ノルマルブチルリチウム，水素化リチウム，ナトリウム，カリウム以外のもの
第４類危険物	二硫化炭素，クロロベンゼン，酢酸，クレオソート油，アニリン，ニトロベンゼン，エチレングリコール，グリセリン

⑶　水に溶ける（または溶けやすい）もの

第１類危険物	（ただし，塩素酸カリウム，過塩素酸カリウム，および無機過酸化物などは，一般に水に溶けにくい）
第４類危険物	アルコール，アセトアルデヒド，酢酸，エーテル（少溶），エチレングリコール，グリセリン，ピリジン，アセトン，酸化プロピレン
第５類危険物	ピクリン酸，過酢酸，硫酸ヒドラジン（温水のみに溶ける），硫酸ヒドロキシルアミン，アジ化ナトリウム，硝酸グアニジン
第６類危険物	（ただし，ハロゲン間化合物は除く）

⑷　潮解性があるもの（主なもの）。

第１類危険物	ナトリウム系（塩素酸ナトリウム，過塩素酸ナトリウム，硝酸ナトリウム，過マンガン酸ナトリウム）＋過酸化カリウム＋硝酸アンモニウム＋三酸化クロム （注：亜塩素酸ナトリウムにも潮解性がありますが，わずかしかないので，省略してあります）
第３類危険物	カリウム，ナトリウム（⇒カリウム系，ナトリウム系は，まず，潮解性を吟味する）

⑸　ガスを発生するもの

加熱または燃焼によって発生するもの

発生するガス	ガスを発生する物質	
酸素	第１類危険物	第１類危険物を加熱すると発生する
二酸化硫黄	第２類危険物	硫黄と硫化リンが燃焼する際に発生する
水素等	第３類危険物	アルキルアルミニウムを加熱すると発生する
酸素と二酸化窒素	第６類危険物	硝酸を加熱または日光により発生する

水と反応するもの（⇒消火に水は使えない（次亜塩素酸塩類は除く））

発生するガス	ガスを発生する物質	
酸素	第1類危険物	アルカリ金属の無機過酸化物（過酸化カリウム，過酸化ナトリウム）（注：発熱を伴う）
硫化水素	第2類危険物	**硫化リン**（三硫化リンは熱水，五硫化リンは水，七硫化リンは水，熱両方）
水素	第2類危険物	金属粉（**アルミニウム粉**，**亜鉛粉**），**マグネシウム**
	第3類危険物	**カリウム**，**ナトリウム**，リチウム，バリウム，カルシウム，水素化ナトリウム，水素化リチウム，水素化カルシウム
リン化水素	第3類危険物	**リン化カルシウム** （「水素を発生」という出題例あり⇒×）
アセチレンガス	第3類危険物	**炭化カルシウム** （「水素を発生」という出題例あり⇒×）
塩化水素	第1類危険物	次亜塩素酸塩類
	第3類危険物	**トリクロロシラン**
フッ化水素	第6類危険物	三フッ化臭素，五フッ化臭素，五フッ化ヨウ素
メタンガス	第3類危険物	炭化アルミニウム
エタンガス	第3類危険物	ジエチル亜鉛（ジエチル亜鉛はアルコール，酸とも反応してエタンガスを発生する）

その他

① 酸（塩酸など）に溶けて水素を発生するもの

第2類危険物	鉄粉，アルミニウム粉，亜鉛粉，マグネシウム

（覚え方⇒ エサ　あ　まっ　て　ある？）

塩酸　亜鉛　マグネシウム　鉄　アルミ

② 酸と反応してアジ化水素酸（⇒液体です）を発生するもの

第5類危険物	アジ化ナトリウム

こうして覚えよう！

水素を発生するもの（P.257 の水素と その他 の①）

水素を発生するっ	て	ま	あ，	か	な	り，
	鉄	マグネシウム	アルミニウムと亜鉛	カリウム	ナトリウム	リチウム

バ	カ	な	り
バリウム	カルシウム	（水素化）ナトリウム	（水素化）リチウム

⑹ 自然発火のおそれのあるもの

第 2 類危険物	赤リン（黄リンを含んだもの），鉄粉（油のしみたもの），アルミニウム粉と亜鉛粉（水分，ハロゲン元素などと接触），マグネシウム（水分と接触）
第 3 類危険物	（ただし，リチウムは除く）
第 4 類危険物	乾性油（動植物油類）
第 5 類危険物	ニトロセルロース（加熱，衝撃および日光）
第 6 類危険物	ハロゲン間化合物（可燃物，有機物との接触）

⑺ 引火性があるもの

第 2 類危険物	引火性固体
第 5 類危険物	メチルエチルケトンパーオキサイド，過酢酸，硝酸エチル，硝酸メチル，ピクリン酸

⑻ 粘性のあるもの（油状の液体のもの）

第 5 類危険物	ニトログリセリン，メチルエチルケトンパーオキサイド
第 6 類危険物	過酸化水素，過塩素酸

⑼ 貯蔵，取扱い方法

基本的に，加熱，火気，衝撃，摩擦等を避け，密栓して冷暗所に貯蔵する。

① 密栓しないもの（容器のフタに通気孔を設ける）

第 5 類危険物	エチルメチルケトンパーオキサイド
第 6 類危険物	過酸化水素

② 水との接触をさけるもの（⇒P.257 の水と反応するもの）

第 1 類危険物	アルカリ金属の過酸化物
第 2 類危険物	硫化リン，鉄粉，金属粉，マグネシウム
第 3 類危険物	（ただし，黄りんは除く）
第 6 類危険物	三フッ化臭素，五フッ化臭素，五フッ化ヨウ素

③ 特に直射日光をさけるもの

第 1 類危険物	亜塩素酸ナトリウム，過マンガン酸カリウム，次亜塩素酸カルシウム
第 2 類危険物	ゴムのり，ラッカーパテ（以上，引火性固体）
第 4 類危険物	ジエチルエーテル，アセトン
第 5 類危険物	メチルエチルケトンパーオキサイド，ニトロセルロース，アジ化ナトリウム
第 6 類危険物	過酸化水素，硝酸（発煙硝酸含む）

④ a 遮光性の被覆，b 防水性の被覆，で覆わなければならない危険物（⇒P 66）

a	第 1 類，自然発火性物品，特殊引火物，第 5 類，第 6 類
b	第 1 類のアルカリ金属の過酸化物（含有物含む），第 2 類の鉄粉，金属粉，マグネシウム（以上，いずれも（含有物含む），禁水性物品　（⇒雨水の浸透を防ぐため）

⑤ 乾燥させると危険なもの

第 5 類危険物	過酸化ベンゾイル，ピクリン酸，ニトロセルロース

⑥ 第 3 類危険物で保護液などに貯蔵するもの（一部他の類を含む）

灯油中に貯蔵するもの	ナトリウム，カリウム，リチウム
不活性ガス（窒素等）中に貯蔵するもの	アルキルアルミニウム，ノルマルブチルリチウム，ジエチル亜鉛，水素化ナトリウム，水素化リチウム
水中に貯蔵するもの	黄リン（4 類の二硫化炭素も水中貯蔵する）
エタノールに貯蔵するもの	第 5 類のニトロセルロース

⑽　消火方法（①と②の下線部は出題例あり）

①　注水消火するもの

第１類危険物	（ただし，アルカリ金属の過酸化物等は除く）
第２類危険物	赤リン，硫黄
第３類危険物	黄リン
第５類危険物	（ただし，アジ化ナトリウムを除く。また，消火困難なものが多い。）
第６類危険物	過塩素酸，過酸化水素，硝酸（発煙硝酸含む）

②　注水が不適当なもの（＝P.257の水と反応するもの）

第１類危険物	アルカリ金属の過酸化物
第２類危険物	硫化リン，鉄粉，アルミニウム粉，亜鉛粉，マグネシウム
第３類危険物	（ただし，黄リンは注水が可能）
第４類危険物	全部
第５類危険物	アジ化ナトリウム（火災時の熱で金属ナトリウムを生成し，その金属ナトリウムに注水すると水素を発生するため）
第６類危険物	三フッ化臭素，五フッ化臭素，五フッ化ヨウ素

③　乾燥砂が有効なもの

第１類危険物	全部
第２類危険物	（ただし，引火性固体除く）
第３類危険物	（ただし，アルキルアルミニウム，アルキルリチウムは消火が困難）
第５類危険物	全部
第６類危険物	全部

④　ハロゲン化物消火剤が不適当な主なもの（有毒ガスを発生するため）

第３類危険物	アルキルアルミニウム，ノルマルブチルリチウム，ジエチル亜鉛

⑤　粉末消火剤について

●**炭酸水素塩類**の粉末のみ使用可能（リン酸塩類は不可）

⇒・第１類のアルカリ金属，アルカリ土類金属，塩素酸塩類，過塩素酸塩類の消火

・第３類の**禁水性物質**（黄リン除く）

●**リン塩類**の粉末のみ使用可能（炭酸水素塩類は不可）

⇒第６類のハロゲン間化合物（フッ化臭素，フッ化ヨウ素）。

第1類に共通する特性のポイント

●甲種スッキリ！重要事項 No.7

(1) 共通する性状

1. 大部分は**無色の結晶**か，**白色の粉末**である。
2. **不燃性**である（⇒**無機化合物**である。）。
3. 酸素を含有しているので，加熱，衝撃および摩擦等により分解して**酸素を発生**し（⇒**酸化剤になる**），周囲の可燃物の燃焼を著しく促進させる。
4. **アルカリ金属の過酸化物**（またはこれを含有するもの）は，水と反応すると**発熱**し**酸素**を発生する。
5. 比重は**1より大きい**。
6. ほとんどのものは，**水に溶ける**。

1類に共通する性状のまとめ	比重は1より**大きく**，**不燃性で**，**加熱**，**衝撃等**により**酸素を発生**し，可燃物の燃焼を促進する。

(2) 貯蔵および取扱い上の注意

1. **加熱**（または火気），**衝撃**および**摩擦**などを避ける。
2. 酸化されやすい物質および**強酸**との接触を避ける。
3. **アルカリ金属の過酸化物**（またはこれを含有するもの）は，水との接触を避ける。
4. 密栓して冷所に貯蔵する。
5. **潮解**しやすいものは，**湿気**に注意する。

1類共通の貯蔵，取扱いのまとめ	**火気**，**衝撃**，**可燃物（有機物）**，**強酸**との接触をさけ，密栓して冷所に貯蔵する。

(3) 共通する消火の方法

大量の水*で冷却して分解温度以下にする（分解による酸素の供給を停止）。ただし，**アルカリ金属の過酸化物**は禁水なので，初期の段階で**炭酸水素塩類の粉末消火器**や**乾燥砂**などを用い，中期以降は，大量の水を可燃物の方に注水し，延焼を防ぐ（＊同じ水系の**強化液**，**泡**のほか，**リン酸塩類の粉末消火剤**，**乾燥砂**も適応する）。

1類に共通する消火方法のまとめ	原則として，**大量の水**で消火する。

1　1類に共通する特性の問題

<共通する性状>

【問題1】

第1類の危険物の性状について，次のうち誤っているものはどれか。

(1)　水と反応して，発熱するものがある。
(2)　加熱，衝撃および摩擦等によって分解し，酸素を発生する。
(3)　分解を抑制するため保護液に保存するものもある。
(4)　無機化合物で，不燃性のものが多い。
(5)　一般に，無色の結晶か白色の粉末である。

解説

分解を抑制するため保護液に保存するものがあるのは，第3類の危険物です（例⇒　第3類危険物のナトリウムは灯油中に保存する）。

【問題2】

第1類の危険物の一般的な性状として，次のうち誤っているものはどれか。

(1)　一般に不燃性の物質である。
(2)　一般に比重は1より大きい。
(3)　可燃物との混合物は，加熱等により爆発しやすい。
(4)　水と反応して可燃性ガスを発生しやすい。
(5)　水に溶けるものがある。

解説

第1類危険物は，一般に水に溶けやすく，また，アルカリ金属の過酸化物以外は水とは反応しません。

解答は次ページの下欄にあります。

＜共通する貯蔵，取扱い法＞

【問題 3】

第1類の危険物に共通する貯蔵，取扱いの基準について，次のうち誤っているものはいくつあるか。

A　強酸との接触を避ける。

B　火災に備えるため，二酸化炭素消火器を設置した。

C　容器が落下しても衝撃が生じないよう，床に厚手のじゅうたんを敷いておいた。

D　容器は金属，ガラス又はプラスチック製とし，密栓しておいた。

E　分解を促す薬品類や可燃物との接触を避ける。

(1)　0　　(2)　1つ　　(3)　2つ　　(4)　3つ　　(5)　4つ

解説

A　正しい。

B　誤り。第1類危険物に二酸化炭素消火剤は不適応です。

C　誤り。厚手のじゅうたんは可燃物になるので，不適切です。

D，E　正しい。

従って，誤っているのは，B，Cの2つになります。

＜共通する消火方法＞

【問題 4】

次に揚げる危険物にかかわる火災の消火方法として，「大量の水で消火する」のが適切なものは，いくつあるか。

「硝酸塩類，塩素酸塩類，亜塩素酸塩類，過塩素酸塩類，無機過酸化物」

(1)　1つ　　(2)　2つ　　(3)　3つ　　(4)　4つ　　(5)　5つ

解説

第1類危険物は，基本的に大量の水で消火しますが，無機過酸化物（アルカリ金属の過酸化物やアルカリ土類金属の過酸化物）については，**炭酸水素塩類の粉末消火器**や**乾燥砂**などを用い，注水は避けます。

従って，無機過酸化物以外の4つが正解です。

解答

【問題 1】(3)　　【問題 2】(4)

【問題 5】

第 1 類の危険物の消火について，次のうち適切でないものはどれか。

⑴　第 1 類危険物の火災を消火する方法として，一般的には，大量の水で冷却し，酸化性物質を分解温度以下にすればよい。

⑵　二酸化炭素消火剤で窒息消火するのも有効である。

⑶　アルカリ金属の過酸化物は，乾燥砂で覆い火災を抑制する。

⑷　爆発のおそれがあるので，消火作業は遮へい物の背後から行う。

⑸　刺激性，毒性，腐食性のガスが発生するおそれがあるので，消火作業時は身体防護措置をとる。

解説

第 1 類危険物は酸素を含有しており，加熱，衝撃，摩擦等により酸素を発生するので，二酸化炭素消火剤による窒息消火は不適切です。

【問題 6】 急行

次に揚げる危険物にかかわる火災の初期消火方法について，適切なものはいくつあるか。

A　過塩素酸アンモニウム……強化液消火剤（噴霧状）で消火した。

B　過塩素酸カリウム…………粉末消火剤（リン酸塩類を使用するもの）で消火した。

C　ヨウ素酸カリウム…………ハロゲン化物消火剤で消火した。

D　過酸化カリウム……………強化液消火剤で消火した。

E　亜塩素酸ナトリウム………棒状の水で消火した。

F　過酸化ナトリウム…………炭酸水素塩類の粉末消火器で消火した。

⑴ 1 つ　　⑵　2 つ　　⑶　3 つ　　⑷　4 つ　　⑸　5 つ

解説

A，E は，第 1 類に水系消火剤は原則適応，B は，P 261，⑶ 参照，C のハロゲン化物は第 1 類危険物には不適応，D のアルカリ金属の過酸化物に水系消火剤は厳禁，F は P 261，⑶ 参照（適切なのは，A，B，E，F の 4 つ）

解答

【問題 3】⑶　　【問題 4】⑷　　【問題 5】⑵　　【問題 6】⑷

第1類の各危険物の重要ポイント

●甲種スッキリ！重要事項 No.8

第1類危険物に属する物質は，消防法別表により次のように品名ごとに分けて分類されています（注：一部省略してあります）。

（注1：形状の「無」は無色，「白」は白色，(結)は結晶，(粉)は粉末，(橙)はオレンジ）
（注2：化学式や形状及び数値等については，一部，省略してあります。（第2類以降も同じ））（注：資料によって数値は若干異なります（以下同））

品名	物　質　名（○印は潮解性）	形状	比重	水溶性	エタノール	消火
①塩素酸塩類	塩素酸カリウム（$KClO_3$）	無白(結)	2.33	熱水溶	×	水系か粉末（リン酸塩類）
	○塩素酸ナトリウム（$NaClO_3$）	無　(結)	2.50	○	(溶)	
	塩素酸アンモニウム（NH_4ClO_3）	無　(結)	2.42	○	△	
	塩素酸バリウム			○	×	
	塩素酸カルシウム			○	ー	
②過塩素酸塩類	過塩素酸カリウム（$KClO_4$）	無　(結)	2.52		×	水系か粉末（リン酸塩類）
	○過塩素酸ナトリウム（$NaClO_4$）	無　(結)	2.03	○	(溶)	
	過塩素酸アンモニウム（NH_4ClO_4）	無　(結)	1.95	○	(溶)	
③無機過酸化物	○過酸化カリウム（K_2O_2）	橙　(粉)	2.0		ー	初期に砂か粉末（炭酸）（水は×）
	過酸化ナトリウム（Na_2O_2）	黄白(粉)	2.80		×	
	過酸化カルシウム（CaO_2）	無　(粉)			×	
	過酸化バリウム（BaO_2）	灰白(粉)			ー	
	過酸化マグネシウム（MgO_2）	無　(粉)			ー	
	（その他：過酸化リチウム，過酸化ルビジウム，過酸化セシウム，過酸化ストロンチウム）					
④亜塩素酸塩類	亜塩素酸カリウム					水系か粉末（リン酸塩類）
	亜塩素酸ナトリウム（$NaClO_2$）	白　(結)	2.50	○	ー	
	（その他：亜塩素酸銅，亜塩素酸鉛）					
⑤臭素酸塩類	臭素酸カリウム（$KBrO_3$）	無　(結)	3.27	○	△	水系か粉末（リン酸塩類）
	臭素酸ナトリウム				×	
	（その他：臭素酸バリウム，臭素酸マグネシウム）					

（注：下線の物質は，化学式のみで出題例があるので要暗記！）

品名	物　質　名（○印は潮解性）	形状	比重	水溶性	エタノール	消火
⑥硝酸塩類	硝酸カリウム（KNO_3） ○硝酸ナトリウム（$NaNO_3$） ○硝酸アンモニウム（NH_4NO_3）	無　㊵ 無　㊵ 白　㊵	2.11 2.25 1.73	○ ○ ○	溶 溶 溶	水系か粉末（リン酸塩類）
⑦ヨウ素酸塩類	ヨウ素酸カリウム（KIO_3） ヨウ素酸ナトリウム（$NaIO_3$） （その他：ヨウ素酸カルシウム，ヨウ素酸亜鉛）	白㊵粉 無　㊵	3.90 4.30	○ ○	× ×	水系か粉末（リン酸塩類）
⑧過マンガン酸塩類	過マンガン酸カリウム（$KMnO_4$） （その他：過マンガン酸ナトリウム，過マンガン酸アンモニウム）	黒紫㊵	2.70	○	溶	水系か粉末（リン酸塩類）
⑨重クロム酸塩類	重クロム酸カリウム（$K_2Cr_2O_7$） 重クロム酸アンモニウム（$(NH_4)_2Cr_2O_7$）	橙赤㊵ 橙赤㊵ （オレンジ）	2.69 2.15	○ ○	× 溶	水系か粉末（リン酸塩類）
⑩その他のもので政令で定めるもの（9品名）	○三酸化クロム（CrO_3） 二酸化鉛（PbO_2） 亜硝酸ナトリウム ○次亜塩素酸カルシウム（$Ca(ClO)_2 \cdot 3H_2O$） 炭酸ナトリウム過酸化水素付加物（$2Na_2CO_3 \cdot 3H_2O_2$）など	暗赤㊵ 暗褐粉 白　粉 白　粉	2.70 9.40	○ ○ ○	溶 × ― ×	水系か粉末（リン酸塩類）

〈1類に共通する特性（要約したもの。次ページ以降で使用します。）〉

1類に共通する性状	比重は**1より大きく**，**不燃性で**，**加熱**，**衝撃等**により**酸素を発生**し，可燃物の燃焼を促進する。
1類に共通する貯蔵，取扱い方法	**火気**，**衝撃**，**可燃物**（**有機物**），**強酸**との接触をさけ，（**金属**，**ガラス**，**プラスチック製**等の容器を）密栓して冷所に貯蔵する。
1類に共通する消火方法	**大量の水**で消火する。

2 1類に属する各危険物の問題

塩素酸塩類

【問題 1】

塩素酸カリウムの性状について，次のうち誤っているものはどれか。

(1) 水に溶けにくい。
(2) 白色の結晶である。
(3) 加熱すると約 400 ℃で分解して，酸素を発生する。
(4) アルカリ性の溶液にはよく溶ける。
(5) 安定剤として少量の硫酸を用いる。

解説

塩素酸カリウムは，硫酸などの強酸と混合すると，爆発する危険性があります。なお，塩素酸塩類は塩素酸カリウム以外，水に溶けやすい物質です。

【問題 2】

塩素酸カリウムの性状について，次のうち誤っているものはどれか。

(1) 少量の濃硝酸の添加によって爆発する。
(2) 硫黄や赤リンと混合すると，爆発するおそれがある。
(3) 有機物と混在すると，衝撃等により爆発する危険性がある。
(4) 強アルカリ性の水溶液を添加すると爆発する。
(5) アルコールには溶けない。

解説

塩素酸カリウムは，少量の強酸の添加によって爆発する危険がありますが，水酸化カリウムのような強アルカリの添加では爆発は起こりません。

【問題 3】

塩素酸カリウムにかかわる火災の初期消火の方法について，次の A～E

解答は次ページの下欄にあります。

のうち適切なものはいくつあるか。

A　水で消火する。

B　強化液消火剤で消火する。

C　泡消火剤で消火する。

D　二酸化炭素消火剤で消火する。

E　リン酸アンモニウムを主成分とする粉末消火剤で消火する。

(1)　1つ　　(2)　2つ　　(3)　3つ　　(4)　4つ　　(5)　5つ

解説

塩素酸塩類の消火方法としては，1類共通の，**大量の水**で冷却して分解温度以下にするほか，初期消火では，水系の消火器（**泡消火器，強化液消火器**）や**粉末消火器**（**リン酸塩類**を使用するもの）も有効なので，Dのみが不適切になります。

【問題4】

塩素酸ナトリウムの性状等について，次のうち誤っているものはどれか。

(1)　無色または白色の結晶で，エタノールに溶解する。

(2)　潮解性があるため，木および紙などにしみ込みやすい。

(3)　水と反応して水素と塩酸を生じる。

(4)　加熱すると約300℃で分解し始め，酸素を発生する。

(5)　用途としては酸化剤，漂白剤などがある。

解説

第1類危険物は，**アルカリ金属の過酸化物**以外は水とは反応しません。

【問題5】

塩素酸アンモニウムの性状について，次のA～Eのうち誤っているものはいくつあるか。

A　無色の結晶である。

B　水に溶けやすい。

C　常温（20℃）では安定な物質である。

D　エタノールによく溶ける。

解答

【問題1】(5)　　【問題2】(4)

E　高温に加熱すると爆発するおそれがある。

(1)　1つ　　(2)　2つ　　(3)　3つ　　(4)　4つ　(5)　5つ

解説

A　正しい。

B　正しい。

C　誤り。常温（20℃）でも，振動や衝撃等により，爆発することがあります。

D　誤り。エタノールには溶けにくいので，誤りです。

E　正しい。高温では爆発するおそれがあります。

従って，誤っているのはC，Dの**2つ**になります。

過塩素酸塩類

【問題6】 急行★

過塩素酸塩類の性状について，次のうち誤っているものはどれか。

(1)　比重は1より大きい。

(2)　常温（20℃）では，塩素酸塩類より安定している。

(3)　リンや硫黄と混合すると，わずかな刺激で爆発する危険性がある。

(4)　消火に際しては，無機過酸化物同様，注水は厳禁である。

(5)　一般に，無色または白色の結晶である。

解説

(1)　1類，2類，5類，6類の危険物の比重は1より大きいので，正しい。

(2)，(3)　正しい。

(4)　誤り。一般的な第1類危険物と同じく，大量の水で消火します。

(5)　正しい。

【問題7】

過塩素酸カリウムの性状について，次のうち誤っているものはどれか。

(1)　無色または白色の結晶である。

(2)　強い酸化性を有する。

(3)　400℃以上の加熱により，主として塩素を発生し，分解する。

解答

【問題3】(4)　【問題4】(3)

(4) ジエチルエーテルには溶けない。
(5) 熱湯には溶けるが，冷水にはわずかしか溶けない。

解説

第１類危険物を加熱すると，**酸素**を発生します。

【問題８】

過塩素酸カリウムにかかわる火災の消火方法について，次のうち適切でないものはどれか。

(1) 水（棒状）で消火する。
(2) 強化液消火器（噴霧状）で消火する。
(3) 泡消火器で消火する。
(4) 二酸化炭素消火器で消火する。
(5) 粉末消火剤（炭酸水素塩類を使用するもの。）で消火する。

解説

第１類危険物は酸素を含有しているので，二酸化炭素消火剤による消火は不適切です。

なお，この問題は，「過塩素酸カリウムにかかわる火災の消火方法」となっていますが，**「過塩素酸ナトリウムにかかわる火災の消火方法」**や**「過塩素酸アンモニウムにかかわる火災の消火方法」**となっていても答は同じです。

【問題９】 急行★

過塩素酸アンモニウムの性状について，次のうち正しいものはどれか。

(1) 水よりも軽い。
(2) 水やエタノールには溶けない。
(3) 赤紫色の結晶である。
(4) 加熱により分解し，有毒なガスが発生する。
(5) 100℃ で容易に融解する。

解説

(1) 誤り。第１類危険物の比重は１より大きいので，水よりも重くなります。

解答

【問題５】(2)　　【問題６】(4)

(2)　誤り。過塩素酸アンモニウムは，水やエタノールに溶けます。

(3)　誤り。無色または白色の結晶です。

(4)　正しい。

(5)　誤り。約 150℃ で分解を始め，400℃ で急激に分解し，発火します。

無機過酸化物

【問題 10】

無機過酸化物の性状について，次のうち誤っているものはどれか。

(1)　過酸化水素の水素原子が金属と置換した化合物である。

(2)　自身は燃えないが，可燃物と接触すると発火するおそれがある。

(3)　水と反応して，水素を発生する。

(4)　衝撃や急激な加熱によって爆発することがある。

(5)　アルカリ金属の無機過酸化物は，アルカリ土類金属の無機過酸化物に比べて水と激しく反応する。

解説

水と反応して**発熱**し，分解して**酸素**を発生します。

【問題 11】

過酸化ナトリウムの性状等について，次のうち誤っているものはいくつあるか。

A　空気中の二酸化炭素を吸収する。

B　水にもアルコールにも溶けない。

C　水に触れると発熱して酸素を発生し，水酸化ナトリウムを生成する。

D　一般的に黄白色の粉末である。

E　鉄やアルミニウムなどの金属を腐食させる。

(1)　1つ　　(2)　2つ　　(3)　3つ　　(4)　4つ　　(5)　5つ

解説

A　正しい。過酸化ナトリウムは，二酸化炭素を吸収して**炭酸ナトリウム**と**酸素**を発生します。

B　誤り。過酸化ナトリウムは，アルコールには溶けませんが，水には溶け

解答

【問題 7】(3)　　【問題 8】(4)　　【問題 9】(4)

ます。

C　正しい。従って，消火の際に**注水は厳禁**です（**乾燥砂**等で消火する）。

D　正しい。純粋なものは**白色**ですが，一般的には**黄白色の粉末**です。

E　誤り。過酸化ナトリウムは，アルミニウムは侵しますが，鉄は侵さないので，誤りです。

従って，誤っているのは，B，Eの**2つ**になります。

【問題 12】

過酸化ナトリウムの貯蔵，取扱いに関する次の A～D について，正誤の組み合わせとして，正しいものはどれか。

A　麻袋や紙袋で貯蔵する。

B　乾燥状態で保管する。

C　可燃物や強酸とは接触を避ける。

D　加熱，衝撃，摩擦等を与えないようにする。

E　ガス抜き口を設けた容器に貯蔵する。

	A	B	C	D	E
(1)	○	×	○	×	×
(2)	×	○	×	×	○
(3)	○	×	○	×	×
(4)	×	○	○	○	×
(5)	×	×	○	×	×

注：表中の○は正，×は誤を表すものとする。

解説

A　誤り。麻袋や紙袋で貯蔵するというのは，第 2 類の**硫黄**を貯蔵する際の貯蔵法です。

B　正しい。過酸化ナトリウムなどの無機過酸化物は，**水**と激しく反応して**発熱する**ので，湿気を避けて**乾燥状態**で保管する必要があります。

C　正しい。可燃物や有機物などの異物が混入すると，加熱，衝撃，摩擦等により**発火，爆発する**危険性があるので，正しい。

D　正しい（なお，「加熱する場合は白金るつぼを用いる」は白金を侵すので×）。

E　誤り。容器にガス抜き口（空気孔）を設ける必要があるのは，第 5 類の

解答

【問題 10】(3)　【問題 11】(2)

メチルエチルケトンパーオキサイドと第６類の**過酸化水素**のみであり，過酸化ナトリウムも他の第１類危険物同様，容器は**密栓する**必要があります。

【問題 13】

過酸化カルシウムの性状について，誤っているものは次のうちどれか。

(1) 無色または白色の粉末である。

(2) エタノール，エーテルには溶けないが，酸には溶ける。

(3) 275℃ 以上に加熱すると，爆発的に分解して酸素を発生する。

(4) 酸に溶けて過酸化水素を発生する。

(5) 水と反応して，水素を発生する。

解説

無機過酸化物は，**水**（**過酸化カルシウム**，**過酸化バリウム**は**熱水**）と反応して発熱し，**酸素**を発生します。

亜塩素酸塩類

【問題 14】 イマヒトツ…

亜塩素酸ナトリウムについて，次のうち誤っているものはいくつあるか。

A 直射日光や紫外線で徐々に分解する。

B 有機酸，無機酸とも反応し，有毒なガスを発生する。

C 吸湿性はない。

D 白色の結晶又は結晶性粉末である。

E 有機物と混合すると，わずかの刺激で発火，爆発するおそれがある。

(1) 1つ (2) 2つ (3) 3つ (4) 4つ (5) 5つ

解説

Cの吸湿性については，「ある」が正解です。

その他は正しい。

硝酸塩類

【問題 15】

硝酸ナトリウムの性状について，次のうち誤っているものはどれか。

解答

【問題 12】(4)

(1) 比重は1より大きい。
(2) 無色の結晶または白色の粉末である。
(3) 加熱により380℃で分解し，酸素を発生する。
(4) 有機物や可燃物と混合すると，加熱，衝撃，摩擦等により爆発することがある。
(5) 水には溶けない。

解説

硝酸ナトリウムは，ほとんどの第1類危険物同様，水には溶けます。

【問題16】

硝酸アンモニウムの性状について，次のうち誤っているものはどれか。

(1) 白色または無色の刺激臭のある結晶で，潮解性を有しない。
(2) 水やエタノールに溶ける。
(3) 有機物や可燃物と混合すると，爆発する危険性がある。
(4) アルカリと混合すると，アンモニアガスを発生する。
(5) 皮膚に触れると，薬傷を起こす。

解説

硝酸アンモニウムには，吸湿性および潮解性があり，また，無臭の結晶です。

【問題17】

硝酸アンモニウムの性状として，次のうち誤っているものはどれか。

(1) 水より重い。
(2) 単独でも急激に高温に熱せられると分解し，爆発することがある。
(3) アルカリと反応して水素を発生する。
(4) 硫酸と反応して硝酸を生成する。
(5) 約210℃で分解して亜酸化窒素を発生する

解説

硝酸アンモニウムがアルカリと反応した場合に発生する気体は**アンモニア**です。

解答

【問題13】(5)　【問題14】(1)

ヨウ素酸塩類

【問題 18】

ヨウ素酸カリウムに関する次の記述のうち，誤っているものはどれか。

A　無色の結晶である。

B　加熱によって分解し，水素を発生する。

C　水には溶けないが，エタノールにはよく溶ける。

D　水溶液は強い酸化剤として作用する。

E　可燃物を混合すると，加熱や衝撃等によって爆発する危険性がある。

(1)　A，C　　(2)　A，E　　(3)　B，C　　(4)　B，E　　(5)　C，D

解説

B　第1類は加熱によって分解し，**酸素**を発生します。

C　問題文は逆で，ヨウ素酸カリウムは，水には若干溶けますが，エタノールには溶けません。

過マンガン酸塩類

【問題 19】　急行★

過マンガン酸カリウムについて，次のうち正しいものはどれか。

A　無色の結晶である。

B　水に溶けにくい。

C　光線にさらされると分解を始める。

D　塩酸を加えると激しく酸素を発生する。

E　酢酸やアセトンなどには，溶けない。

解説

(1)　誤り。過マンガン酸カリウムは，無色ではなく，**黒紫**または**赤紫色**の結晶です。

(2)　誤り。過マンガン酸カリウムは，**水溶性**です。

(3)　正しい。

(4)　誤り。塩酸を加えると**塩素**を発生します。

(5)　誤り。過マンガン酸カリウムは，酢酸やアセトンには溶けます。

解答

【問題 15】(5)　　【問題 16】(1)　　【問題 17】(3)

【問題 20】

硫酸を加えて酸性にした過マンガン酸カリウム水溶液に関する，次の文中の下線部について，誤っているものはどれか。

「過マンガン酸カリウムの水溶液はA赤紫色を呈しているが，過酸化水素溶液を加えると，徐々に色がB濃くなっていく。これは，過酸化水素の酸化力の方がC弱いからである。」

(1) A　(2) B　(3) C　(4) A，B　(5) A，C

解説

正しくは，次のようになります（太字が誤っている部分）。

「過マンガン酸カリウムの水溶液はA赤紫色を呈しているが，過酸化水素溶液を加えると，徐々に色がB**薄く**なっていく。これは，過酸化水素の酸化力の方がC弱いからである。」

重クロム酸塩類

【問題 21】 急行★

重クロム酸アンモニウムの性状について，次のうち誤っているものはいくつあるか。

A　オレンジ色系の針状結晶である。

B　重クロム酸アンモニウムを加熱すると，融解せずに分解を始める。

C　加熱により窒素ガスを発生する。

D　エタノールに溶けるが，水には溶けない。

E　ヒドラジンと混触すると爆発することがある。

(1) 1つ　(2) 2つ　(3) 3つ　(4) 4つ　(5) 5つ

解説

A　正しい。重クロム酸アンモニウムは，**オレンジ色系**あるいは**橙黄色の針状結晶**です。

B　正しい。約 185 ℃に加熱すると分解します。

C　正しい。

D　誤り。重クロム酸アンモニウムは，**水**にも**エタノール**にもよく溶けます。

E　正しい。

解答

【問題 18】(3)　【問題 19】(3)

従って，誤っているのは，Dの1つのみとなります。

その他

【問題 22】

三酸化クロムの性状等について，次のうち誤っているものはどれか。

(1) 深赤色または暗赤紫色の針状の結晶である。

(2) 皮膚をおかす。

(3) 水に溶かすと強い酸性を示す。

(4) 約 250 ℃で分解し，酸素を発生する。

(5) 水との接触を避け，ジエチルエーテル中に保管する。

解説

三酸化クロムは，**アルコール**や**ジエチルエーテル**などと接触すると，発火する危険性があります（金属等の容器に密封して保管する）。

【問題 23】

二酸化鉛の性状について，次のうち誤っているものはいくつあるか。

A 比重が1より小さい無色の粉末である。

B 電気の良導体である。

C 水に溶けるがアルコールには溶けない。

D 加熱や日光に当たることにより分解し，水素を発生する。

E 酸化されやすい物質と混合すると発火することがある。

(1) 1つ (2) 2つ (3) 3つ (4) 4つ (5) 5つ

解説

A 誤り。第1類危険物は比重が1より小**大きく**，また，**暗褐色**の粉末です。

B 正しい。

C 誤り。水にもアルコールにも溶けません。

D 誤り。加熱や日光に当たることにより分解し，含有している**酸素**を発生します。

E 正しい。第1類危険物共通の性状です。

従って，誤っているのは，A，C，Dの**3つ**となります。

解答

【問題 20】(2) 【問題 21】(1)

【問題 24】

高度さらし粉に関する次の文中の（　）内に当てはまる語句として，正しいものはどれか。

「高度さらし粉とは，（　）を主成分とする白色の粉末で，水と反応すると塩化水素を発生するが，加熱すると，急激に分解し，酸素を発生する」

(1)　塩素酸カリウム
(2)　硝酸カリウム
(3)　過塩素酸ナトリウム
(4)　臭素酸ナトリウム
(5)　次亜塩素酸カルシウム

解説

高度さらし粉は，次亜塩素酸カルシウム三水塩の別名で，次亜塩素酸カルシウムを主成分とする水溶性の白色の粉末で，加熱や衝撃などにより分解して**酸素**を放出しますが，水と反応すると**塩化水素**を発生します。

【問題 25】

次の A～C の性質とそれに該当する物質の組合せとして，正しいものはどれか。

A：接触により可燃物を燃焼させるおそれがある。
B：水と反応して発熱し，酸素を放出する。
C：少量の濃硫酸を加えると反応して爆発する危険性がある。

	A	B	C
(1)	$KClO_3$	K_2O_2	H_2O_2
(2)	$KClO_3$	CaO_2	HNO_3
(3)	H_2O_2	Na_2O_2	$KClO_3$
(4)	$KMnO_4$	MgO_2	H_2O_2
(5)	HNO_3	K_2O_2	$KMnO_4$

解説

本問のように，物質名ではなく化学式で出題される場合もあるので，主な物質の化学式は，できれば覚えておいた方がよいでしょう。

解答

【問題 22】(5)　　【問題 23】(3)

さて，(1)〜(5)の化学式が表す物質名は次のとおりです。

(1)　$KClO_3$（塩素酸カリウム），K_2O_2（過酸化カリウム），H_2O_2（過酸化水素）

(2)　$KClO_3$（塩素酸カリウム），CaO_2（過酸化カルシウム），HNO_3（硝酸）

(3)　H_2O_2（過酸化水素），Na_2O_2（過酸化ナトリウム），$KClO_3$（塩素酸カリウム）

(4)　$KMnO_4$（過マンガン酸カリウム），MgO_2（過酸化マグネシウム），H_2O_2（過酸化水素）

(5)　**HNO_3（硝酸），K_2O_2（過酸化カリウム），$KMnO_4$（過マンガン酸カリウム）**

まず，本問の物質は全て第１類か第６類の物質（酸化剤）なので，全てが該当します。

次に，Ｂは，第１類危険物のうち，**アルカリ金属の無機過酸化物**が該当します（アルカリ土類金属の無機過酸化物の場合は**加熱により**酸素を放出する）。

最後に，Ｃは，本問のなかでは第１類危険物の**過マンガン酸カリウム**が該当します。

従って，(5)が正解となります。

まとめの問題

【問題 26】

次の危険物のうち，エタノールに溶けないものは，いくつあるか。

A　塩素酸カリウム

B　過酸化ナトリウム

C　亜塩素酸ナトリウム

D　硝酸アンモニウム

E　過マンガン酸カリウム

(1)　1つ　　(2)　2つ　　(3)　3つ　　(4)　4つ　　(5)　5つ

Ｄの硝酸アンモニウムとＥの過マンガン酸カリウムはエタノールに溶けます。それ以外の，Ａ，Ｂ，Ｃは溶けません。

【問題 27】

次の危険物のうち，水と反応して酸素を発生するものはいくつあるか。

解答

【問題 24】(5)　　【問題 25】(5)

A　過酸化カルシウム
B　過塩素酸アンモニウム
C　過酸化カリウム
D　硝酸カリウム
E　過酸化ナトリウム

(1)　1つ　(2)　2つ　(3)　3つ　(4)　4つ　(5)　5つ

解説

第1類危険物は，加熱すると**酸素**を発生します。そのうち，アルカリ金属の無機過酸化物（過酸化カリウム，過酸化ナトリウム）は，**水と反応して**も**酸素**を発生します。

従って，Cの過酸化カリウムとEの過酸化ナトリウムの**2つ**になります。

【問題28】

次の危険物のうち，潮解性があるものはいくつあるか。

A　過酸化カリウム
B　硝酸アンモニウム
C　三酸化クロム
D　次亜塩素酸カルシウム
E　過マンガン酸ナトリウム

(1)　1つ　(2)　2つ　(3)　3つ　(4)　4つ　(5)　5つ

解説

第1類危険物の潮解性を覚えるには，次のような方法があります。

⇒　まず，**ナトリウム系**（塩素酸ナトリウム，過塩素酸ナトリウム，硝酸ナトリウム，**過マンガン酸ナトリウム**）は潮解性がある，と覚える。

次に，ナトリウム系以外で潮解性がある次のものを覚える。

「過酸化カリウム、硝酸アンモニウム、三酸化クロム、次亜塩素酸カルシウム」

従って，A～Eすべてある，ということになります。

解答

【問題26】(3)　【問題27】(2)　【問題28】(5)

第２類に共通する特性の重要ポイント

●甲種スッキリ！重要事項No.9

(1) 共通する性状

1. **固体**の**可燃性**物質である。
2. 一般に比重は**１より大きく，水に溶けない**ものが多い。
3. 燃焼の際，人体に**有毒なガス**を発生するものがある。(⇒硫黄)
4. 酸，アルカリに溶けて**水素**を発生するものがある。
   (⇒両性元素であるアルミニウム粉と亜鉛粉のみ)
5. 微粉状のものは，空気中で**粉じん爆発**を起こしやすい。
6. **酸化剤**と混合すると，**爆発**することがある。

(2) 貯蔵および取扱い上の注意

1. **火気**や**加熱**を避ける。
2. **酸化剤**との接触や混合を避ける。
3. 一般に，**防湿**に注意して容器は**密封**（**密栓**）する。
4. **冷暗所**に貯蔵する。
5. その他

・**鉄粉，金属粉**および**マグネシウム**（またはこれらのものを含有する物質）は，**水**や**酸**との接触を避ける。

・**引火性固体**にあっては，みだりに蒸気を発生させない。

＜2類に共通する貯蔵，取扱い法＞ 火気，加熱，酸化剤を避け，密栓して冷暗所に貯蔵する。

(3) 共通する消火の方法

1. 一般的には，**水系の消火器**（強化液，泡など）で**冷却消火**するか，または**乾燥砂**などで**窒息消火**する。
2. 注水により発熱や発火するもの（鉄粉，金属粉，マグネシウム粉など）や有毒ガスを発生するもの（硫化リン）には，**乾燥砂**などで**窒息消火**する。

3 第2類の危険物に共通する特性の問題

【問題1】

第2類の危険物の一般的な性状について，次のA～Eのうち正しいもののみの組合せはどれか。

A　すべて可燃物でゲル状のものもある。

B　比重は1より大きいものが多い。

C　水と反応して，リン化水素やアセチレンガスを発生するものがある。

D　比較的低温で発火しやすいが，自然発火するものはない。

E　燃焼するときに有害ガスを発生するものがある。

(1)　A，B，C

(2)　A，B，E

(3)　A，D，E

(4)　B，C，D

(5)　C，D，E

解説

A　正しい。第2類は，**可燃性**で**固形アルコール**には〝ゲル状〟のものがあります。

B　正しい。

C　誤り。水と反応して，リン化水素を発生するのは，第3類の**リン化カルシウム**で，アセチレンガスを発生するのは第3類の**炭化カルシウム**です。

D　誤り。**赤リン**や**鉄粉**，**金属粉**などは，一定の条件下で自然発火を起こすおそれがあります。

E　正しい。**硫黄**が燃焼すると，有害ガス（**二酸化硫黄**）を発生します。

従って，正しいのは，**A**，**B**，**E**となります。

【問題2】

第2類の危険物の一般的な性状について，次のうち，誤っているものはいくつあるか。

解答は次ページの下欄にあります。

A　一般に水に溶けやすい。

B　引火性を有するものはない。

C　酸化性物質と混合したものは，加熱，衝撃，摩擦などにより発火，爆発することがある。

D　それ自体，有毒なものがある。

E　燃焼したときに有毒な硫化水素を発生するものがある。

F　酸に溶けて水素を発生するものがある。

(1)　1つ　(2)　2つ　(3)　3つ　(4)　4つ　(5)　5つ

解説

A　誤り。一般的に，水には溶けにくい物質です。

B　誤り。**引火性固体**は，引火点が40℃未満のものをいい，常温（20℃）で可燃性蒸気を発生します。

C，D，F　正しい。(Fは，鉄粉，アルミニウム粉，亜鉛粉，マグネシウムが該当)。

E　誤り。燃焼したときではなく，水と反応して**硫化水素**を発生するものがあります（⇒**硫化リン**）。

従って，誤っているのは，A，B，Eの**3つ**になります。

［類題］　塩酸と反応して水素を発生するものはいくつあるか。

A　亜鉛　B　ニッケル　C　白金　D　鉄　E　スズ

解説

イオン化傾向（⇒P206）で水素より大きいものが答になります。よって，Aの亜鉛，Bのニッケル，Dの鉄，Eのスズの4つが正解になります。

【問題3】

第2類の危険物の貯蔵，取扱いの方法について，次のうち適切でないものはいくつあるか。

A　還元剤との接触を避ける。

B　粉じん状のものは，静電気による発火の防止対策を行う。

C　紙袋（多層，かつ，防水性のもの）へ収納できるものがある。

D　可燃性蒸気を発生するものは，通気性のある容器に保存する。

E　湿気や水との接触を避けなければならないものがある。

解答

【問題1】(2)

(1) 1つ　(2) 2つ　(3) 3つ　(4) 4つ　(5) 5つ

解説

A　誤り。第2類危険物は可燃性固体なので，**酸化剤**との接触を避けます。

B　正しい。

C　**硫黄**が該当するので，正しい。

D　誤り。可燃性蒸気を発生する引火性固体の容器は**密栓**（**密封**）して可燃性蒸気を発生させないようにする必要があります。

E　正しい。**硫化リン**や**金属粉**などが該当します。

従って，適切でないのは，A，Dの**2つ**になります。

【問題4】

第2類の危険物による火災とその消火方法との組合せとして，次のうち誤っているものはいくつあるか。

A　五硫化リンによる火災……………………大量の水で消火する。

B　アルミニウム粉による火災………………二酸化炭素消火器で消火する。

C　硫黄による火災…………………………乾燥砂をかける。

D　赤リンによる火災………………………強化液消火器で消火する。

E　亜鉛粉による火災………………………大量の水で消火する。

(1) 1つ　(2) 2つ　(3) 3つ　(4) 4つ　(5) 5つ

解説

A　誤り。硫化リンに注水すると，有毒な硫化水素を発生するので，誤りです。

B　誤り。**乾燥砂**や**金属火災用粉末消火剤**で消火します。

C　正しい。

D　正しい。赤リンによる火災は，水系の消火器による冷却消火か乾燥砂で窒息消火します。

E　誤り。Bのアルミニウム粉に同じです。

従って，誤っているのは，A，B，Eの**3つ**になります。

なお，「第2類危険物による火災に窒息消火は効果がない。」という出題例もありますが，×なので注意してください（第2類危険物は，一般的に乾燥砂等で窒息消火をする）。

解答

【問題2】(3)　【類題】4つ　【問題3】(2)　【問題4】(3)

第２類に属する各危険物の特性の重要ポイント

●甲種スッキリ！重要事項 No.10

第２類危険物に属する品名，および主な物質は，次のようになります。

表１　(●第２類は非水溶性で，比重は１より大きい)（注：㊊は結晶，㊕は粉末，㊎は金属）

品　名	主な物質名	化学式	形状	比重	発火点	融点	自然発火	粉じん爆発	消火
①硫化リン	三硫化リン 五硫化リン 七硫化リン	P_4S_3 P_2S_5 P_4S_7	黄㊊ 淡黄㊊ 淡黄㊊	2.03 2.09 2.19	100℃	**173℃** **290℃** **310℃**			砂 粉末 CO_2
②赤リン	赤リン	P	赤褐㊕	2.1～2.3	260℃	600℃	△	○	水/砂
③硫黄	硫黄	S	黄㊍㊕	2.07	232～360℃	**113℃**		○	水と土砂
④鉄粉	鉄粉	Fe	灰白㊕	7.86		1535℃	○	○	砂・金属消火剤
⑤金属粉	アルミニウム粉， 亜鉛粉	Al Zn	銀白㊕ 灰青㊕	2.7 7.14	550～640℃	660℃ 419℃	○ ○	○ ○	
⑥マグネシウム	マグネシウム	Mg	銀白㊎	1.74		650℃	○	○	
⑦引火性固体	固形アルコール，ゴムのり，ラッカーパテ（消火：CO_2，ハロゲン，粉末）								

4 第2類に属する各危険物の問題

硫化リン

【問題1】

硫化リンの性状として，次のうち誤っているものはどれか。

(1) 黄色又は淡黄色の結晶（固体）である。

(2) 燃焼すると有毒ガスを発生する。

(3) 水又は熱湯と反応すると，可燃性で有毒な硫化水素を発生する。

(4) 比重は1より大きい。

(5) 加熱すると，約400℃で昇華する。

解説

硫化リンは，昇華はしません。つまり，固体から気体になるのではなく，液体になります（融点は，三硫化リンが**173℃**，五硫化リンが**290℃**，七硫化リンが**310℃**で，それぞれ液体になります⇒「100℃で融解する」は誤り）。

なお，(2)の有毒ガスは，**二酸化硫黄（亜硫酸ガス）**で，その性状は，**無色**，**刺激臭**のある空気より**重い**気体で，**水に溶けて弱酸性を示します**（性状の出題例あり）。

【問題2】

三硫化リンの性状について，次のうち誤っているものはどれか。

(1) 常温（20℃）の乾燥した空気中では安定である。

(2) 冷水とは反応しないが，熱水とは反応する。

(3) 発火点が融点より低い。

(4) 五硫化リン，七硫化リンと比較して融点が低い。

(5) 加水分解すると，有毒なリン化水素を発生する。

解説

(3) 発火点は約100℃で融点が約173℃なので，正しい。

解答は次ページの下欄にあります。

(5) 誤り。リン化水素を発生するのは，第3類の**リン化カルシウム**です。

【問題3】

五硫化リンについて，次のうち誤っているものはどれか。

(1) 水には溶けない。

(2) 二硫化炭素には溶ける。

(3) 水とは反応しないが，熱水とは反応して硫化水素を発生する。

(4) 空気中で自然発火することはない。

(5) 消火の際には，乾燥砂や不燃性ガスによる窒息消火が効果的である。

解説

(1)，(2) 正しい。

(3) 誤り。熱水と反応して硫化水素を発生するのは，三硫化リンで，五硫化リンの場合は，水と反応して**硫化水素**を発生します。

(4) 正しい。五硫化リンは，酸化剤や金属粉と混合すると自然発火の危険性がありますが，単独では自然発火の危険性はありません。

(5) 正しい。

【問題4】

三硫化リン，五硫化リンの性質として誤っているものはどれか。

(1) 比重は三硫化リンの方が小さい。

(2) 水に溶けやすい。

(3) 二硫化炭素に溶けやすい。

(4) 三硫化りんの融点は五硫化リンより低い。

(5) 水と反応して可燃性ガスを発生する。

解説

(1) 比重は，三硫化リン ＜ 五硫化リン ＜ 七硫化リンとなっています。

(2) 誤り。硫化リンは水には溶けないので，誤りです。

(3) 正しい。

(4) 正しい。三硫化リンの融点は約173℃，五硫化リンは約290℃となっています。

解答

【問題1】(5)　【問題2】(5)

(5) 正しい。水と反応して可燃性で有毒な**硫化水素**（H_2S）を発生します。

【問題5】

五硫化二リンの消火方法として，次のうち適切でないものはどれか。

(1) 強化液消火剤を放射する。
(2) 二酸化炭素消火剤を放射する。
(3) ソーダ灰で覆う。
(4) 粉末消火剤を放射する。
(5) 乾燥砂で覆う。

解説

硫化リンに水系の消火剤は厳禁です。
なお，五硫化二リンは五硫化リンの別名です。

赤リン

【問題6】 急行

赤リンの性状について，次のうち誤っているものはどれか。

(1) 赤褐色の粉末である。
(2) 有機溶媒には溶けない。
(3) 粉じん爆発のおそれはない。
(4) 毒性は低い。
(5) 塩素酸カリウムとの混合物はわずかな衝撃で発火する。

解説

赤リンは，粉じん爆発することがあります。

【問題7】

赤リンの性状について，次のうち誤っているものはどれか。

(1) 約260℃で発火する。
(2) 二硫化炭素に溶けない。
(3) 黄リンを不活性気体中で熱すると得られる。
(4) 黄リンと同位体の関係にある。

解答

【問題3】(3)　　【問題4】(2)

(5) 反応性は，黄リンよりも不活性である。

解説

(1) 正しい。
(2) 正しい。赤リンは，水にも二硫化炭素にも溶けません。
(3) 正しい。
(4) 誤り。黄リンとは**同素体**の関係にあります。
(5) 正しい。黄リンよりも不活性，すなわち，安定しています。

【問題 8】 急行★

赤リンの性状について，次のうち A～E のうち正しいものはいくつあるか。

A 水には不溶で水に沈む。
B 無臭である。
C 純粋なものは，空気中に放置しても自然発火しない。
D 空気中でリン光を発する。
E 注水消火は，火災範囲を広げてしまうおそれがあるので適していない。

(1) 1つ (2) 2つ (3) 3つ (4) 4つ (5) 5つ

解説

A 正しい。赤リンの比重は **2.1～2.3** で**水より重く**，また，**水には溶けません。**
B 正しい。
C 正しい。ただし，不純物として黄リンを含んだものは，自然発火の危険性があります。
D 誤り。空気中でリン光を発するのは，**黄リン**の方です。
E 誤り。赤リンの火災には，注水消火によるか，あるいは乾燥砂で窒息消火します。

従って，正しいのは，A，B，C の **3 つ**になります。

解答

【問題 5】(1) 【問題 6】(3)

硫黄

【問題9】 急行★

硫黄の性状について，次のうち正しいものはどれか。

(1) 腐卵臭を有し，また，水より軽い。
(2) 融点が高く，200℃に熱しても溶融しない。
(3) 酸に溶け硫酸を生成する。
(4) 微粉が浮遊していると，粉じん爆発の危険性がある。
(5) 空気中において，100℃で発火する。

解説

(1) 誤り。硫黄は無臭で，また，比重は2.07と水より**重い**物質です。
(2) 誤り。硫黄の融点は**113～119℃**なので，それ以上に熱すると，溶融します。
(3) 誤り。硫酸は，二酸化硫黄から三酸化硫黄（SO_3：無水硫酸）を作り，水を加えて生成します。
(4) 正しい。
(5) 誤り。硫黄の発火点は，232～360℃なので，100℃では発火しません。

【問題10】 急行★

硫黄の性状について，次のうち誤っているものはどれか。

(1) 黄色の固体又は粉末である。
(2) 二硫化炭素に溶けやすい。
(3) 水と接触すると，激しく発熱して二酸化硫黄を発生する。
(4) 塊状の硫黄は，麻袋やわら袋などに入れて貯蔵する。
(5) 高温で金属と反応して，硫化物を作る。

解説

硫黄は水とは反応しません。水と激しく反応して発熱するのは，**三酸化硫黄**です。

【問題11】 急行★

解答

【問題7】(4)　　【問題8】(3)

硫黄の性状について，次のうち適当でないものはいくつあるか。

A　水には溶けにくい。

B　燃焼すると，有毒な二酸化硫黄を発生する。

C　斜方硫黄，単斜硫黄，非晶形，ゴム状硫黄などがある。

D　酸化剤と混合すると，加熱，衝撃等で発火するおそれがある。

E　電気の良導体であり，摩擦により静電気が発生しやすい。

(1)　1つ　　(2)　2つ　　(3)　3つ　　(4)　4つ　　(5)　5つ

解説

A　正しい。水には溶けにくいですが，**二硫化炭素**には溶けます。

B　正しい。燃焼すると，有毒な**二酸化硫黄（亜硫酸ガス）**を発生します。

C，D　正しい。

E　誤り。硫黄は電気の不良導体なので，静電気が発生しやすく，貯蔵の際には静電気が発生しないように，注意する必要があります。

従って，適当でないものは，Eの**1つ**のみになります。

【問題 12】

硫黄の危険性とその火災予防について，次のうち誤っているものはいくつあるか。

A　帯電した静電気によって発火することがあるため，静電気を蓄積させないようにする。

B　空気中の水分と反応して発熱することがあるため，通気口のある麻袋や紙袋などで貯蔵しないようにする。

C　粉じん爆発を起こす危険性があるため，室内に微粉硫黄を飛散させないようにする。

D　硫黄は融点が115℃と低いため，燃焼時に流出するおそれがあり，金属容器以外のものには貯蔵しないようにする。

E　流通品は人体に有害な可燃性の硫化水素を含むことあるため，輸送や貯蔵において注意する。

(1)　1つ　　(2)　2つ　　(3)　3つ　　(4)　4つ　　(5)　5つ

解説

解答

【問題 9】(4)　　【問題 10】(3)

A　正しい。

B　誤り。硫黄は，水分とは反応せず，塊状の硫黄は麻袋やわら袋に，粉末状のものは二層以上のクラフト紙や麻袋などの袋に入れて貯蔵します。

C　正しい。

D　誤り。Bの解説より，「金属容器以外」のものに該当する麻袋やクラフト紙などに入れて貯蔵します。

E　正しい。

従って，誤っているのは，B，Dの**2つ**になります。

鉄粉

【問題 13】

鉄粉の性状について，次のうち誤っているものはどれか。

(1)　粉じん状態では小さな火源でも爆発することがある。

(2)　空気中の湿気により酸化蓄熱し，発熱することがある。

(3)　一般的に，強磁性体である。

(4)　塩化ナトリウムと混合したものは，加熱，衝撃で爆発することがある。

(5)　加熱したものに注水すると，爆発することがある。

解説

酸化剤と混合したものは，加熱，衝撃で爆発することがありますが，塩化ナトリウムはいわゆる塩であり，混合してもそのようなことはありません。

【問題 14】

鉄粉の一般的性状について，次のうち誤っているものはどれか。

(1)　灰白色の粉末である。

(2)　水分を含む鉄粉のたい積物は，酸化熱が内部に蓄積するので発火する危険性がある。

(3)　油のしみた切削屑《せっさくくず》などは自然発火することがある。

(4)　酸に溶けて酸素を発生する。

(5)　加熱しただけで発火することがある。

解説

解答

【問題 11】(1)　【問題 12】(2)

鉄粉が酸に溶けると**水素**を発生します。

【問題 15】

鉄粉の火災を消火する方法として，次のうち最も適切なものはどれか。

(1) 強化液消火剤を放射する。
(2) 泡消火剤を放射する。
(3) 霧状の水を放射する。
(4) 乾燥砂や膨張真珠岩（パーライト）で覆う。
(5) 粉末消火剤（リン酸塩類）を放射する。

解説

鉄粉の火災には水は厳禁で（爆発するおそれがある），**乾燥砂**や**膨張ひる石**，**膨張真珠岩（パーライト）**＊で覆う**窒息消火**か，あるいは**金属火災用粉末消火剤**で消火します。
（＊膨張《ぼうちょう》真珠岩《しんじゅがん》：真珠岩などの細い粒を高温で加熱して膨張させた多孔質で軽量の粒子のこと）

金属粉

【問題 16】 急行★

アルミニウム粉の性状について，次のうち誤っているものはどれか。

(1) 軽く軟らかい金属で，銀白色の光沢がある。
(2) 比重は 1 より小さい。
(3) ハロゲンと接触すると，反応して高温となり，発火することがある。
(4) 空気中の水分で自然発火することがある。
(5) 酸化剤と混合したものは，加熱，衝撃，摩擦により発火しやすい。

解説

アルミニウム粉の比重は，2.7 なので，「1 より大きい」が正解です。

【問題 17】

アルミニウム粉の性状について，次のうち誤っているものはどれか。

(1) 高温下では二酸化炭素中でも激しく燃焼する。

解答

【問題 13】(4)　　【問題 14】(4)

(2) 金属の酸化物と混合し点火すると，クロムやマンガンのような還元されにくい金属の酸化物であっても還元することができる。
(3) 空気中に浮遊すると，粉じん爆発を起こす危険性がある。
(4) 酸に溶けて酸素を発生するが，アルカリとは作用しない。
(5) 水に接触すると可燃性ガスを発生し，爆発する危険性がある。

解説

(4) 両性元素なので，酸やアルカリと反応して**水素**を発生します。

【問題 18】

亜鉛粉の性状について，次のうち誤っているものはどれか。

(1) 青味を帯びた銀白色の金属であるが，空気中では表面に酸化皮膜ができる。
(2) 空気中の湿気や水を含んだ塩素との接触により自然発火することがある。
(3) 水酸化ナトリウムとは反応しない重金属である。
(4) 湿気，水分により自然発火することがある。
(5) 空気中に浮遊すると粉じん爆発を起こすことがある。

解説

亜鉛粉は，アルミニウム粉同様，塩酸や硫酸などの酸や水酸化ナトリウムなどの**アルカリ**と反応して**水素**を発生します。

【問題 19】

亜鉛粉の性状について，次のうち誤っているものはいくつあるか。

A 粒度が小さいほど燃えやすくなる。
B ハロゲンや硫黄とは反応しない重金属である。
C 酸化剤と混合したものは，摩擦，衝撃等により発火することがある。
D 酸やアルカリ水溶液に溶けて，非常に燃焼しやすいガスが発生する。
E 火災の場合，大量の水によって消火する。

(1) 1つ (2) 2つ (3) 3つ (4) 4つ (5) 5つ

解説

A 正しい。粒度が小さいほど，表面積の合計が大きくなるので，燃えやすくなります。

解答

【問題 15】(4) 【問題 16】(2)

B　誤り。アルミニウム粉同様，ハロゲン元素と接触すると**発火**し，また，硫黄と混合したものを加熱すると，**硫化亜鉛**を生じます。

C　正しい。アルミニウム粉と同じです。

D　正しい。アルミニウム粉と同じく，酸やアルカリ水溶液に溶けて，非常に燃焼しやすいガス，すなわち，**水素**を発生します。

E　誤り。アルミニウム粉同様，注水は厳禁で，**乾燥砂**等か**金属火災用粉末消火剤**で消火します。

従って，誤っているのは，B，Eの**2つ**となります。

マグネシウム

【問題 20】

マグネシウムの性状について，誤っているものは次のうちどれか。

(1)　銀白色の軽い金属で二酸化炭素中でも燃焼する。

(2)　空気中に浮遊していると，粉塵爆発を起こすことがある。

(3)　常温（20℃）では，酸化被膜を生成し安定である。

(4)　吸湿したマグネシウム粉は，発熱し発火することがある。

(5)　消火の際は，大量の水で消火する。

解説

マグネシウムは，金属粉同様，**注水は厳禁**で，**乾燥砂**等か**金属火災用粉末消火剤**で消火します。

【問題 21】

マグネシウムの性状について，次のA～Eのうち誤っているものはいくつあるか。

A　製造直後のマグネシウム粉は，発火しやすい。

B　水には溶けないが，熱水と作用して，水素を発生する。

C　白光を放ち激しく燃焼し，酸化マグネシウムとなる。

D　酸化剤との混合物は，打撃などで発火することはない。

E　マグネシウムの酸化皮膜は，更に酸化を促進する。

(1)　なし　　(2)　1つ　　(3)　2つ　　(4)　3つ　　(5)　4つ

解答

【問題 17】(4)　　【問題 18】(3)　　【問題 19】(2)

解説

A　正しい。製造直後のマグネシウム粉は，表面に**酸化皮膜**が形成されておらず，空気と接触すると，酸化が進行するので，発火しやすくなります。

B　正しい。熱水や酸と作用して，**水素**を発生します。

C　正しい。

D　誤り。金属粉同様，酸化剤との混合物は，打撃などで**発火する**おそれがあります。

E　誤り。マグネシウムの表面が酸化皮膜で覆われると，空気と接触できなくなるので，酸化は進行しなくなります。

従って，誤っているのは，D，Eの**2つ**となります。

引火性固体

【問題22】

引火性固体について，次のうち正しいものはどれか。

(1)　引火性固体は，固体自身の表面が主に燃焼する。

(2)　引火性固体の引火点は40℃以上であり，常温（20℃）では引火しない。

(3)　固形アルコールとは，合成樹脂にメタノールまたはエタノールを染み込ませたものである。

(4)　ラッカーパテとは，トルエン，ニトロセルロース，塗料用石灰等を配合した下地修正塗料である。

(5)　固形アルコールを密閉せずに放置しておくと，成分が蒸発する。

解説

(1)　誤り。引火性固体は，固体ではありますが，引火性液体のように，発生した**蒸気**が主に燃焼します。

(2)　誤り。引火性固体とは，「固形アルコールその他1気圧において引火点が**40℃未満**のもの」をいい，常温（20℃）でも引火する危険性があります。

(3)　誤り。固形アルコールは，メタノールまたはエタノールを**凝固剤で固めたもの**をいいます。

(4)　誤り。ラッカーパテとは，**トルエン，酢酸ブチル，ブタノールなどを配**

解答

【問題20】(5)　　【問題21】(3)

合した下地修正塗料です。

(5)　正しい。(2)より，引火点が 40 ℃未満であり，揮発性が高いので，密閉せずに放置しておくと，成分が蒸発します。

【問題 23】

引火性固体のゴムのりについて，次のうち誤っているものはどれか。

(1)　接着剤の一種で，生ゴムをベンジン等に溶かした接着剤である。

(2)　水にはよく溶ける。

(3)　引火性固体に該当するゴムのりの引火点は，1 気圧において 40 ℃未満である。

(4)　粘着性や凝縮力が強い。

(5)　引火性蒸気を発生し，この蒸気を吸入すると頭痛，めまい，貧血等を起こすことがある。

解説

(1)　正しい。ゴムのりは，生ゴムをベンジン等の石油系溶剤に溶かした接着剤です。

(2)　誤り。ゴムのりは，水には溶けません。

(3)～(5)　正しい。

まとめの問題

【問題 24】　急行★

第 2 類危険物と水素に関する記述について，次のうち誤っているものはどれか。

(1)　鉄粉は，酸に溶けて水素を発生する。

(2)　アルミニウム粉は，酸やアルカリに溶けて水素を発生する。

(3)　三硫化リンは，水と反応して水素を発生する。

(4)　マグネシウムは，熱水や希薄な酸に溶けて水素を発生する。

(5)　亜鉛粉は，酸やアルカリに溶けて水素を発生する。

解説

三硫化リンは，水と反応して**硫化水素（H_2S）**を発生します。

解答

【問題 22】(5)

【問題 25】

次の危険物のうち，自然発火するおそれがあるものは，いくつあるか。
「赤リン，五硫化リン，硫黄，鉄粉，アルミニウム粉，マグネシウム」

(1)　1つ　　(2)　2つ　　(3)　3つ　　(4)　4つ　　(5)　5つ

解説

第2類危険物で，自然発火のおそれがある物質は，**赤リン，鉄粉，アルミニウム粉，亜鉛粉，マグネシウム**です。

【問題 26】

次の危険物のうち，粉じん爆発するおそれがあるものは，いくつあるか。
「三硫化リン，赤リン，硫黄，鉄粉，アルミニウム粉，亜鉛粉，マグネシウム」

(1)　2つ　　(2)　3つ　　(3)　4つ　　(4)　5つ　　(5)　6つ

解説

第2類危険物で粉じん爆発するおそれがあるものは，次の物質です。
「赤リン，硫黄，鉄粉，アルミニウム粉，亜鉛粉，マグネシウム」
よって，三硫化リン以外の**6つ**が正解です。
なお，**粉じん爆発**と**ガス爆発**の比較で，「**最小着火エネルギー**と**爆発した時の発生エネルギー**とも**粉じん爆発の方が大きい**」も重要です。

【問題 27】

次の危険物のうち，水で消火できないものは，いくつあるか。
「赤リン，硫化リン，鉄粉，アルミニウム粉，亜鉛粉，マグネシウム，硫黄」

(1)　1つ　　(2)　2つ　　(3)　3つ　　(4)　4つ　　(5)　5つ

解説

注水消火が不適切なものは，最初の赤リンと最後の硫黄以外の物質です（赤リンと硫黄は注水消火を行う）。
従って，(5)の**5つ**が正解です。

解答

【問題 23】(2)　【問題 24】(3)　【問題 25】(4)　【問題 26】(5)　【問題 27】(5)

第３類に共通する特性の重要ポイント

●甲種スッキリ！重要事項 No.11

⑴　共通する性状

1. 常温（20℃）では，**液体**または固体である。
2. 一部の危険物（リチウムや黄リンなど）を除き，**自然発火性**と**禁水性**の両方の危険性がある。

禁水性でないもの	⇒ 黄リン
自然発火性でないもの	⇒ リチウム

3. 物質そのものは，**可燃性**のものと**不燃性**のものがある。

⑵　貯蔵および取扱い上の注意

1．自然発火性物質は，**空気との接触**はもちろん，**炎，火花，高温体との接触および加熱をさける**。
2．禁水性物質は，**水**との接触をさける。
3．容器は湿気をさけて**密栓**し，換気のよい**冷所**に貯蔵する。
4．容器の**破損**や腐食に注意する。
5．（空気との接触を避けるため）保護液に貯蔵するもの*は，危険物が保護液から露出しないよう，保護液の減少に注意する（(　) 内は重要！）

（*カリウム，ナトリウム ⇒ 灯油
　黄リン ⇒ 水）

保護液中に貯蔵する主な理由 ⇒ **空気の接触を防ぐため**

⑶　消火の方法

1．**乾燥砂**（**膨張ひる石，膨張真珠岩含む**）は，すべての第３類危険物に使用することができる。
2．禁水性物質は，**粉末消火剤**（リン酸塩類等は除く）を用いて消火する。
3．**水系の消火剤**（水，泡，強化液）は使用できない。（**黄リンのみ注水消火可能**）
4，二酸化炭素，ハロゲン化物は適応しない。

5 第３類の危険物に共通する特性の問題

【問題１】 急行★

第３類の危険物の性状について，次のうち誤っているものはどれか。

⑴ 常温（20℃）では，固体または液体である。
⑵ 保護液として水を使用するものがある。
⑶ ほとんどのものは，水との接触により可燃性ガスを発生し，発熱あるいは発火する。
⑷ 自然発火性と禁水性の両方の性質を有しているものがある。
⑸ 自然発火性のものは，常温（20℃）の乾燥した窒素ガス中でも発火することがある。

解説

窒素ガスは，化学的には極めて不活性な気体で，消火薬剤にも用いられている不燃性のガスであり，発火することはありません。

【問題２】

第３類の危険物の一般的な火災予防として，次のうち適切なものはどれか。

⑴ 貯蔵する場合は，小分けするより，なるべくまとめて貯蔵する。
⑵ 貯蔵容器は，密栓または密封しておく。
⑶ 液状のものは，低温で固体化すると危険なため，保温して貯蔵する。
⑷ 乾燥した状態では自然発火しやすいので，湿度の比較的高い場所に貯蔵する。
⑸ 長時間保存する場合は，分解を防ぐためメタノールで湿らせておくか，またはメタノール中に浸しておくこと。

解説

⑴ 誤り。まとめて貯蔵した方が，危険性が大きくなります。
⑵ 正しい。

解答は次ページの下欄にあります。

⑶　誤り（加熱は避け冷所に貯蔵します）。
⑷　誤り。禁水性の物質は，湿度を避けて貯蔵する必要があります。

なお，「雨天や降雪時の詰め替えは，窓を開放し，外気との換気をよくしながら行う。」という出題例もありますが，禁水性物質は，湿度などの水分をさけて貯蔵する必要があるので，雨天や降雪時の詰め替えは不適切です。

【問題 3】 急行★

すべての第 3 類の危険物火災の消火方法として次のうち有効なものはどれか。

⑴　噴霧注水する。　⑵　乾燥砂で覆う。
⑶　二酸化炭素消火剤を放射する。　⑷　泡消火剤を放射する。
⑸　ハロゲン化物消火剤を放射する。

解説

第 3 類の危険物には，水を使えない禁水性の物質があるので，⑴と⑷は×。また，不活性ガスやハロゲン化物が不適な物質もあるので，⑶と⑸も×
従って，⑵の乾燥砂が正解になります。

【問題 4】

第 3 類の物質が水と反応して発生するものとして，次のうち不適切なものはどれか。

⑴　水素　⑵　アセチレン　⑶　エタン
⑷　リン化水素　⑸　酸素

解説

P 257 の表より，水と反応して酸素を発生するのは第 1 類危険物です。

解答

【問題 1】⑸　【問題 2】⑵　【問題 3】⑵　【問題 4】⑸

第3類に属する各危険物の特性の重要ポイント

●甲種スッキリ！重要事項 No.12

（注1：(金)は金属，(液)は液体，(固)は固体，(結)は結晶，(粉)は粉末，(不)は不活性ガス⇒窒素等，△は必要に応じ，砂は乾燥砂，粉は粉末消火剤，金属は金属火災用粉末消火剤）

（注2：主な物質名の欄で品名と物質名が同じものは省略してあります。）

品　名	主な物質名（●印のものは不燃性，他は可燃性）	化学式	形状（(液)は液体）	比重	自然発火性	禁水性	保護液＊	消火
①カリウム	（品名と同じ）	K	銀白 (金)	0.86	○	○	灯油	砂
②ナトリウム	（品名と同じ）	Na	銀白 (金)	0.97	○	○	灯油	金属
③アルキルアルミニウム	トリエチルアルミニウム		無 (液)，(固)		○	○	(不)	粉，砂
④アルキルリチウム	ノルマルブチルリチウム	⇒＊＊	黄褐 (液)	0.84	○	○	(不)	粉，砂
⑤黄リン	（品名と同じ）	P	白，黄 (固)	1.82	○	×	水	水，土砂
⑥アルカリ金属（カリウム，ナトリウム除く）およびアルカリ土類金属	リチウム カルシウム バリウム	Li Ca Ba	銀白 (金) 銀白 (金) 銀白 (金)	0.53 1.60 3.6	× ○ ○	○ ○ ○	灯油 灯油	砂
⑦有機金属化合物（アルキルアルミニウム，アルキルリチウム除く）	ジエチル亜鉛（$Zn(C_2H_5)_2$）		無 (液)	1.21	○	○	(不)	粉
⑧金属の水素化物	水素化ナトリウム 水素化リチウム	NaH LiH	灰 (結)(粉) 白 (結)	1.40 0.82	○ ○	○ ○	(不)(流) (不)(流)	砂 消石灰
⑨金属のリン化物	●リン化カルシウム	Ca_3P_2	暗赤(固)(粉)	2.51	○	○		砂
⑩カルシウムまたはアルミニウムの炭化物	●炭化カルシウム ●炭化アルミニウム	CaC_2 Al_4C_3	無白 (結) 無黄 (結)	2.22 2.37	○ ○	○ ○	△(不) △(不)	砂 粉末
⑪その他のもので政令で定めるもの	トリクロロシラン	$SiHCl_3$	無 (液)	1.34	○	○		砂 粉末
⑫前各号に掲げるもののいずれかを含有するもの								

（＊保護液の灯油には，軽油，流動パラフィン，ヘキサンも含みます。また，⑧の(流)は流動パラフィン，鉱油中を表しています）

（＊＊$C(C_4Ha)Li$）

＜重要＞

- 自然発火性のみの危険物⇒　黄リン
- 禁水性のみの危険物　　⇒　リチウム

6 第3類に属する各危険物の問題

カリウム

【問題1】

カリウムの性状として，次のうち誤っているものはどれか。

(1) 銀白色の柔らかい金属で強い還元作用がある。
(2) 吸湿性と潮解性を有する。
(3) 水と反応してアセチレンガスを発生する。
(4) 空気中に長時間放置すると，自然発火を起こすおそれがある。
(5) 比重は1より小さい。

解説

カリウムが水と反応した場合は，発熱するとともに**水素**を発生して発火します。

【問題2】 急行★

カリウムの性状について，次のうち誤っているものはいくつあるか。

A 融点以上に加熱すると，黄色の炎を出して燃える。
B 空気中ではすぐに酸化されるので，灯油中に小分けして貯蔵する。
C 原子は1価の陽イオンになりやすい。
D 多くの有機物に対して還元作用を示すが，ナトリウムほど強くはない。
E 金属材料に対する腐食性が強い。

(1) 1つ　(2) 2つ　(3) 3つ　(4) 4つ　(5) 5つ

解説

A 誤り。黄色の炎はナトリウムの方で，カリウムは**紫色**の炎を出して燃えます。

B，C 正しい。

D 誤り。有機物に対する還元作用は，カリウムの方がナトリウムより強い

解答は次ページの下欄にあります。

ので，誤りです。

E　正しい。

従って，誤っているのは，A，Dの2つになります。

ナトリウム

【問題3】 急行★

ナトリウムの性状について，次のうち誤っているものはどれか。

(1)　比重は1より小さい。

(2)　水と激しく反応して発熱し，水素と水酸化ナトリウムを発生する。

(3)　燃える時は，紫色の炎を出す。

(4)　ハロゲンの単体と化合して塩になる。

(5)　灯油などの石油類とは反応しない。

解説

(3)　誤り。紫色はカリウムの方で，ナトリウムは黄色の炎を出して燃えます。

(4)　正しい。次のような反応になります。

$Na + 1/2\ Cl_2 \rightarrow NaCl$

(5)　正しい。(従って，灯油中などに貯蔵します。)

【問題4】

ナトリウムの性状として，次のうち適当でないものはどれか。

(1)　銀白色の柔らかい金属で，常温（20℃）では固体である。

(2)　皮膚をおかす。

(3)　水素とも化合物を作る。

(4)　水とは反応するが，アルコールとは反応しない。

(5)　有機物に対して強い還元作用がある。

解説

ナトリウムはアルコールとも反応し，**水素**を発生します。

なお，**ナトリウム**やカリウムなどの**禁水性物質**は，**黄リン**とは同時貯蔵できないので，注意してください（⇒黄リンは水中貯蔵するため，水が厳禁なナトリウム等と一緒に貯蔵すると，ナトリウムがその水と反応する危険性がある)。

解答

【問題1】(3)　【問題2】(2)

【問題 5】

ナトリウムの保護液として，適しているのもののみの組合せは，次のうちどれか。

(1)　二硫化炭素　軽油
(2)　流動パラフィン　グリセリン
(3)　灯油　　流動パラフィン
(4)　軽油　　エチレングリコール
(5)　二硫化炭素　流動パラフィン

解説

ナトリウムは，空気中では表面がすぐに酸化されるので，**灯油**や**軽油**および**流動パラフィン中**などに貯蔵します。

【問題 6】

ナトリウム火災を消火する方法として，次のA～Eのうち適切なものはいくつあるか。

A　乾燥した炭酸ナトリウム粉末で覆う。
B　二酸化炭素消火剤を噴射する。
C　ハロゲン化物消火剤を噴射する
D　泡消火剤を噴射する。
E　膨張ひる石（バーミキュライト）で覆う

(1)　1つ　　(2)　2つ　　(3)　3つ　　(4)　4つ　　(5)　5つ

解説

ナトリウム火災の消火方法は，次のとおりです。⇒**乾燥砂**（膨張ひる石，膨張真珠岩含む），**金属火災用粉末消火剤**，**炭酸ナトリウム**（**ソーダ灰**ともいい，乾燥したものに限る），**乾燥塩化ナトリウム**，**石灰**等で消火する（**注水**および**ハロゲン化物，二酸化炭素，泡消火剤**は厳禁！）。

従って，適切なものは，A，Eの**2つ**ということになります。

アルキルアルミニウムとアルキルリチウム

解答

【問題 3】(3)　　【問題 4】(4)

【問題 7】

アルキルアルミニウムの性状について，誤っているものは次のうちどれか。

(1) アルキル基がアルミニウム原子に1以上結合した化合物であり，塩素などのハロゲンを含むものもあるが，全てハロゲンが含まれているわけではない。

(2) ヘキサン，ベンゼン等の炭化水素系溶媒を混ぜると，反応性が高くなる。

(3) 空気に触れただけで発火することがある。

(4) 水とは激しく反応し，水に触れただけで発火することがある。

(5) 一般に，無色の液体である。

解説

ヘキサン，ベンゼン等の炭化水素系溶媒を混ぜると，反応性は**低減**します。

【問題 8】

アルキルアルミニウムの性状について，次のうち誤っているものはいくつあるか。

A 純品で流通する場合もあるが，ヘキサン溶液で流通する場合もある。

B 水には溶けやすい。

C アルコールとは反応しない。

D 鋼製またはステンレス製の耐圧容器に窒素やアルゴン等の不活性ガスを注入して，冷暗所に貯蔵する。

E アルキル基の炭素数が多いほど，水や空気と激しく反応する。

(1) 1つ　(2) 2つ　(3) 3つ　(4) 4つ　(5) 5つ

解説

A 正しい（⇒ヘキサン，ベンゼン等で希釈すると危険性が低減する）。

B 誤り。アルキルアルミニウムは，**ヘキサン**や**ベンゼン**等の炭化水素系溶媒には溶けますが，水には溶けない**非水溶性**です。

C 誤り。**アルコール**や**アミン**類などと激しく反応します。

D 正しい。

E 誤り。空気や水と接した場合の発火の危険性は，アルキル基の炭素数（またはハロゲン数）が多くなるほど逆に小さくなります。

解答

【問題 5】(3)　【問題 6】(2)

従って，誤っているのは，B，C，Eの**3つ**となります。

【問題 9】

アルキルアルミニウムと接触あるいは混合した場合に発熱反応が起きないものは，次のうちいくつあるか。

「ベンゼン，アルコール，ハロゲン，アセトン，酸素，ヘキサン」

(1) 1つ　(2) 2つ　(3) 3つ　(4) 4つ　(5) 5つ

解説

アルキルアルミニウムは，水，**アルコール**，アミン類，**ハロゲン，アセトン，酸素**（空気）などと激しく反応しますが，**ベンゼン**や**ヘキサン**などの溶剤とは反応しません。

【問題 10】 急行★

アルキルアルミニウムの消火方法として，次のうち誤っているものはいくつあるか。

A　火勢が小さい場合は，炭酸水素ナトリウム等を含む粉末消火剤を放射する。

B　火勢が大きい場合は，膨張ひる岩で燃焼物を囲む。

C　ハロゲン化物消火剤を放射する。

D　リン酸塩類等を使用する粉末消火剤を放射する。

E　泡消火剤を放射する。

(1) 1つ　(2) 2つ　(3) 3つ　(4) 4つ　(5) 5つ

解説

A　正しい。

B　正しい。火勢が大きい場合は，乾燥砂や膨張ひる岩などで燃焼物を囲み，流出しないようにして火勢を抑えて燃え尽きるのを待ちます。

C　誤り。ハロゲン化物消火剤を放射すると，有毒ガスを発生するので不適当です。

D　誤り。リン酸塩類等を使用する粉末消火剤は不適です（⇒A 参照）。

E　誤り。アルキルアルミニウムに水系の消火剤は厳禁です。

従って，誤っているのは，C，D，Eの**3つ**になります。

解答

【問題 7】(2)　【問題 8】(3)

【問題 11】

ノルマルブチルリチウムは危険性を軽減するため溶媒で希釈して貯蔵または取り扱われることが多いが，この溶媒として，次のうち最も適切なものはどれか。

(1) グリセリン

(2) ヘキサン

(3) ジエチルエーテル

(4) アセトン

(5) アルコール

解説

アルキルアルミニウムに準じて貯蔵します（P.306 問題 8 の A 参照）。

【問題 12】

アルキルリチウムと接触あるいは混合した場合に，反応が起きないものは，次のうちいくつあるか。

「酢酸，メタノール，アセトン，ベンゼン，エタノール，ヘキサン」

(1) 1つ　(2) 2つ　(3) 3つ　(4) 4つ　(5) 5つ

解説

アルキルリチウムは，**ベンゼン**や**ヘキサン**などのパラフィン系炭化水素（C_nH_{2n+2} で表される鎖式飽和炭化水素）によく溶けるので，(2)の **2 つ**が正解です。

なお，問題 11 のノルマルブチルリチウムは，アルキルリチウムに分類される物質のうちの 1 つです（その他のアルキルリチウムには，メチルリチウムとエチルリチウムがあります。）。

アルカリ金属およびアルカリ土類金属

【問題 13】

リチウムの性状について，次のうち誤っているものはどれか。

(1) 銀白色の軟らかい金属である。

(2) 深紅色または深赤色の炎を出して燃える。

(3) カリウムやナトリウムより比重が小さい。

解答

【問題 9】(2)　【問題 10】(3)

(4) 常温で水と反応し，水素を発生する。

(5) 空気に触れると直ちに発火する。

解説

一般に，第3類の危険物は，自然発火性と禁水性の両方の性状を有していますが，このリチウムには，自然発火性の性状はなく（⇒自然発火性の試験において一定の性状を示さない，ということ。なお，粉末状の場合は常温で発火することがあります。）**禁水性**の性状のみになります。

【問題 14】

リチウムの性状について，次のうち正しいものはどれか。

(1) 固体金属中，最も比熱が小さい。

(2) ハロゲンとは反応しない。

(3) アルミニウムより硬い。

(4) 密度は常温（20℃）において，固体の単体の中で最も小さい。

(5) ナトリウムやカリウムより反応性に富む。

解説

(1) 誤り。リチウムは，固体金属中，最も比熱が**大きい**物質です。
なお，その融点は179℃と100℃より高いので，注意が必要です（出題例がある）。

(2) 誤り。ハロゲンと反応して**ハロゲン化物**を生じます。

(3) 誤り。リチウムは，アルミニウムよりも**柔らかい**金属です。

(4) 正しい。リチウムは，固体金属中，**最も軽い金属**です。

(5) 誤り。ナトリウムやカリウムの方が反応性に富んでいます。

【問題 15】

カルシウムの性状について，次のA～Eのうち，適切なもののみの組合せはどれか。

A 銀白色の金属である。

B 水と反応し，酸素を発生する。

C 還元性を有する。

解答

【問題 11】(2)　　【問題 12】(2)

D　白光を発しながら燃える。

	A	B	C	D
(1)	○	○	×	×
(2)	○	×	○	×
(3)	○	×	×	×
(4)	×	○	×	○
(5)	×	×	○	×

表中の○は正，×は誤を表すものとする。

解説

A　○。
B　×。水と反応して，**水素**を発生します。
C　○。多くの有機化合物を還元します。
D　×。カルシウムの炎色反応は，**燈赤色**《とうせきしょく》です。

黄リン

【問題 16】 特急

黄リンの性状について，次のうち誤っているものはどれか。

(1)　毒性が極めて強く，暗所ではリン光を発する。
(2)　強アルカリ溶液と反応して，リン化水素を発生する。
(3)　弱酸性の水中に貯蔵する。
(4)　きわめて反応性に富み，ハロゲンとも反応する。
(5)　空気中で徐々に酸化され，発火，燃焼する。

解説

黄リンは，空気中に放置すると，自然発火するおそれがあるので，pH **8〜9** 程度の**弱アルカリ性**の水中に貯蔵します（「**強アルカリ性の水中**」も×なので注意！）。

【問題 17】 特急

黄リンの性状について，次のうち誤っているものはどれか。

(1)　発火点が極めて低く，発火しやすい。
(2)　燃焼すると，黄リンの酸化物による刺激性の白煙をあげる。

解答

【問題 13】(5)　　【問題 14】(4)

(3) 濃硝酸と反応して，リン酸を生じる。

(4) 水や二硫化炭素にわずかしか溶けない。

(5) 空気中で燃焼すると，十酸化四リン（五酸化二リン）等を発生する。

解説

(1) 正しい。黄リンの発火点は，34～44℃と極めて低く，発火しやすい物質です。

(2)，(3) 正しい。

(4) 誤り。黄リンは，水には溶けませんが，二硫化炭素には溶けます。

(5) 正しい。

なお，十酸化四リン（五酸化二リン）は無水リン酸ともいい，反応は次のようになります。

$$P_4 + 5\,O_2 \rightarrow 2\,P_2O_5$$

【問題 18】 急行★

黄リンの火災に対する消火方法として，次のうち適応しないものはどれか。

(1) 噴霧注水を行う。

(2) 霧状の強化液を放射する。

(3) 泡消火剤を放射する。

(4) ハロゲン化物消火剤を放射する。

(5) 乾燥砂で覆う。

解説

黄リンの火災には，**噴霧注水**，**泡消火剤**などのほか，**土砂**や**乾燥砂**などを用いて消火します。ただし，注水でも高圧注水は，飛散するおそれがあるので，黄リンを消火する方法としては，不適切なので，注意してください。

有機金属化合物

【問題 19】

ジエチル亜鉛の性状について，次のうち誤っているものはどれか。

(1) 無色の液体である。

解答

【問題 15】(2)　　【問題 16】(3)

⑵　引火性が高い。

⑶　容易に酸化する。

⑷　非水溶性で，水に浮く。

⑸　消火には粉末消火剤を使用する。

解説

ジエチル亜鉛の比重は 1.21 なので，水に浮くことはありません。

【問題 20】

ジエチル亜鉛の性状について，次のうち正しいものはいくつあるか。

A　空気中で自然発火することはない。

B　消火の際には，ハロゲン化物消火剤を使用する。

C　窒素等の不活性ガス中で貯蔵し，または取り扱う。

D　ジエチルエーテルやベンゼンには溶けない。

E　水とは反応しない。

⑴　1つ　⑵　2つ　⑶　3つ　⑷　4つ　⑸　5つ

解説

A　誤り。ジエチル亜鉛は，禁水性および自然発火性物質であり，空気に触れると自然発火します。

B　誤り。ハロゲン化物消火剤を使用すると有毒ガスを発生するので，誤りです。

C　正しい。容器は厳重に密封して**窒素**等の**不活性ガス**中で貯蔵し，空気，水とは絶対触れさせないようにします。

D　誤り。**ジエチルエーテル**や**ベンゼン**，**エーテル**等に溶けます。

E　誤り。ジエチル亜鉛は，禁水性物質であり，**水**や**アルコール**，**酸**などと反応し，エタンガスを発生します。

従って，正しいのは，Cの**1つ**のみになります。

金属の水素化物

【問題 21】

水素化ナトリウムの性状について，次のうち誤っているものはどれか。

解答

【問題 17】⑷　【問題 18】⑷

(1) 反応性の高い腐食性物質である。

(2) アルコールとは，反応しない。

(3) 乾燥した空気中では安定している。

(4) 還元性が強い。

(5) 高温でナトリウムと水素に分解する。

解説

水素化ナトリウムは，水やアルコールと激しく反応します。

【問題 22】

水素化ナトリウムの性状として，次のうち誤っているものはどれか。

(1) 灰色の結晶性粉末である。

(2) 貯蔵する際は，ガラス製のびんやポリエチレン製のびん等に窒素を封入して密栓する。

(3) ベンゼン，二硫化炭素には溶けない。

(4) 水と反応して多量の熱を発生し，酸素を発生する。

(5) 加熱により，水素を発生する。

解説

水素化ナトリウムは，水と反応して多量の熱を発生しますが，その際，(5)の加熱をした際と同じく，**水素**を発生します。

【問題 23】

水素化リチウムの性状について，次のうち正しいものはどれか。

(1) 比重は水よりも重い。

(2) 酸化性が強い。

(3) 水と反応して多量の熱を発生し，水素を発生する。

(4) 有機溶媒には溶けやすい。

(5) 常温（20 ℃）では，無色透明な液体である。

解説

(1) 誤り。水素化リチウムの比重は 0.82 で，水より**軽い**物質です。

解答

【問題 19】(4)　【問題 20】(1)

(2) 誤り。水素化リチウムは，水素化ナトリウム同様，**還元性**の強い物質です。

(3) 正しい。水素化ナトリウムと同様です。

金属のリン化物

【問題 24】

リン化カルシウムは水または弱酸と接触すると反応して，毒性の強いあるガスを発生するが，そのガスとして，次のうち適当なものはどれか。

(1) アセチレン

(2) メタンガス

(3) 二酸化硫黄

(4) リン化水素

(5) 硫化水素

解説

リン化カルシウムが**水**や**弱酸**と接触すると，毒性の強い可燃性の**リン化水素**（ホスフィン）を発生します。

カルシウムおよびアルミニウムの炭化物

【問題 25】

炭化カルシウムの性状等について，次のうち誤っているものはいくつあるか。

A 別名，カルシウムカーバイドともいい，水より重い可燃性の固体である。

B 水と作用すると発熱し，酸素を発生して水酸化カルシウム（消石灰）となる。

C 純粋なものは，白色または無色透明な結晶である。

D 乾燥した空気中では，常温（20℃）において安定している。

E 貯蔵する際は，水分に触れないよう，ブリキ缶，ガラスびん，特殊ドラム等に入れて密栓し，乾燥した場所で保管する。

(1) 1つ　(2) 2つ　(3) 3つ　(4) 4つ　(5) 5つ

解説

A 誤り。可燃性の部分だけが誤りで，炭化カルシウム自体は**不燃性**で，引

解答

【問題 21】(2)　【問題 22】(4)　【問題 23】(3)

火性や爆発性もない固体です。

B　誤り。酸素の部分だけが誤りで，正しくは，**アセチレンガス**です。

C　正しい。なお，一般に流通しているものは，不純物として硫黄，リン，窒素，けい素等を含んでいて，通常は**灰色**または**灰黒色**の塊状の固体です。

D　正しい。

E　正しい。炭化カルシウムに**水分，湿気は厳禁**で，消火の際にも**注水は厳禁**です（粉末消火剤や乾燥砂を用いる）。

従って，誤っているのは，A，Bの**2つ**になります。

【問題26】

炭化カルシウムを水と作用させた場合に発生する気体に関する記述について，次のうち誤っているものはどれか。

(1)　無色でエーテルのような臭気を有する可燃性の気体である。

(2)　空気より重い。

(3)　水に溶ける。

(4)　爆発範囲は極めて広い。

(5)　アルコールやベンゼンなどの有機溶媒に溶ける。

解説

発生する気体とは，アセチレンガスであり，アセチレンガスの蒸気比重は，約0.9なので，空気より**軽い**気体になります。

＜類題＞

水と反応して可燃性の気体を生じ，その気体の燃焼生成物が水酸化カルシウム水溶液を白濁させる物質は，次のうちどれか。

(1)　Na　　(2)　Mg　　(3)　CaC_2　　(4)　KIO_3　　(5)　CrO_3

解説

まず，水と反応して発生する可燃性気体は，Na，Mgが**水素**，CaC_2（炭化カルシウム＝カーバイド）が**アセチレンガス**（$CaC_2+2H_2O \rightarrow Ca(OH)_2+C_2H_2$），

CrO_3（三酸化クロム），KIO_3（ヨウ素酸カリウム）はともに第1類危険物で

解答

【問題24】(4)　　【問題25】(2)

あり，水との反応で気体は発生しません。

このうち，水酸化カルシウム水溶液（$Ca(OH)_2$）を白濁させるのは**二酸化炭素**であり，燃焼して二酸化炭素を発生するのは，アセチレンになります。

従って，【問題 26】の解説より，水と反応してアセチレンガスを生じるのは，⑶の CaC_2（炭化カルシウム）ということになります。（答）⑶

トリクロロシラン

【問題 27】

トリクロロシランは，水に溶けて加水分解した際，ある気体を発生するが，その気体として，次のうち正しいものはどれか。

⑴　酸素
⑵　硫化水素
⑶　アセチレンガス
⑷　水素
⑸　塩化水素

解説

トリクロロシランは，水に溶けて加水分解し，塩化水素(HCl)を発生します。

まとめの問題

【問題 28】

第 3 類危険物のうち，比重が 1 より大きいものはいくつあるか。

A　カリウム
B　ナトリウム
C　リチウム
D　黄リン
E　水素化ナトリウム

⑴　1 つ　⑵　2 つ　⑶　3 つ　⑷　4 つ　⑸　5 つ

解説

第 3 類危険物の比重は 1 より大きいものが多く，黄リンは比重が 1.82，水素化ナトリウムは 1.40 となっています。

解答

【問題 26】⑵

なお，比重が1より小さい物質にはA，B，Cのほか，ノルマルブチルリチウム，水素化リチウムなどもあります。

【問題 29】

第3類の危険物とその形状の組合せとして，次のうち不適切なものはどれか。

(1) ナトリウムとカリウム……………銀白色の柔らかい金属
(2) ジエチル亜鉛………………………無色の液体
(3) 黄リン………………………………白色または淡黄色の固体
(4) トリクロロシラン…………………無色の液体
(5) 炭化カルシウム……………………暗赤色の塊状固体

解説

炭化カルシウムは，**無色**または**白色**の結晶です。暗赤色の塊状固体というのは，リン化カルシウムです。(注:バリウムは白色ではなく(1)と同じなので注意)

【問題 30】

次の危険物のうち，水と混合しても水素を発生しないものはどれか。

(1) カルシウム
(2) 炭化カルシウム
(3) リチウム
(4) カリウム
(5) ナトリウム

解説

水と反応して**水素**を発生するものには，アルカリ金属とアルカリ土類金属のほか，カルシウムや水素化ナトリウム，水素化リチウムなどがあります。

従って，(2)の炭化カルシウムが正解です（炭化カルシウムは水と反応して**アセチレンガス**を発生する)。

【問題 31】

危険物と水とが反応して発生するガスについて，次のA～Eのうち，

解答

【問題 27】(5)　【問題 28】(2)

正しい組合せのものはいくつあるか。

A　リン化カルシウム……………………………………アセチレンガス

B　炭化アルミニウム……………………………………………水素

C　ジエチル亜鉛………………………………………………エタンガス

D　炭化カルシウム……………………………………………メタンガス

E　トリクロロシラン……………………………………………塩化水素

(1)　1つ　　(2)　2つ　　(3)　3つ　　(4)　4つ　　(5)　5つ

解説

A　誤り。リン化カルシウムは，**リン化水素**を発生します。

B　誤り。炭化アルミニウムは，**メタンガス**を発生します。

C，E　正しい。

D　誤り。炭化カルシウムは，**アセチレンガス**を発生します。

従って，正しいのは，C，Eの**2つ**となります。

【問題 32】 特急★★

第3類の危険物に関する貯蔵及び取扱い方法について，次のうち誤っているものはどれか。

(1)　ナトリウムは，灯油や軽油中に小分けして貯蔵する。

(2)　水素化ナトリウムなどの金属の水素化物は，窒素封入びん等に密栓して貯蔵する。

(3)　アルキルアルミニウムは，鋼製またはステンレス製の容器に窒素やアルゴン等の不活性ガスを封入して貯蔵する。

(4)　黄リンは，水との接触を避けて貯蔵する。

(5)　炭化カルシウムは，乾燥した場所で貯蔵する。

解説

黄リンは，酸化を防ぐため，**水中で貯蔵**します。

【問題 33】

灯油中に貯蔵する物質として，次のうち不適切なものはどれか。

(1)　バリウム

解答

【問題 29】(5)　　【問題 30】(2)　　【問題 31】(2)

(2) カリウム
(3) ナトリウム
(4) リチウム
(5) トリクロロシラン

解説

トリクロロシランは，水分や空気に触れないよう，密栓した容器内で貯蔵します。

【問題 34】 急行★

不活性ガス中で貯蔵する物質として，次のうち不適切なものはどれか。

(1) アルキルアルミニウム
(2) ノルマルブチルリチウム
(3) ジエチル亜鉛
(4) リチウム
(5) 水素化ナトリウム

解説

リチウムは，水分を避けて密栓した容器中で貯蔵します。

【問題 35】

次の危険物のうち，火災の際に注水消火が適しているものはどれか。

(1) アルキルアルミニウム
(2) ナトリウム
(3) リチウム
(4) 炭化カルシウム
(5) 黄リン

解説

第3類危険物のほとんどは注水厳禁ですが，黄リンは，水中貯蔵することからもわかるように，水とは反応しないので，注水消火を行います。

解答

【問題 32】(4)　【問題 33】(5)　【問題 34】(4)　【問題 35】(5)

第４類に共通する特性の重要ポイント

●甲種スッキリ！重要事項 No.13

(1) 共通する性状

① 常温で**液体**である。

② 引火しやすい。

☆ たとえ引火点以下でも，霧状にすると引火する危険性がある。

③ 一般に水より**軽く**（＝液比重が１より小さい）水に**溶けない**ものが多い。

④ 蒸気は空気より**重い**（蒸気比重が１より大きい）ので低所に滞留しやすい。

⑤ 電気の**不良導体**なので，静電気が発生しやすい。（発生した静電気が蓄積すると火花放電により引火する危険がある）

(2) 貯蔵および取扱い上の注意

① **火気**や**加熱**などをさける。

② 容器は空間容積を確保して**密栓**をし，直射日光を避け**冷所**に貯蔵する。

③ 通風や換気を十分に行い，発生した蒸気は屋外の**高所**に排出する。

④ 可燃性蒸気が滞留するおそれのある場所では，**火花を発生する機械器具**などを使用せず，また電気設備は**防爆性能**のあるものを使用する。

(3) 消火の方法

４類の消火に効果的な消火剤

・泡消火剤
・二酸化炭素消火剤
・霧状の強化液
・粉末消火剤
・ハロゲン化物消火剤

逆にいうと，次の消火剤が４類の消火には不適当となる。

・棒状，霧状の水 ・棒状の強化液

なお，アルコールなどの水溶性危険物（水に溶けるもの）には，一般の泡消火剤ではなく，**水溶性液体用泡消火剤（耐アルコール泡）**を使用する。

7 第4類の危険物に共通する特性の問題

共通する性状

【問題1】

第4類の危険物の一般的性状について，次のうち誤っているものはいくつあるか。

A　燃焼下限値と燃焼上限値をもつ。

B　いずれも液比重は1より小さく，水に浮く。

C　燃焼点が引火点より低いものがある。

D　いずれも引火点を有する液体または気体で，火気などにより引火しやすい。

E　沸点が水より高いものがある。

(1) 1つ　(2) 2つ　(3) 3つ　(4) 4つ　(5) 5つ

解説

A　正しい。

B　誤り。一般に，第4類危険物は，液比重が1より小さく，水に浮くものが多いですが，**二硫化炭素**や**エチレングリコール**のように，液比重が1より大きいものもあります。

C　誤り。燃焼点は，**「燃焼が継続できる最低の温度」**です。

燃焼が継続……ということは，少くとも燃焼のスタート地点である引火点よりは高いわけで，一般的には，引火点より数℃高い温度になっています。

D　誤り。第4類危険物に限らず，消防法における危険物は，常温（20℃）で**液体**か**固体**であり，高圧ガスなどの気体は含まれていません（高圧ガスは高圧ガス保安法で規制されている）。

E　正しい。一般的に，第2石油類以降（第3石油類，第4石油類，動植物油類）の沸点は，100℃以上です。

従って，誤っているのは，B，C，Dの**3つ**になります。

解答は次ページの下欄にあります。

【問題 2】

第 4 類の危険物の一般的な性状について，次の A～E のうち，誤っているものはいくつあるか。

A　非水溶性のものが多い。

B　発火点は，ほとんどのものが 100 ℃以下である。

C　水溶性のものは，静電気が蓄積しやすい。

D　すべて常温（20 ℃）以上に温めると水溶性となる.

E　分子量が大きいものほど，引火点が低い。

(1)　1 つ　　(2)　2 つ　　(3)　3 つ　　(4)　4 つ　　(5)　5 つ

解説

A　正しい。水溶性のものありますが，一般的には，**非水溶性**のものが多くなっています。

B　誤り。P.326 の表を見ればわかるように，二硫化炭素以外は発火点が **100 ℃以上**になっています。

C　誤り。たとえば，アルコール類は水溶性液体ですが，電気の**良導体**で，静電気はほとんど蓄積しません。

D　誤り。常温（20 ℃）以上に温めたからといって水溶性にはなりません。

E　誤り。分子量が大きいものほど，分子間力が強くなり，蒸発しにくくなります。蒸発しにくくなれば，液面上に引火するのに十分な蒸気を発生させるのに，より温度を**高く**する必要があるので，引火点は**高く**なります。

従って，誤っているのは，B，C，D，E の **4 つ**になります。

共通する火災予防および取り扱い上の注意

【問題 3】

第 4 類の危険物の貯蔵，取り扱いの注意事項として，次のうち正しいものはいくつあるか。

A　配管で送油する場合は，静電気の発生を抑えるため，流速を速くする。

B　発生する蒸気は，なるべく屋外の地表に近い部分に排出する。

C　万一，流出したときは，多量の水で薄める。

D　静電気の発生を防止するため，貯蔵場所の湿度を低く保つ。

E　静電気による災害が発生するおそれがある危険物の詰替え作業の場合

解答

【問題 1】(3)

は，容器を電気伝導性のよい床上に置くか，あるいは危険物を取り扱う機器を接地する。

(1) 1つ　(2) 2つ　(3) 3つ　(4) 4つ　(5) 5つ

解説

A　誤り。流速を速くすると，逆に，静電気が**発生しやすく**なります。

B　誤り。第4類危険物の蒸気は空気より重いので低所に滞留しやすく，床に沿って遠くまで流れていくおそれがあります。

従って，屋外の高所に排出することによって，地上に降下する間に希釈して低所に滞留するのを防ぎます。

C　誤り。薄めると拡散してしまい，危険性が増すので，危険物が流出しないよう，土のうなどで囲います。

D　誤り。静電気の発生および帯電を防止するためには，湿度を高く保つことによって静電気が空気中の水分に逃げるようにする必要があります。

E　正しい。

従って，正しいのは，Eの**1つ**のみとなります。

【問題4】

次の危険物のうち，水中に水没して保管する必要があるものはどれか。

(1) アセトン
(2) トルエン
(3) 酢酸エチル
(4) クレオソート油
(5) 二硫化炭素

解説

二硫化炭素は，**水より重く，水に溶けない**ので，貯蔵する際は，容器に収納した二硫化炭素の上に水を張って，蒸気の発生を抑えます。

解答

【問題2】(4)

共通する消火の方法

【問題 5】

第 4 類危険物の一般的な消火方法として，次のうち誤っているのはどれか。

(1)　強化液（霧状）は効果的である。
(2)　泡消火剤は効果的である。
(3)　注水による冷却消火は効果的である。
(4)　二酸化炭素消火剤は効果的である。
(5)　粉末消火剤は効果的である。

解説

第 4 類危険物の火災に適応しない消火剤は，**水と棒状に放射する強化液消火剤**です。

【問題 6】 急 行★

消火器の泡に要求される一般的性質について，次のうち誤っているものはどれか。

(1)　油類より比重が小さいこと。
(2)　熱に対し安定性があること。
(3)　起泡性があること。
(4)　粘着性がないこと。
(5)　流動性があること。

解説

粘着性がなければ，泡がつぶれてしまうので，(4)が誤りです。
なお，その他，「加水分解を起こさないこと。」などの性質も必要です。

【問題 7】 急 行★

次の文中の（　）内に当てはまる泡消火剤について，適切なものはどれか。

「アルコール類などの可燃性液体の火災に際して，通常，油火災に用いられている泡消火剤の中には，火面を覆った泡が破壊し溶けて消滅してしまうものが

解答

【問題 3】(1)　　【問題 4】(5)

あるため，これらの火災には（　）が用いられる。」

(1) 合成界面活性剤泡消火剤
(2) 水溶性液体用泡消火剤
(3) たん白泡消火剤
(4) 水成膜泡消火剤
(5) フッ素たん白泡消火剤

解説

泡消火剤による消火は，火面を泡で覆うことによる**窒息効果**により消火しますが，アルコールなどの水溶性液体の場合は，その泡を溶かしてしまう（＝泡が消える）ので，窒息効果によって消火することができません。

そこで，これらの水溶性液体に対しては，その泡が破壊されない成分からなる**水溶性液体用泡消火剤**（**耐アルコール泡**ともいう）を用いて消火を行います。

なお，第 4 類危険物の主な水溶性液体（水に溶けるもの）としては，**アルコール類**のほか，**アセトン**，**アセトアルデヒド**，**酸化プロピレン**，**グリセリン**，**酢酸**などがあります。

解答

【問題 5】(3)　　【問題 6】(4)　　【問題 7】(2)

第４類の各危険物の重要ポイント

●甲種スッキリ！重要事項 No.14

第４類危険物に属する品名および主な物質は，次のようになります。

表２　主な第４類危険物のデーター覧表

品名	物品名	水溶性	アルコール	引火点℃	発火点℃	比重	沸点℃	燃焼範囲 vol%	液体の色
特殊引火物	ジエチルエーテル	△	(溶)	−45	160	0.71	35	1.9〜36.0	無色
	二硫化炭素	×	(溶)	−30	90	1.30	46	1.3〜50.0	無色
	アセトアルデヒド	○	(溶)	−39	175	0.78	20	4.0〜60.0	無色
	酸化プロピレン	○	(溶)	−37	449	0.83	35	2.8〜37.0	無色
第一石油類	ガソリン	×	(溶)	−40以下	約300	0.65〜0.75	40〜220	1.4〜7.6	オレンジ色（純品は無色）
	ベンゼン	×	(溶)	−11	498	0.88	80	1.3〜7.1	無色
	トルエン	×	(溶)	4	480	0.87	111	1.2〜7.1	無色
	メチルエチルケトン	△	(溶)	−9	404	0.8	80	1.7〜11.4	無色
	酢酸エチル	△	(溶)	−4	426	0.9	77	2.0〜11.5	無色
	アセトン	○	(溶)	−20	465	0.79	56	2.15〜13.0	無色
	ピリジン	○	(溶)	20	482	0.98	115.5	1.8〜12.8	無色
アルコール類	メタノール	○	(溶)	11	385	0.80	65	6.0〜36.0	無色
	エタノール	○	(溶)	13	363	0.80	78	3.3〜19.0	無色
第二石油類	灯油	×	×	40以上	約220	0.80	145〜270	1.1〜6.0	無色，淡紫黄色
	軽油	×	×	45以上	約220	0.85	170〜370	1.0〜6.0	淡黄色，淡褐色
	キシレン	×	(溶)	33	463	0.88	144	1.0〜6.0	無色
	クロロベンゼン	×	(溶)	28	593	1.1	132	1.3〜9.6	無色
	酢酸	○	(溶)	39	463	1.05	118	4.0〜19.9	無色
第三石油類	重油	×	(溶)	60〜150	250〜380	0.9〜1.0	300		褐色，暗褐色
	クレオソート油	×	(溶)	74	336	1以上	200		暗緑色，黄色
	アニリン	△	(溶)	70	615	1.01	184.6	1.3〜11	無色，淡黄色
	ニトロベンゼン	△	(溶)	88	482	1.2	211	1.8〜40	淡黄色，暗黄色
	エチレングリコール	○	(溶)	111	398	1.1	198		無色
	グリセリン	○	(溶)	177	370	1.26	290		無色

8 第4類に属する各危険物の問題

＜特殊引火物＞

ジエチルエーテル

【問題1】

ジエチルエーテルの性状について，次のうち誤っているものはどれか。

(1) 無色透明で，比重が1より小さい液体である。
(2) 沸点がきわめて低い。
(3) 水やエタノールによく溶ける。
(4) 引火点は，きわめて低く，常温（20℃）で引火の危険性がある。
(5) 静電気が発生しやすい。

解説

(3) 誤り。ジエチルエーテルは，エタノールなどのアルコール類にはよく溶けますが，水にはわずかしか溶けません。
(4) 正しい。引火点は，第4類危険物の中では**最も低く**（−45℃），また，発火点も最も低い部類に入ります（160℃）。

【問題2】

ジエチルエーテルの性状として，次のうち誤っているものはどれか。

(1) 水より軽く，また，水にはわずかしか溶けない。
(2) 光が当たると空気中で酸化され，過酸化物を生成する。
(3) エタノールを脱水してつくる。
(4) 蒸気は空気より重く，麻酔性がある。
(5) 燃焼範囲が狭く，きわめて危険性の大きい物質である。

解説

(1) 正しい。ジエチルエーテルの比重は0.71なので，水より軽い物質です。
(2) 正しい。日光などの光が当たったり，あるいは，**空気と長く接すると過**

解答は次ページの下欄にあります。

酸化物を生じるので，**暗所で**空気に触れないよう**密閉容器で**保存します。
（注：「爆発性の過酸化物」は，この物質とアセトアルデヒドのみ）
(5) 誤り。燃焼範囲は，1.9～36.0vol％と広いので，危険性が大きい物質です。

＜問題＋α＞

ジエチルエーテルは，空気と長く接触し，日光にさらされたりすると，加熱，摩擦または衝撃により爆発することがあるが，その理由として，次のうち正しいものはどれか。

(1) 発火点が著しく低下するから。
(2) 液温が上昇して引火点に達するから。
(3) 燃焼範囲が広くなるから。
(4) 酸素と水素を発生するから。
(5) 爆発性の過酸化物が生じるから。

解説

【問題2】の(2)参照　　（答）次ページ下参照

二硫化炭素

【問題3】

二硫化炭素の性状について，次のうち誤っているものはどれか。

(1) 無色透明の液体であるが，長時間日光に当たると黄色味を帯びてくる。
(2) 水に溶けやすい不快臭のある液体である。
(3) 燃焼の際は青い炎をあげ，二酸化硫黄を発生する。
(4) 発火点が第4類危険物のなかでは最も低いので，貯蔵の際は火気には特に注意が必要である。
(5) 沸点が低いので，揮発しやすい。

解説

(1) 正しい。「空気と接触すると瞬時に変色する」とあれば誤りです。
(2) 誤り。二硫化炭素は水には溶けません。なお，純品は，ほとんど無臭です。
(3) 正しい。
(4) 正しい。二硫化炭素の発火点は **90℃**と，第4類危険物のなかでは**最も低く**，高温の配管に接触しただけで発火することがあります。
(5) 正しい。二硫化炭素の沸点は46℃と水より低いので，揮発しやすい物

解答

【問題1】(3)　　【問題2】(5)

質です。

【問題 4】

二硫化炭素の性状について，次のうち誤っているものはどれか。

(1) 引火点がきわめて低い。

(2) 燃焼範囲の下限値は低く，かつ，燃焼範囲が広い。

(3) エタノール，ジエチルエーテルに溶ける。

(4) 比重は1より小さい。

(5) 蒸気は有毒で，その発生を抑制するため，貯蔵の際は表面に水を張る。

解説

二硫化炭素の液比重は 1.30 です。

【問題 5】

ジエチルエーテルと二硫化炭素の性状について，次のうち誤っているものはいくつあるか。

A　ともに，液比重が1より大きい。

B　ともに，引火性液体中では燃焼範囲が広い方である。

C　ともに，発火点はガソリンより低い。

D　ともに，引火点はガソリンより低い。

E　ともに，二酸化炭素，粉末が消火剤として有効である。

(1) 1つ　(2) 2つ　(3) 3つ　(4) 4つ　(5) 5つ

解説

A　誤り。二硫化炭素の液比重は **1.30** ですが，ジエチルエーテルは **0.71** なので，1より小さく，誤りです。

B　正しい。二硫化炭素の燃焼範囲は **1.0〜50**〔vol%〕，ジエチルエーテルは **1.9〜36**〔vol%〕なので，ともに広い方です。

C　正しい。ガソリンの発火点は約 **300 ℃**，二硫化炭素は **90 ℃**，ジエチルエーテルは **160 ℃**なので，ガソリンより低く，正しい。

D　誤り。ガソリンの引火点は，**−40 ℃以下**，二硫化炭素は**−30 ℃以下**，ジエチルエーテルは**−45 ℃**なので，二硫化炭素については，ガソリンよ

解答

<問題 α> (5)　【問題 3】(2)

り**高く**なっており，誤りです。

E　正しい。

従って，誤っているのは，A，Dの**2つ**なので，⑵が正解です。

【問題6】

アセトアルデヒドの性状について，次のうち誤っているものはどれか。

⑴　刺激臭のある無色透明の液体である。

⑵　水に溶けない。

⑶　アルコール，ジエチルエーテルには，よく溶ける。

⑷　沸点が低く，揮発しやすい。

⑸　空気と接触し加圧すると，爆発性の過酸化物をつくることがある。

解説

アセトアルデヒドは，水やアルコールにはよく溶けます。

【問題7】

アセトアルデヒドの性状として，次のA～Eのうち正しいものはいくつあるか。

A　熱や光により，分解して，メタンと二酸化炭素を発生する。

B　還元性物質で，酸化によりカルボン酸，還元されてアルコールを生じる。

C　常温（20℃）では，引火の危険性はない。

D　約21℃で沸騰する。

E　燃焼範囲は，ガソリンより広い。

⑴　1つ　　⑵　2つ　　⑶　3つ　　⑷　4つ　　⑸　5つ

解説

A　誤り。二酸化炭素ではなく，一酸化炭素です。

B　正しい。アルデヒドは酸化されて**カルボン酸**（カルボキシル基－COOHを持つ化合物）になります。

　また，アルデヒドは，**第一級アルコールを酸化する**ことにより得られるので，逆に，アルデヒドを還元すると**アルコール（—OH）**を生じます。

C　誤り。アセトアルデヒドの引火点は，**－39℃**なので，常温（20℃）で

解答

【問題4】⑷　　【問題5】⑵

は，引火の危険性があります。

D　正しい。アセトアルデヒドの沸点は **20 ℃**なので，約 21 ℃では沸騰します。

E　正しい。アセトアルデヒドの燃焼範囲は，**4.0～60**〔vol%〕，ガソリンの燃焼範囲は，**1.4～7.6**〔vol%〕なので，正しい。

従って，正しいのは，B，D，Eの **3 つ**となります。

【問題 8】

酸化プロピレン（プロピレンオキシド）の性状について，次のうち誤っているものはどれか。

(1)　無色透明の液体である。

(2)　エーテルのような臭気を有している。

(3)　エタノール，ジエチルエーテルに可溶である。

(4)　水より重い液体である。

(5)　水によく溶ける。

解説

酸化プロピレンの比重は 0.83 なので，水より軽い液体です。

【問題 9】

酸化プロピレンの性状等について，次のうち正しいものはどれか。

(1)　氷点下でも引火し，100 ℃で自然発火する。

(2)　発火点はガソリンよりも低い。

(3)　消火剤として二酸化炭素は適するが，消火粉末は不適である。

(4)　蒸気比重は 1 より小さい。

(5)　重合しやすく，重合反応を起こすと発熱する。

解説

(1)　誤り。酸化プロピレンの引火点は **−37.0 ℃**なので，氷点下でも引火しますが，自然発火はしません（第 4 類危険物で自然発火性があるのは，乾性油（動植物油類）だけです）。

(2)　誤り。酸化プロピレンの発火点は **449 ℃**であり，ガソリンは約 **300 ℃**なので，ガソリンよりも**高く**，誤りです。

解答

【問題 6】(2)　　【問題 7】(3)

(3) 誤り。有効な消火剤は，**二硫化炭素，ハロゲン化物，耐アルコール泡**のほか，**消火粉末**も有効です。

(4) 誤り。蒸気比重は **2.0** です。

(5) 正しい。なお，重合とは，二重結合や三重結合の不飽和結合が切れた分子量が小さな物質（**単量体＝モノマー**）が次々と結合して，分子量の大きな物質（**重合体＝ポリマー＝高分子化合物**という）になる反応のことをいいます（例：エチレンがポリエチレンになる）。

第1石油類

【問題 10】 特急

自動車ガソリンの一般的性状について，次のうち誤っているものはどれか。

(1) ガソリンは，自動車ガソリン，航空ガソリンおよび工業ガソリンの 3 種に分けられる。

(2) 工業ガソリンは無色の液体であるが，自動車ガソリンはオレンジ系色に着色されている。

(3) 発火点は 100 ℃以下である。

(4) 燃焼上限界は，約 8 vol%である。

(5) 蒸気は空気よりも重い。

解説

(1) 正しい。

(2) 正しい。ガソリンは本来無色ですが，灯油や軽油などと目視で区別できるよう，JIS 規格等でオレンジ系色に着色するよう，決められています。

(3) 誤り。ガソリンの発火点は，約 **300 ℃**です。

(4) 正しい。ガソリンの燃焼範囲は，**1.4〜7.6 vol%**なので，燃焼上限界は，約 8 vol%ということになります。

(5) 正しい。ガソリンの蒸気比重は 3〜4 程度です。

【問題 11】 特急

自動車ガソリンの性状等について，次のうち誤っているものはどれか。

(1) 振動などで帯電し爆発することがある。

解答

【問題 8】(4)　　【問題 9】(5)

(2) 液体の比重は1以下である。
(3) 第6類の危険物と混触すると，発火する危険がある。
(4) 水に溶けやすい。
(5) 不純物として，微量の有機硫黄化合物などが含まれることがある。

解説

(1) 正しい。振動や流動などにより帯電し，引火によって爆発することがあります。
(2) 正しい。ガソリンの比重は，**0.65〜0.75** なので，1以下です。
(3) 正しい。第1類や第6類の酸化剤と混触すると，発火する危険があります。
(4) 誤り。ガソリンは，水には溶けません。
(5) 正しい。

【問題 12】 特急★★

自動車ガソリンの一般的性状について，次のうち正しいものはいくつあるか。

A ガソリンの組成は，炭素数2〜21程度の炭化水素混合物である。
B 引火点は，−40℃以下である。
C 引火点以下では，蒸気は発生していない。
D 蒸気の比重（空気=1）は2以下である。
E 乾燥状態では，自然発火の危険性がある。

(1) 1つ (2) 2つ (3) 3つ (4) 4つ (5) 5つ

解説

A 誤り。炭化水素混合物というのは，正しいですが，ガソリンの組成は，炭素数が **4〜10** 程度です。
B 正しい。
C 誤り。引火点以下でも蒸気は発生しています。ただ，その濃度が引火するのに十分なものではないため，引火しないだけです。
D 誤り。ガソリンの蒸気比重は，約 **3〜4** です。
E 誤り。ガソリンに自然発火性はありません。第4類危険物で，自然発火性があるのは，動植物油類の**乾性油**だけです。

解答

【問題 10】(3)

従って，正しいのは，Bのみとなります。

【問題 13】

自動車ガソリンとメタノールの一般的性状について，次のうち誤っているものはいくつあるか。

A　自動車ガソリンは非水溶性であるが，メタノールは水溶性なので，メタノールの火災の消火には，水溶性液体用泡消火剤が有効である。

B　自動車ガソリンの炎に比べてメタノールが燃焼した際の炎は青白く，明るい場所では見えにくいので，消火などの作業の際には注意が必要である。

C　発生する蒸気の比重は，自動車ガソリンの方が大きいので，メタノールよりも低所にたまりやすい。

D　自動車ガソリンは，メタノールよりも静電気を帯電しやすいので，容器やタンクへの注入は，メタノールよりも流速を速くするなどの処置が必要である。

E　自動車ガソリンが水面に漏れると広がるので危険であるが，メタノールは水溶性なので，水面に漏れた場合は，大量の水で希釈され，引火の危険は次第に小さくなる。

(1)　1つ　　(2)　2つ　　(3)　3つ　　(4)　4つ　　(5)　5つ

解説

A，B　正しい。

C　正しい。蒸気の比重は，自動車ガソリンが **3〜4**，メタノールが **1.11** なので，自動車ガソリンの方が低所にたまりやすくなります。

D　誤り。自動車ガソリンの方が静電気を帯電しやすい，というのは正しいですが（メタノールは電気を通しやすい導体なので，静電気は帯電しにくい），流速を速くすると，逆に，静電気が発生しやすくなるので，流速を**遅く**する必要があります。

E　誤り。自動車ガソリンが水面に漏れると危険というのは正しいですが，メタノールは揮発性が高いので，水で希釈されても少しの加熱で表面から気化し，点火源があると引火する危険性があるので，引火の危険は大きくなります。

従って，誤っているのは，D，Eの **2 つ**になります。

解答

【問題 11】(4)　　【問題 12】(1)

【問題 14】

ベンゼンとトルエンの火災に対する消火方法として，次のうち不適切なものはどれか。

(1) 棒状の強化液消火剤を放射する。　(2) 泡消火器を放射する。

(3) 二酸化炭素消火剤を放射する。　(4) 霧状の強化液消火剤を放射する。

(5) 粉末消火剤を放射する。

解説

第４類危険物の火災に棒状の強化液消火剤と水は不適切です。

【問題 15】

酢酸エチルと酢酸に共通する性状として正しいものはいくつあるか。

A　無色透明の液体である。　B　常温（20℃）以下で引火する。

C　水によく溶ける。　D　比重は１より大きい。

E　芳香臭がある。

(1) １つ　(2) ２つ　(3) ３つ　(4) ４つ　(5) ５つ

解説

A　正しい。なお，酢酸エチルは**第１石油類**ですが，酢酸は**第２石油類**です。

B　誤り。酢酸エチルの引火点は**−3℃**ですが，酢酸の引火点は**39℃**なので，常温（20℃）以下では引火しません。

C　誤り。酢酸は水によく溶けますが，酢酸エチルは，水に少ししか溶けません。

D　誤り。酢酸の比重は**1.05**ですが，酢酸エチルの比重は**0.9**で１より小さいので，誤りです。

E　誤り。芳香臭があるのは，酢酸エチルのみです（酢酸には鼻を突くような刺激臭がある）。

従って，正しいのは，Ａの**１つ**のみとなります。

【問題 16】

アセトンの性状として，次のうち誤っているものはどれか。

(1) 水より軽い。　(2) 無色透明な揮発性の液体である。

解答

【問題 13】(2)

(3) 引火点は常温（20℃）より低い。　(4) 特有の臭気がある。
(5) 水には溶けにくい。

解説

(1) 正しい。アセトンの比重は**0.79**です。
(2) 正しい。アセトンの沸点は57℃であり，揮発性の高い液体です。
(3) 正しい。アセトンの引火点は**−20℃**です。
(4) 正しい。特有の**芳香臭**のある液体です。
(5) 誤り。第4類危険物は，一般的には水に溶けにくいものが多いですが，アセトンは，水にはよく溶けます。

【問題17】

アセトンの性状について，次のA～Eのうち正しいものはいくつあるか。

A　過酸化水素や硝酸と反応して，発火することがある。
B　水にはよく溶けるが，アルコールには溶けない。
C　発生する蒸気は空気より重いので，低所に滞留する。
D　油脂などをよく溶かすので，溶剤として使用される。
E　蒸気は有毒で，麻酔性があり，吸入すると，頭痛，めまい，嘔吐などを起こす。

(1) 1つ　(2) 2つ　(3) 3つ　(4) 4つ　(5) 5つ

解説

A，D，E　正しい。
B　誤り。アセトンは，水のほか，アルコールやジエチルエーテルにも溶けます。
C　正しい。第4類危険物に共通する性状です。
従って，正しいのは，B以外の**4つ**になります。

【問題18】

アセトン，エチルメチルケトンの火災に対する消火方法として，次のうち不適切なものはどれか。

(1) ハロゲン化物消火剤を放射する。　(2) 粉末消火剤を放射する。

解答

【問題14】(1)　【問題15】(1)

(3)　棒状の水を放射する。　(4)　水溶性液体用泡消火剤(耐アルコール泡)を放射する。

(5)　乾燥砂を放射する。

解説

第４類危険物に棒状の水を放射するのは，不適切です。

第４類危険物には，その他，二酸化炭素消火剤や粉末消火剤も有効です。

なお，(5)の乾燥砂は，小型消火器や水バケツなどと同じく，第５種消火設備です。

【問題 19】

ギ酸メチルの性質として，次のうち誤っているものはどれか。

(1)　無色の液体である。　(2)　エーテル臭がする。

(3)　水より沸点が高い。　(4)　蒸気は空気より重い。

(5)　水より軽い。

解説

ギ酸メチルの沸点は，１気圧で **31.75 ℃**なので，水（**100 ℃**）より**低い**物質です。

なお，ギ酸メチル(第１石油類非水溶性液体)の主な性状は次のとおりです。

・芳香臭のある**無色**の液体である，水より**軽い**（比重は 0.974)

・沸点は 31.75 ℃

・引火点は－19 ℃（資料によっては－26 ℃としている場合もある)

・発火点は 456.1 ℃

・燃焼範囲は 5.0～22.7〔vol%〕

アルコール類

【問題 20】

次の性状に該当する物質として，正しいものは次のうちどれか。

・水に溶けない。

・芳香臭がある。

・無色透明でジエチルエーテルに溶ける。

・引火点が４℃である。

解答

【問題 16】(5)　【問題 17】(4)

(1) エチルメチルケトン　(2) キシレン
(3) ガソリン　(4) トルエン
(5) ベンゼン

解説

P.326 の表を参照

【問題 21】 急行★

メタノールの性状について，次のうち誤っているものはどれか。

(1) 揮発性のある液体である。
(2) 水や多くの有機溶剤とよく混ざり合う。
(3) 燃焼しても炎の色が淡く，見えないことがある。
(4) 水で希釈すると，引火点は低くなる。
(5) 有機物をよく溶かす。

解説

メタノールを水で希釈すると，発生する蒸気圧が低くなり，引火するためにはより温度を上げる必要があるので，引火点は**高く**なります。

【問題 22】 急行★

メタノールの性状について，次のうち誤っているものはいくつあるか。

A 無色の有毒な液体である。
B 引火点は 0 ℃以下である。
C 水より軽い。
D 燃焼範囲はおおむね 6 vol%～36 vol%である。
E ナトリウムと反応して水素を発生する。

(1) 1つ　(2) 2つ　(3) 3つ　(4) 4つ　(5) 5つ

解説

A，D 正しい。
B 誤り。メタノールの引火点は **11 ℃**です。
C 正しい。メタノールの比重は **0.80** なので，水より軽い物質です。

解答

【問題 18】(3)　【問題 19】(3)

E　正しい。メタノールなどのアルコールは，金属ナトリウムと反応して**水素**を発生します。

$2R\text{-}OH + 2Na \rightarrow 2R\text{-}ONa + H_2\uparrow$
（アルコール）

【問題 23】

メタノールとエタノールに共通する性状について，次のうち誤っているものはどれか。

(1)　水や多くの有機溶剤によく溶ける。
(2)　燃焼範囲は，メタノールの方が広い。
(3)　メタノールの引火点は常温（20℃）以下であるが，エタノールの引火点は常温（20℃）以上である。
(4)　いずれも飽和1価アルコールである。
(5)　沸点はいずれも 100℃以下である。

解説

メタノール，エタノールとも引火点は常温（20℃）以下です（メタノールは **11℃**，エタノールは **13℃**）。

【問題 24】

メタノール，エタノールおよびプロパノールに共通する性状について，次のうち誤っているものはどれか。

(1)　水によく溶ける。
(2)　沸点はいずれも 100℃以下である。
(3)　燃焼範囲はガソリンより狭い。
(4)　揮発性で，特有の芳香臭のある無色の液体である。
(5)　青白い炎を上げて燃焼する。

解説

(1)　正しい。いずれも，水や多くの有機溶剤に溶けます。
(2)　正しい。沸点は，メタノールが **65℃**，エタノールが **78℃**，1−プロパノールが **97.2℃**，2−プロパノールが **82℃**となっています。
(3)　誤り。燃焼範囲は，メタノールが，**6〜36.0 vol%**，エタノールが，**3.3**

解答

【問題 20】(4)　【問題 21】(4)　【問題 22】(1)

〜**19.0 vol%**，1−プロパノールが，**2.1〜13.7 vol%**，2−プロパノールが，**2.0〜12.7 vol%**なのに対し，ガソリンの燃焼範囲は，**1.4〜7.6 vol%**なので，ガソリンより広く，誤りです。

なお，蒸気比重は，プロパノール＞エタノール＞メタノールの順に小さくなります。

【問題 25】

n−ブタノール（$CH_3(CH_2)_3OH$）が第 4 類のアルコール類から除外されている理由として，次のうち最も適切なものはどれか。

(1)　引火点が高いから。　(2)　発火点が高いから。

(3)　沸点が高いから。　(4)　20 ℃では液体ではないから。

(5)　炭素数が 4 個だから。

解説

消防法では，炭素数が 3 までの飽和 1 価アルコールをアルコール類と定めており，炭素数が 4 の n−ブタノール（n−ブチルアルコールまたは 1−ブタノールともいう）は，引火点が 29 ℃なので，**第 2 石油類**（引火点が 21℃〜70 ℃）になります（⇒ **2 −ペンタノール**も第 2 石油類なので，注意！）。

第 2 石油類（灯油，軽油の単独問題は非常に少ない傾向にあります。）

【問題 26】

灯油の性状について，次のうち誤っているものはどれか。

(1)　無色または淡（紫）黄色の液体である。

(2)　引火点は，40 ℃以上である。

(3)　水に溶けない。

(4)　灯油の中にガソリンを注いでも混じり合わないため，やがては分離する。

(5)　加熱等により引火点以上に液温が上がったときは，火花等により引火する危険がある。

解説

(1)　正しい。

(2)　正しい。灯油の引火点は **40 ℃以上**となっています。

解答

【問題 23】(3)　【問題 24】(3)

(3) 正しい。ほとんどの第4類危険物に共通する性状です。
(4) 誤り。灯油とガソリンは混じり合い，引火しやすくなるので，誤りです。
(5) 正しい。

【問題 27】

灯油の性状について，次のうち正しいものはいくつあるか。

A 引火点はガソリンより低い。
B 霧状となって浮遊するときは，火がつきやすい。
C 流動などにより静電気が発生しやすい。
D 蒸気は低所に滞留しやすい。
E 揮発性が強いので，ガス抜き口を設けた貯蔵容器を用いる必要がある。

(1) 1つ　(2) 2つ　(3) 3つ　(4) 4つ　(5) 5つ

解説

A 誤り。灯油の引火点は **40 ℃以上**，ガソリンの引火点は **−40 ℃以下**です。
B 正しい。
C 正しい。灯油などの電気の**不良導体**が流動すると，摩擦等によって静電気が発生しやすくなります。
D 正しい。第4類危険物の蒸気は，**空気より重い**ので，正しい。
E 誤り。第4類危険物の容器は，**密栓**して冷暗所に貯蔵する必要があるので，誤りです。

従って，正しいのは，B，C，Dの**3つ**になります。

【問題 28】

灯油および軽油に共通する性状について，次のA～Eのうち，誤っているのはいくつあるか。

A 水より重い。　B 水に溶けない。
C 沸点は 100 ℃より低い。　D 発火点は 100 ℃より低い。
E 引火点は，常温（20 ℃）より低い。

(1) 1つ　(2) 2つ　(3) 3つ　(4) 4つ　(5) 5つ

解答

【問題 25】(5)　【問題 26】(4)

解説

A　誤り。灯油の比重は 0.80，軽油の比重は 0.85 なので，ともに**水より軽い物質**です。

B　正しい。灯油，軽油ともに，**水には溶けません。**

C　誤り。（灯油が 145～270℃，軽油が 170～370℃）

D　誤り。灯油，軽油ともに発火点は**約 220 ℃**です。

E　誤り。灯油の引火点は **40 ℃以上**，軽油の引火点は **45 ℃以上**であり，ともに常温（20 ℃）より**高い**物質です。

従って，誤っているのは，A，C，D，E の **4 つ**となります。

【問題 29】

灯油および軽油に共通する性状について，次のうち，誤っているのはどれか。

⑴　蒸気比重は，ともに空気の 4～5 倍程度である。
⑵　燃焼範囲は，ほとんど同じである。
⑶　ともに液温が常温（20 ℃）付近では引火しない。
⑷　ともに電気の不良導体であり，流動により静電気が発生しやすい。
⑸　ともにぼろ布にしみ込んだものは，自然発火のおそれがある。

解説

⑴　正しい。

⑵　灯油の燃焼範囲は **1.1～6.0 vol%**，軽油は **1.0～6.0 vol%**なので，正しい。

⑶　正しい。前問の E より，灯油の引火点は **40 ℃以上**，軽油の引火点は **45 ℃以上**なので，常温（20 ℃）付近では引火しません。

⑷　正しい。第 4 類危険物一般の性状です。

⑸　誤り。ともにぼろ布にしみ込んだものは，**火がつきやすく**はなりますが，自然発火のおそれはありません。

【問題 30】

灯油，軽油および重油に共通する性状として，次の A～E のうち誤っているものはいくつあるか。

解答

【問題 27】⑶　　【問題 28】⑷

A　無色透明の液体である。　　B　比重は１より大きい。

C　水には溶けない。　　D　引火点は常温（20℃）より高い。

E　発火点は100℃より高い。

(1)　1つ　　(2)　2つ　　(3)　3つ　　(4)　4つ　　(5)　5つ

解説

A　誤り。灯油は**無色**または**淡（紫）黄色**，軽油は**淡黄色**または**淡褐色**，重油は，**褐色**または**暗褐色**の液体です。

B　誤り。灯油と軽油の比重は**0.8～0.85**程度，重油の比重は，**0.9～1.0**となっています。

C　正しい。

D　正しい。灯油の引火点は**40℃以上**，軽油の引火点は**45℃以上**，重油の引火点は**60～150℃**なので，常温（20℃）より高くなっています。

E　正しい。灯油と軽油の発火点は**220℃**，重油の発火点は**250～380℃**なので，100℃より高くなっています。

従って，誤っているのは，A，Bの**2つ**になります。

【問題31】

アクリル酸の性状について，次のうち誤っているものはいくつあるか。

A　無臭の黄色の液体である。

B　酸化性物質と混触しても，発火・爆発のおそれはない。

C　水やエーテルには溶けない。

D　液体は素手で触れても安全であり，蒸気も無毒である。

E　重合しやすく，重合熱が大きいので発火・爆発のおそれがある。

F　融点が14℃なので，凍結して保管する。

(1)　1つ　　(2)　2つ　　(3)　3つ　　(4)　4つ　　(5)　5つ

解説

A　誤り。アクリル酸は**無色透明**の液体です。

B　誤り。酸化性物質と混触すると，**発火・爆発**のおそれがあります。

C　誤り。アクリル酸は，**水**や**アルコール**，**エーテル**などによく溶けます。

D　誤り。素手で触れると**火傷**を起こす危険性があり，また，蒸気は**刺激臭**があり，吸入すると粘膜が炎症を起こす危険性があります。

E　正しい。なお，高温ほど重合反応が速くなり，暴走反応を起こすおそれがあるので，**高温を避けて**貯蔵します。

F　誤り。凍結しないよう，**密栓**して**冷暗所**に貯蔵します（凍結したアクリ

解答

【問題29】(5)

ル酸を溶かそうとしてヒーターで加熱して爆発した事例がある)。
従って，誤っているのは，E 以外の 5 つになります。

【問題 32】

酢酸の性状について，次のうち誤っているものはいくつあるか。

A　常温（20 ℃）で無色透明な液体である。
B　青い炎をあげて燃え，二酸化炭素と水蒸気になる。
C　常温（20 ℃）で容易に引火する。
D　水溶液は腐食性を有しない。
E　アルコールに任意の割合で溶ける。

(1)　1 つ　　(2)　2 つ　　(3)　3 つ　　(4)　4 つ　　(5)　5 つ

解説

A，B　正しい。
C　誤り。酢酸の引火点は **39 ℃**なので，常温（20 ℃）では引火しません。
D　誤り。水溶液は**腐食性の強い有機酸**です。
E　正しい。**アルコール**や**エーテル**によく溶けます。
従って，誤っているのは，C，D の **2 つ**になります。

【問題 33】

酢酸の性状について，次のうち正しいものはいくつあるか。

A　無色無臭の液体である。
B　水とは任意の割合で溶ける。
C　有機溶媒には溶けない。
D　可燃性の液体である。
E　エタノールと反応して酢酸エステルを生成する。

(1)　1 つ　　(2)　2 つ　　(3)　3 つ　　(4)　4 つ　　(5)　5 つ

解説

A　誤り。無色透明な液体ですが，無臭ではなく，**刺激性の臭気**を有します。
B　正しい。
C　誤り。**エタノール**や**ジエチルエーテル，ベンゼン**などの有機溶媒に溶けます。
D，E　正しい。
従って，正しいのは，B，D，E の **3 つ**になります。

解答

【問題 30】(2)　　【問題 31】(5)

【問題 34】

クロロベンゼンの性状について，次のうち誤っているものはどれか。

(1) 無色，無臭の液体で，水より軽い。　(2) 引火点は常温(20℃)より高い。

(3) アルコール，エーテルには溶ける。　(4) 水には溶けない。

(5) 蒸気には若干の麻酔性がある。

解説

クロロベンゼンは，無色ですが**石油臭**のある液体で，また，比重が **1.11** なので，水より**重い**液体です。

【問題 35】

キシレンの性質等について，次の A～E のうち，正しいものはいくつあるか。

A 常温（20℃）では，淡黄色の液体である。

B 3 種類の異性体がある。

C 水に溶けにくく，比重は 1 より小さい。

D 引火点は 35℃以上である。

E 塩素を加えると激しく反応し，トリクロロベンゼンになる。

(1) 1 つ　(2) 2 つ　(3) 3 つ　(4) 4 つ　(5) 5 つ

解説

A 誤り。**無色透明**の液体です。

B 正しい。**オルト，メタ，パラ**の 3 種類の異性体があります。

C 正しい。水に溶けにくく，比重は，オルトが 0.88，メタ，パラが 0.86 と 1 より小さい液体です。

D 誤り。引火点は，オルトが **33℃**，メタが **28℃**，パラが **27℃**なので，35℃以下です（⇒常温では引火しない）。

E 誤り。トリクロロベンゼンはベンゼン環に 3 個の塩素が置換した分子であり，キシレンは 2 個のメチル基が置換した分子です。
そのキシレンに塩素が加えられても，メチル基が塩素に置き換わってトリクロロベンゼンになることはないので，誤りです。

従って，正しいのは，B，C の **2 つ**になります。

解答

【問題 32】(2)　【問題 33】(3)

第3石油類

（この第3石油類と次の第4石油類，動植物油類はきわめて出題頻度が少ない。）

【問題 36】

重油の性状について，次のうち誤っているのはいくつあるか。

A　日本産業規格では1種（A重油），2種（B重油），3種（C重油）に分類されている。

B　水に溶けず，水より重い。

C　発火点は，70～150℃程度である。

D　褐色または暗褐色の液体である。

E　一般に常温（20℃）では，引火の危険性は低い。

(1)　1つ　　(2)　2つ　　(3)　3つ　　(4)　4つ　　(5)　5つ

解説

A　正しい。

B　誤り。重油は水には溶けませんが，比重が0.9～1.0なので，**水より軽い**液体です。

C　誤り。発火点は，**250～380℃**です（70～150℃はC重油の引火点）。

D　正しい。

E　正しい。重油の引火点は**60～150℃**なので，常温（20℃）では引火の危険性は低く，正しい。

従って，誤っているのは，B，Cの**2つ**になります。

なお，重油に不純物として含まれる**硫黄**は，燃焼すると有毒ガスとなり，また，**ガソリンや灯油とも混ざる**（重油はガソリンや灯油と同じく，原油から得られる**炭化水素の混合物**であるため），というところもポイントです。

【問題 37】 

アニリンの性状について，次のうち誤っているものはいくつあるか。

A　無色，無臭の液体である。

B　水には溶けにくい。

C　ベンゼンやエーテルに溶ける。

D　水溶液は弱酸性である。

E　光や空気により変色する。

解答

【問題 34】(1)　　【問題 35】(2)

⑴ 1つ　⑵ 2つ　⑶ 3つ　⑷ 4つ　⑸ 5つ

解説

A　誤り。無色（または淡黄色）ですが，無臭ではなく，**特異な臭気**を有する液体です。

B　正しい。

C　正しい。**ベンゼン**や**エタノール，エーテル**にはよく溶けます，

D　誤り。アニリン（$C_6H_5NH_2$）はベンゼンの水素原子をアミノ基（$-NH_2$）で置換した化合物であり，そのアミノ基は**弱塩基性**を示します。

E　正しい。光や空気により**褐色**に変色します。

従って，誤っているのは，AとDの**2つ**になります。

【問題 38】 イマヒトツ…

グリセリンの性状等について，次のうち誤っているものはいくつあるか。

A　比重は1より小さい。

B　2価のアルコールで，刺激臭のある無色の液体である。

C　水には溶けるが，ガソリン，軽油には溶けない。

D　吸湿性を有する。

E　ナトリウムと反応して酸素を発生する。

⑴ 1つ　⑵ 2つ　⑶ 3つ　⑷ 4つ　⑸ 5つ

解説

A　誤り。一般的に，第4類危険物の比重は1より小さいですが，グリセリンの比重は**1.26**と，1より大きくなっています。

B　誤り。グリセリンは**3価**のアルコールで，甘みのある，無色，無臭の液体です（消防法では，アルコールの定義に当てはまらず，第3石油類になる）。

C　正しい。水には溶けますが，ガソリン，軽油のほか，二硫化炭素やベンゼン等には溶けません。

D　正しい。

E　誤り。グリセリンにナトリウムを加えると**水素**を発生します。

従って，誤っているのは，A，B，Eの**3つ**になります。

解答

【問題 36】⑵

動植物油類

【問題 39】

動植物油類について，次のうち誤っているものはどれか。

⑴　水に溶けない。

⑵　比重は 1 より大きいものがある。

⑶　潤滑油，切削油等に使用される。

⑷　ヨウ素価が大きいものほど自然発火しやすい。

⑸　貯蔵の際は，換気をよくするほど自然発火しにくい。

解説

動植物油類の比重は 1 より小さく，約 0.9 程度です。

【問題 40】

動植物油類について，次のうち誤っているものはどれか。

⑴　一般に，純粋なものは無色透明である。

⑵　一般に，引火点は，100～150 ℃程度である。

⑶　動植物油類は，調理に使用することが多く，その際，加熱されて引火点以上の高温になったものは，ガソリンと同様の引火の危険性がある。

⑷　発火点が高いものほど，自然発火しにくい。

⑸　発生する熱が蓄積される状態であるほど，自然発火しやすい。

解説

動植物油類の引火点は，「1 気圧において引火点が **250 ℃未満**のものをいう。」となっています。

【問題 41】

動植物油類のヨウ素価について，次のうち不適当なものはどれか。

⑴　ヨウ素価とは，油脂 1 kgが吸収するヨウ素のグラム数をいう。

⑵　不飽和脂肪酸が多いほど，また脂肪酸の不飽和度が高いほどヨウ素価の値は大きい。

⑶　不飽和脂肪酸で構成された油脂に水素を付加して作られた油脂は，硬化

解答

【問題 37】⑵　　【問題 38】⑶

油と呼ばれ，マーガリンなどの食用に用いられる。

⑷　動植物油類のうち，乾性油はヨウ素価が高く，炭素の二重結合（C=C）が多く含まれているので，空気中の酸素と反応しやすく，固化しやすい。

⑸　乾性油は，空気中の酸素と結合しやすく，その酸化熱が蓄積して自然発火を起こす危険性がある。

解説

⑴　誤り。ヨウ素価とは，油脂 100 g が吸収するヨウ素のグラム数をいいます。

⑵　正しい。不飽和脂肪酸の二重結合は，化合しやすい性質をもっているので，不飽和脂肪酸が多い**ヨウ素価の高い乾性油**は，空気中の酸素と結合しやすくなります。

⑷　正しい。ヨウ素価が高いほど（不飽和脂肪酸が多いほど）固化しやすくなります（⇒**乾性油**は塗料や印刷インクなどに用いられています）。

⑸　正しい。動植物油類には，乾きやすい油とそうでないものがあり，乾きやすいものから順に**乾性油，半乾性油，不乾性油**と分けられています。このうち乾性油は，ヨウ素価（乾きやすさを表すもの）が高く，空気中の酸素と反応しやすいので，その際に発生した熱（酸化熱）が蓄積すると自然発火を起こす危険があります。

　また，ヨウ素価の大きさについては，次のように，乾性油＞半乾性油＞不乾性油の順になり，この順に自然発火しやすくなります。

小 ←	ヨウ素価	→ 大（乾きやすい）
100 以下	100～130	130 以上，
不乾性油	半乾性油	乾性油
（ツバキ油，ヒマシ油，オリーブ油など）	（ゴマ油，ナタネ油など）	（アマニ油，キリ油など）

【問題 42】

動植物油類の中で乾性油などは，自然発火することがあるが，次のうち最も自然発火を起こしやすい状態にあるものはどれか。

⑴　容器に貯蔵した油に不乾性油が混合した場合。

⑵　油がしみ込んだ布や紙などを，長期間，風通しの悪い所に積んである場合。

⑶　ガラス製の容器が長期間，直射日光にさらされている場合。

解答

【問題 39】⑵　【問題 40】⑵

(4) 油の入った容器を，ふたをせずに貯蔵した場合。
(5) 種々の動植物油が同一場所に貯蔵されている場合。

解説

ヨウ素価の高い乾性油のしみ込んだものを長期間，通風の悪い所に積んであると，空気中の酸素と反応して自然発火を起こす危険があります。

なお，この場合，**換気が悪い**方が自然発火しやすくなるので，注意が必要です。

【問題 43】

次の動植物油類の中で，最も自然発火を起こしやすいものはどれか。

(1) ひまし油　　(2) ごま油
(3) あまに油　　(4) オリーブ油
(5) ナタネ油

解説

【問題 41】の解説にあるヨウ素価の一覧より，ヨウ素価が 130 以上のグループにある(3)のあまに油が正解です。

なお，この問題は，「ヨウ素価が一番大きいものは？」として出題されることもあります（答えは同じです。）。

まとめの問題

【問題 44】

次の第 4 類危険物のうち，比重が 1 より大きいものはいくつあるか。

「グリセリン，アセトアルデヒド，二硫化炭素，メタノール，酢酸，クレオソート油，ベンゼン，ニトロベンゼン」

(1) 2つ　　(2) 3つ　　(3) 4つ　　(4) 5つ　　(5) 6つ

解説

P.326 の表より，**グリセリン，二硫化炭素，酢酸，クレオソート油，ニトロベンゼン**の 5 つになります。

なお，その他で比重が 1 より大きいものには，**クロロベンゼン，アニリン，エチレングリコール**などがあります。

解答

【問題 41】(1)

【問題 45】

次の第 4 類危険物のうち，水に溶けるものはいくつあるか。

「ピリジン，アルコール，二硫化炭素，酸化プロピレン，ベンゼン，アセトアルデヒド，グリセリン，アセトン」

(1) 2つ　(2) 3つ　(3) 4つ　(4) 5つ　(5) 6つ

解説

P.326 の表の水溶性の欄より，○（または△）になっているのは，**ピリジン，アルコール，酸化プロピレン，アセトアルデヒド，グリセリン，アセトン**の 6 つになります。

なお，その他のもので，水溶性のものには，**酢酸**，**エーテル**（少溶），**エチレングリコール**などがあります。

【問題 46】

次の第 4 類危険物のうち，常温（20 ℃）で引火の危険性がないものは，どれか。

(1) メタノール
(2) ジエチルエーテル
(3) ベンゼン
(4) 酢酸
(5) アセトン

解説

第 4 類危険物で，常温（20 ℃）で引火の危険性がないものは，第 2 石油類以降（第 2 石油類，第 3 石油類，第 4 石油類，動植物油類）になります（P.28 問題 29 の表参照）。

（逆にいうと，「特殊引火物と第 1 石油類およびアルコール類（一部除く）」は常温で引火する危険性がある）。

従って，酢酸は第 2 石油類なので，常温（20 ℃）で引火の危険性がないものになります（引火点は **39 ℃**）。

解答

【問題 42】(2)　【問題 43】(3)　【問題 44】(4)

【問題 47】

次の第 4 類危険物のうち，無色透明なものはどれか。

(1) クレオソート油
(2) ニトロベンゼン
(3) 軽油
(4) 自動車ガソリン
(5) グリセリン

解説

クレオソート油は**黄色**または**暗緑色**，ニトロベンゼンは**無色**または**淡黄色**，軽油は**淡黄色**または**淡褐色**，自動車ガソリンは**オレンジ色**となっています。

なお，アセチレンとアセトンの構造式を提示して，その物質名を答えさせる問題が出題されているので，注意して下さい。(P. 326 参照)。

$$H-C\equiv C-H$$

アセチレン

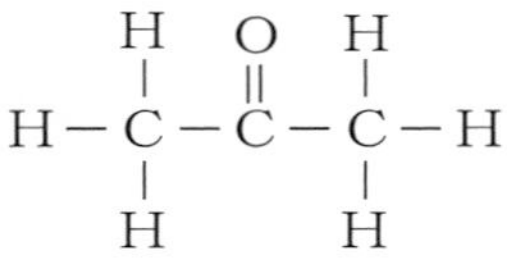

アセトン

【問題 48】

次のうち，重合反応を起こして爆発を起こす危険性のあるものはどれか。

(1) トルエン　(2) 硝酸アンモニウム　(3) 酸化プロピレン
(4) 硫酸ヒドラジン　(5) アセトアルデヒド

解説

重合反応を起こす物質は，**酸化プロピレン**（特殊引火物），**スチレン**（第 2 石油類非水溶性），**アクリル酸**（第 2 石油類水溶性）などが該当します。

解答

【問題 45】(5)　【問題 46】(4)　【問題 47】(5)　【問題 48】(3)

第５類に共通する特性の重要ポイント

●甲種スッキリ！重要事項 No.15

⑴ 共通する性状

① 可燃性の**固体**または**液体**である。

② 水より重い（比重が１より大きい。）

③ 分子内に**酸素**を含有している**自己反応性物質**である（⇒可燃物と酸素供給源が共有している）。

④ 有機の**窒素化合物**が多い（⇒化学式に **C** や **N** を含むものが多い）。

⑤ 燃焼速度がきわめて**速い**。

⑥ **加熱**，**衝撃**または**摩擦等**により，**発火**，**爆発**することがある。

⑦ **自然発火**を起こすことがある（ニトロセルロースなど）。

⑧ **引火性**を有するものがある（硝酸エチルなど）。

⑨ 水とは反応しない。

⑩ 金属と反応して，**爆発性の金属塩**を生じるものがある。

⑵ 貯蔵および取扱い上の注意

① **火気**や**加熱**などをさける。

② **密栓**して**通風のよい冷所**に貯蔵する。

③ **衝撃**，**摩擦**などをさける。

④ 分解しやすい物質は，特に**室温**，**湿気**，**通風**に注意する。

⑤ **乾燥**させると危険な物質があるので，注意する。

５類に共通する貯蔵，取扱い法のまとめ	火気，**衝撃**，**摩擦等**を避け，**密栓**して**換気**のよい**冷所**に貯蔵する。

⑶ 消火の方法

第５類の危険物は，爆発的に燃焼するため，消火は非常に困難（特に多量の場合は，非常に困難）であるが，一般的には，**水系**（**大量の水や泡消火剤**など）の消火剤で消火する（⇒ハロゲンは不可）。

● 第５類危険物で注水消火できないものは？

⇒アジ化ナトリウム 出た!

9 第5類の危険物に共通する特性の問題

共通する性状

【問題1】 特急★★

第5類の危険物の性状について，次のうち正しいものはどれか。

⑴　すべて不燃性である。

⑵　引火性を有するものはない。

⑶　分子構造内に酸素を有していないものもある。

⑷　すべて自己反応性の固体である。

⑸　熱に対して安定している。

解説

⑴　誤り。第5類危険物は，**可燃性**の固体または液体です。

⑵　誤り。P.360の表にあるように，引火性（引火点）を有するものもあります。

⑶　正しい。第5類危険物は，分子内に酸素を含有している**自己反応性物質**ですが，例外があり，**アジ化ナトリウム**については，酸素は含有していません。

⑷　誤り。一部に液体のものもあります（⇒P.360参照）。

⑸　誤り。「**熱に対して不安定な物質**」です。

【問題2】 特急★★

第5類の危険物に関する一般的説明として，次のうち正しいものはどれか。

⑴　燃焼速度は極めて小さい。

⑵　水と接触すると，発熱する。

⑶　貯蔵に際して，温度の影響を考えなくてもよい。

⑷　無機化合物である。

⑸　比重は1より大きい。

解答は次ページの下欄にあります。

解説

(1) 誤り。自身に酸素を含有しているので，燃焼速度は極めて**大きい**危険性の高い物質です。

(2) 誤り。第5類危険物は，水とは反応しません。

(3) 誤り。分解しやすいものは，室温や湿気，通風などに注意する必要があります。

(4) 誤り。ほとんどは**有機化合物**であり，無機化合物は**アジ化ナトリウム**など一部だけです（⇒P.360の表参照）。

(5) 正しい。

【問題3】 急行★

第5類の危険物の一般的性状について，次のうち正しいものはどれか。

(1) 空気に触れると，発火するおそれがある。

(2) 有機の窒素化合物が多い。

(3) 金属と反応して分解し，自然発火する。

(4) 可燃性の固体である。

(5) 長時間のうちに重合が進み，次第に性質が変化していくものが多い。

解説

(1) 誤り。空気に触れると，発火するおそれがあるのは，第3類の**自然発火性物質**です。

(2) 正しい。P.360の化学式を見てもわかりますが，化学式に炭素（**C**⇒有機）や窒素（**N**）を含むものが多いので，正しい。

なお，「窒素または酸素を含有している。」という出題例もありますが，これも正解になります。

(3) 誤り。金属と反応して，爆発性の金属塩を生じる**ピクリン酸**のような物質もありますが，自然発火をするものではありません。

なお，第5類危険物で自然発火するものにニトロセルロースがありますが，この場合，**加熱，衝撃**および**日光**などによって**自然発火**をします。

(4) 誤り。可燃性の**固体**または**液体**です。

(5) 誤り。第4類危険物の酸化プロピレンには重合しやすい性質があります

解答

【問題1】(3)　【問題2】(5)

が，第5類危険物には，一般的にこのような性状はありません。

共通する貯蔵及び取扱い方法

【問題 4】

第5類の危険物に関する貯蔵方法について，次のうち誤っているものはどれか。

(1) 火気又は加熱などをさける。
(2) 貯蔵する際は，必要最小限の量を置く。
(3) 容器にガス抜き口を設けるものがある。
(4) 廃棄する場合は，危険性を低減させるため，まとめて廃棄する。
(5) 分解が促進されるおそれがあるので，日光や紫外線を避けて貯蔵する。

解説

(3) **エチルメチルケトンパーオキサイド**は，加熱や衝撃にきわめて鋭敏に反応するので，容器を密栓せず，通気性をもたせて保管します。
(4) 廃棄する場合は，まとめて廃棄すると災害が生じる可能性があるので，それぞれの危険物に応じた方法で廃棄します。

【問題 5】

第5類の危険物に関する貯蔵および消火の方法について，次のうち誤っているものはいくつあるか。

A 危険性を弱める目的で，希釈剤を加えるものがある。
B 湿気をさけ，できるだけ乾燥した状態で貯蔵する。
C 使用量に対し十分余裕を持たせた量を確保し，貯蔵時は，なるべくまとめて保管するようにする。
D 断熱性の良い容器に貯蔵する。
E すべてのものの消火に際して，水の使用が適切である。

(1) 1つ (2) 2つ (3) 3つ (4) 4つ (5) 5つ

解説

A 正しい。エチルメチルケトンパーオキサイドは，高純度のものは危険性が高いので，市販品は**ジメチルフタレート**などの希釈剤で50～60%に希

解答

【問題 3】(2)

釈されています。

B　誤り。分解しやすいものは湿気などに注意する必要はありますが，**過酸化ベンゾイル**や**ピクリン酸**などのように，乾燥した状態をさけて貯蔵しなければならない物質もあるので，誤りです。

C　誤り。前問の(2)より，貯蔵する際は**必要最小限の量**を置くようにし，また，危険物をまとめて保管すると，災害時の危険性を高める可能性があるので，接近して貯蔵しないようにします（類を異にする危険物の同時貯蔵は原則禁止です）。

D　誤り。エチルメチルケトンパーオキサイドのように分解しやすいものは，蓄熱しないよう，通気性のよい容器に貯蔵する必要があるので，誤りです。

E　誤り。アジ化ナトリウムは注水厳禁です。

従って，誤っているのは，B，C，D，Eの**4つ**になります。

【問題6】

第5類の危険物に関する貯蔵および消火の方法について，次のうち正しいものはどれか。

(1)　ニトログリセリンは，特に，金属との接触を避けなければならない。

(2)　燃焼が極めて速いため，燃焼の抑制作用のあるハロゲン化物消火剤が有効である。

(3)　ニトロセルロースは，アルコールまたは水で湿潤にして，安定な状態で冷所に貯蔵する。

(4)　金属のアジ化物は二酸化炭素消火剤による窒息消火が最も有効である。

(5)　有機過酸化物は，水分を避け，よく乾燥した状態で貯蔵する。

解説

(1)　誤り。第5類危険物で，特に，金属との接触を避けなければならないのは，**ピクリン酸**です。

(2)　誤り。第5類危険物の消火に，窒息効果のある二酸化炭素やハロゲン化物消火剤は適していません。

(3)　正しい。乾燥が進むと自然発火する危険性があるので，**アルコールまたは水で湿潤にして，安定な状態で冷所に貯蔵**します。

解答

【問題4】(4)　【問題5】(4)

(4)　(2)の解説より，誤り。

(5)　誤り。**過酸化ベンゾイル**や**エチルメチルケトンパーオキサイド**などの**有機過酸化物**を乾燥した状態で貯蔵すると，自然発火や爆発する危険性があるので，不適切です。

消火方法

【問題 7】

第 5 類の危険物（金属のアジ化物を除く）の消火について，次のうち誤っているものはいくつあるか。

A　スプリンクラー設備で冷却消火する。

B　一般に，酸素供給源をもち，自己燃焼するので，窒息消火は効果がない。

C　燃焼速度がきわめて速いので，燃焼の抑制作用のあるハロゲン化物消火剤での消火が適している。

D　泡消火設備で冷却消火する。

E　燃焼している危険物の量が多い場合は，消火がきわめて困難である。

(1)　1 つ　　(2)　2 つ　　(3)　3 つ　　(4)　4 つ　　(5)　5 つ

解説

A　正しい。第 5 類危険物は燃焼速度がきわめて速く，爆発的に燃焼するので，消火が大変困難ですが，一般的には，スプリンクラー設備などによる**大量の水**か**泡消火剤**によって消火します。

B　正しい。

C　誤り。第 5 類危険物の消火にハロゲン化物消火剤は不適です。

D，E　正しい。

従って，誤っているのは，C の **1 つ**のみになります。

【問題 8】

第 5 類の危険物（金属アジ化物を除く。）の火災に共通して消火効果が期待できる消火設備は，次の A～E のうちいくつあるか。

A　水噴霧消火設備

B　泡消火設備

C　不活性ガス消火設備

解答

【問題 6】(3)

D　粉末消火設備

E　屋内消火栓設備

(1)　1つ　　(2)　2つ　　(3)　3つ　　(4)　4つ　　(5)　5つ

解説

前問の解説より，第5類の危険物には，一般的には**水系の消火剤**が適しているので，Aの**水噴霧消火設備**，Bの**泡消火設備**，Eの**屋内消火栓設備**の**3つ**が正解です。

その他

【問題9】

次のうち，A～Dすべての条件に当てはまる化合物はどれか。

A　分子内にニトロ基が3つある。

B　硝酸エステルである。

C　凍結すると爆発する危険性がある。

D　粘性がある液体である。

(1)　ピクリン酸

(2)　トリニトロトルエン

(3)　ニトログリセリン

(4)　ニトロセルロース

(5)　過酸化ベンゾイル

解説

まず，Aの「分子内にニトロ基（$-NO_2$）が3つある。」からチェックすると，（$-NO_2$）が3つ⇒ $\mathbf{(-NO_2)_3}$ となるので，(1)のピクリン酸［$C_6H_2(NO_2)_3OH$］，(2)のトリニトロトルエン［$C_6H_2(NO_2)_3CH_3$］，(3)のニトログリセリン（$C_3H_5(ONO_2)_3$），(4)のニトロセルロース［$(C_6H_7(NO_2)_3)O_5]_n$（硝酸エステルが3つのもの）が該当します。

このうち，Bの硝酸エステルに該当するのは，(3)と(4)だけになり，また，CとDに当てはまるのは，(3)のニトログリセリンだけになります。

解答

【問題7】(1)　【問題8】(3)　【問題9】(3)

第5類危険物の各特性の重要ポイント

●甲種スッキリ！重要事項 No.16

第5類危険物に属する品名および主な物質は，次のようになります。

(㊊は結晶、(固)は固体、(粉)は粉末、(溶)は溶ける。△は少溶。)

品名	物質名（化学式）（△は液体，●印は無機化合物）	形状	比重	引火点	水溶性	アルコール	消火
①有機過酸化物	過酸化ベンゾイル（$((C_6H_5CO)_2O_2)$）	白(結)	1.33		×	(溶)	水系
	△エチルメチルケトンパーオーキサイド（$(CH_3C_2H_5CO_2)_2$）	無(液)	1.12	72℃		(溶)	
	△過酢酸（CH_3COO_2H）	無(液)	1.15	41℃	○	(溶)	
②硝酸エステル類	△硝酸エチル（$C_2H_5NO_3$）	無(液)	1.11	10℃	△	(溶)	困難
	△硝酸メチル（CH_3NO_3）	無(液)	1.22	15℃	×	(溶)	
	△ニトログリセリン（$C_3H_5(ONO_2)_3$）	無(液)	1.6		△	(溶)	
	ニトロセルロース（$[(C_6H_7(ONO_2)_3)]n$）	無(固)	1.7		×		水系
③ニトロ化合物	ピクリン酸（$C_6H_2(NO_2)_3OH$）	黄(結)	1.77	207℃	○	(溶)	水系（難）
	トリニトロトルエン（$C_6H_2(NO_2)_3CH_3$）	黄(結)	1.65		×	(溶)	
④ニトロソ化合物	ジニトロペンタメチレンテトラミン（$C_5H_{10}N_6O_2$）	淡黄(粉)			△	△	水系
⑤アゾ化合物	アゾビスイソブチロニトリル				△		水系
⑥ジアゾ化合物	ジアゾジニトロフェノール（$C_6H_2N_4O_5$）	黄(粉)	1.63			(溶)	困難
⑦ヒドラジンの誘導体	●硫酸ヒドラジン（$NH_2NH_2 \cdot H_2SO_4$）	白(結)	1.37		温水○		水系
⑧ヒドロキシルアミン	●ヒドロキシルアミン（NH_2OH）	白(結)	1.20		○	(溶)	水系
⑨ヒドロキシルアミン塩類	●硫酸ヒドロキシルアミン（$H_2SO_4 \cdot (NH_2OH)_2$）	白(結)	1.90		○		水系
	●塩酸ヒドロキシルアミン（$HCl \cdot NH_2OH$）	白(結)	1.67		○	△	
⑩その他のもので政令で定めるもの	●アジ化ナトリウム（NaN_3）	無(結)	1.85		○		砂
	硝酸グアニジン（省略）	白(結)	1.44		○	(溶)	水系

10 第５類に属する各危険物の問題

有機過酸化物

【問題１】 特急★★

過酸化ベンゾイルの性状について誤っているものはどれか。

(1) 無色無臭の液体である。
(2) 光によって，分解が促進される。
(3) 比重は１より大きい。
(4) 衝撃，摩擦によって爆発的に分解しやすい。
(5) 融点以上に加熱すると，爆発的に分解する。

解説

(1) 誤り。過酸化ベンゾイルは，**白色**または**無色**の**固体**（結晶）です。
(3) 正しい。過酸化ベンゾイルの比重は，1.33 です。

【問題２】 特急★★

過酸化ベンゾイルの性状について，次のうち誤っているものはどれか。

(1) 強力な酸化作用がある。
(2) 水に溶ける。
(3) 加熱すると 100 ℃前後で分解する。
(4) 衝撃，摩擦に対して鋭敏であり，爆発的に分解しやすい。
(5) 皮膚に触れると皮膚炎を起こす。

解説

過酸化ベンゾイルは，水には溶けません。

【問題３】 急行★

過酸化ベンゾイルの性状について，次のうち誤っているものはいくつあるか。

解答は次ページの下欄にあります。

A　アルコールや酸，アミンなどと接触すると，爆発を起こしやすい。

B　エーテル，ベンゼンなどの有機溶媒には溶けない。

C　発火点が非常に低く，衝撃や摩擦等により爆発的に分解する。

D　乾燥すると，安定した状態になる。

E　弱い酸化作用を有する。

(1)　1つ　　(2)　2つ　　(3)　3つ　　(4)　4つ　　(5)　5つ

解説

A　正しい。アルコールなどの**有機物**や**酸**，**アミン類**と接触すると，分解して**爆発する**おそれがあります。

B　誤り。過酸化ベンゾイルは，水には溶けませんが（**⇒水とは反応しない**），**エーテル**，**ベンゼン**などの有機溶媒には溶けます

C　正しい。過酸化ベンゾイルの発火点は125℃と，他の第5類危険物に比べても低く，衝撃や摩擦等によって爆発的に分解します。

D　誤り。過酸化ベンゾイルは，乾燥すると危険性が増すので，乾燥状態を避けて貯蔵します。

E　誤り。過酸化ベンゾイルの酸化作用は非常に強力です。

従って，誤っているのは，B，D，Eの**3つ**になります。

【問題4】

過酸化ベンゾイルの貯蔵および取扱いについて，次のうち誤っているものはいくつあるか。

A　光によって分解が促進されるので，直射日光を避ける。

B　湿気など空気中の水分と反応しやすいので，常に乾燥した状態で貯蔵し，または取り扱う。

C　強力な酸化力を有するので，酸化されやすい物質と一緒に貯蔵しない。

D　有機物と混合すると爆発を起こすことがあるので，一緒に貯蔵しない。

E　摩擦や衝撃には比較的安定であるが，加熱により爆発的に分解するので，取扱いには十分注意する。

(1)　1つ　　(2)　2つ　　(3)　3つ　　(4)　4つ　　(5)　5つ

解説

解答

【問題1】(1)　　【問題2】(2)

A　正しい。

B　誤り。過酸化ベンゾイルは，水とは反応しません。また，乾燥すると危険性が**増大する**ので，逆に，水分を加えることにより，危険性を低減させたりします。

C，D　正しい。

E　誤り。加熱のほか，**摩擦**や**衝撃**によっても爆発的に分解するので，加熱，衝撃，摩擦等を避けて貯蔵します。

従って，誤っているのは，B，Eの**2つ**になります。

【問題5】

エチルメチルケトンパーオキサイドの希釈剤として，次のうち一般に用いられているものはどれか。

(1)　イソプロピルアルコール　　(2)　二硫化炭素

(3)　ジメチルアミン　　(4)　ナフテル酸コバルト

(5)　ジメチルフタレート（フタル酸ジメチル）

解説

エチルメチルケトンパーオキサイドは，高純度のものは危険性が高いので，市販品はジメチルフタレートなどの**可塑剤**で50～60％に希釈されています。

【問題6】

ジメチルフタレートで60％に希釈されたエチルメチルケトンパーオキサイドの性状について，次のうち誤っているものはどれか。

(1)　無色透明で，水よりやや重い油状の液体である。

(2)　引火性を有する。

(3)　加熱，衝撃，摩擦等のほか，直射日光による温度上昇によっても分解する。

(4)　酸化鉄，ボロ布などと接触すると分解することがある。

(5)　水にはよく溶けるが，有機溶媒には溶けない。

解説

エチルメチルケトンパーオキサイドは，アルコールやジエチルエーテルなど

解答

【問題3】(3)　　【問題4】(2)

の有機溶媒にはよく溶けますが，水には溶けません（水とは反応もしない）。

【問題 7】

エチルメチルケトンパーオキサイドの貯蔵，取扱いについて，次のうち適切なものはいくつあるか。

A　酸や塩基の混入を避ける。

B　ぼろ布，鉄さび等と接触しないようにする。

C　水と接触すると分解するので，水との接触を避ける。

D　日光の直射を避け，冷暗所に貯蔵する。

E　空気に触れないよう，貯蔵容器は密封する。

(1)　1つ　　(2)　2つ　　(3)　3つ　　(4)　4つ　　(5)　5つ

解説

A　正しい。

B　正しい。**ぼろ布**，**鉄さび**や**アルカリ**などと接触すると，著しく分解が促進されるので，これらのものと接触しないように貯蔵，取扱う必要があります。

C　誤り。エチルメチルケトンパーオキサイドは，水には溶けず，反応もしません。

D　正しい。日光による分解を避けて貯蔵します。

E　誤り。エチルメチルケトンパーオキサイトは，40℃以上になると分解が促進されるので，貯蔵する際は，内圧の上昇を防ぐため，容器は密閉せず，フタに**通気性**を持たせて貯蔵します。

従って，正しいのは，A，B，Dの**3つ**になります。

【問題 8】

過酢酸の性状等について，次のうち誤っているものはどれか。

(1)　引火性があるので，火気厳禁である。

(2)　約 110℃まで加熱すると，爆発する。

(3)　火災の際の消火剤として，水は不適切である。

(4)　強い酸化作用と助燃作用がある。

(5)　水のほか，アルコール，エーテルにも溶ける。

解答

【問題 5】(5)　　【問題 6】(5)

解説

過酢酸の消火については，一般的な第５類危険物同様，大量の水で冷却消火します（(4)の強酸化作用⇒**還元性物質**との接触により爆発するおそれがある)。

硝酸エステル類

【問題９】

硝酸エステル類に属するものは，次のうちいくつあるか。

A　ニトロセルロース　　B　ニトロベンゼン

C　硝酸エチル　　D　硝酸アンモニウム

E　ニトログリセリン

(1)　1つ　(2)　2つ　(3)　3つ　(4)　4つ　(5)　5つ

解説

A　硝酸エステル類に属している。

B　硝酸エステル類ではない。ニトロベンゼンは第４類危険物の**第３石油類**です。

C　硝酸エステル類に属している。

D　硝酸エステル類ではない。硝酸アンモニウムは第１類危険物の**硝酸塩類**です。

E　硝酸エステル類に属している。

従って，硝酸エステル類に属するものは，A，C，Eの**３つ**になります。

【問題10】

硝酸エチルの性状について，次のうち誤っているものはいくつあるか。

A　腐敗臭のする赤褐色の液体である。

B　引火点は常温（20℃）より低い。

C　液体の比重は1より小さい。

D　メタノールに溶けるが，水には溶けない。

E　蒸気は空気より重い。

(1)　1つ　(2)　2つ　(3)　3つ　(4)　4つ　(5)　5つ

解答

【問題7】(3)　【問題8】(3)

解説

A　誤り。硝酸エチルは，甘味のある**無色**の液体です。

B　正しい。硝酸エチルの引火点は常温（20℃）より低く，**10℃**です。

C　誤り。硝酸エチルの比重は1より大きく，**1.11**です。

D　誤り。水にはわずかですが，溶けます。

E　正しい。蒸気比重は3.14です。

従って，誤っているのは，A，C，Dの**3つ**になります。

【問題11】

硝酸メチルの性状について，次のうち誤っているものはどれか。

⑴　比重は1より大きい。

⑵　芳香を有し，甘みのある無色透明の液体である。

⑶　メタノールに溶けるが，水には溶けない。

⑷　引火点は常温（20℃）より低い。

⑸　引火性はない。

解説

硝酸メチルについては，出題例がきわめて少ないですが，基本的には硝酸エチルとほとんど性状が同じなので，同様に考えればよいでしょう。

従って，⑸の「引火性はない。」が誤りになります。

なお，硝酸メチル，硝酸エチルともほとんど性状が同じなのですが，ただ，水に対しては，**硝酸エチル**が**わずかに溶ける**のに対し，**硝酸メチル**は**ほとんど溶けません**。

よって，⑶については，前問の硝酸エチルでは誤りになりますが，硝酸メチルでは「正しい。」ということになります。

【問題12】

ニトロセルロースを弱綿薬と強綿薬に分ける場合があるが，そのことについて，次のうち正しいものはどれか。

⑴　イソプロパノールの含有量によって分ける。

⑵　水分の含有量によって分ける。

解答

【問題9】⑶　　【問題10】⑶

(3) 酸素の含有量によって分ける。

(4) 窒素の含有量によって分ける。

(5) 水分の含有量によって分ける。

解説

窒素含有量（**硝化度**という）の大きいものを**強綿薬**，少ないものを**弱綿薬**といい，硝化度の大きいものほど（＝窒素含有量の多いものほど）危険です。

【問題 13】

ニトロセルロースは，乾燥状態では，加熱，衝撃，摩擦等のほか，日光によっても分解して，自然発火する危険性があるので，ある湿潤剤で湿らせて安全性を高めている。次のA～Eのうち，その湿潤剤として一般に使われているものいくつあるか。

A　水　　　　　B　ベンゼン

C　エーテル　　D　アルコール

E　酢酸エチル

(1) 1つ　(2) 2つ　(3) 3つ　(4) 4つ　(5) 5つ

解説

ニトロセルロースは，乾燥状態にすると自然発火する危険性があるので，一般に，水，エーテル，アルコールなどの湿潤剤を用いて，貯蔵します（⇒3つ）。

【問題 14】

ニトロセルロースの性状等について，次のうち誤っているものはどれか。

(1) セルロースを硝酸と硫酸の混合液に漬けてつくったものである。

(2) 硝化度の高いものを強綿薬（強硝化綿），低いものを弱綿薬（弱硝化綿）という。

(3) 窒素含有量が多いほど危険性が大きくなる。

(4) 乾燥状態で貯蔵すると危険である。

(5) 水や有機溶剤によく溶ける。

解説

解答

【問題 11】(5)

ニトロセルロースは，水には溶けません。

【問題 15】

ニトロセルロースについて，次のうち誤っているものはどれか。

⑴　無味無臭の綿状の固体である。
⑵　強綿薬（強硝化綿）はエタノールに溶けやすい。
⑶　日光によって分解し，自然発火することがある。
⑷　燃焼速度がきわめて速い。
⑸　弱綿薬をある種の溶剤で溶かしたものがコロジオンである。

解説

⑴　正しい。なお，「特有の臭気がある。」という場合は，×なので，注意してください。
⑵　誤り。エタノールに溶けやすいのは，強綿薬ではなく**弱綿薬**です。
⑶　正しい。ニトロセルロースは**自然発火性**の物質です。

【問題 16】

ニトロセルロースの貯蔵，取扱いの注意事項として，次のうち誤っているものはどれか。

⑴　発火の危険があるので，加熱はもちろん，打撃や摩擦も加えないようにする。
⑵　乾燥すると危険性が増すため，貯蔵中はアルコールなどで湿らせておく。
⑶　含有窒素量（硝化度）の多いものほど危険性が大きいので，取り扱いには特に注意する
⑷　貯蔵容器には，分解ガスによる破裂を防ぐため，通気孔を設けておく。
⑸　日光の直射を避けて貯蔵する。

解説

ニトロセルロースの貯蔵容器は，一般的な危険物を貯蔵するときと同じく，**密栓**します。通気孔を設ける必要があるのは，第 5 類の**エチルメチルケトンパーオキサイド**と第 6 類の**過酸化水素**のみです。

解答

【問題 12】⑷　【問題 13】⑶　【問題 14】⑸

【問題 17】

ニトロセルロースの火災に使用する消火剤として，次のうち最も適切なものはどれか。

(1)　二酸化炭素　　(2)　ハロゲン化物

(3)　高膨張泡　　(4)　消火粉末

(5)　大量の水

解説

ニトロセルロースは，他の一般的な第５類危険物同様，大量の水で冷却消火をします。

【問題 18】

ニトログリセリンの性状について，次のうち誤っているものはどれか。

(1)　無色で甘味のある油状液体である。

(2)　アルコールには溶けるが，水には溶けない。

(3)　水より重い。

(4)　8℃で凍結して固体となり，液体よりも爆発力が低下する。

(5)　水酸化ナトリウムのアルコール溶液で分解すると，非爆発性となる。

解説

ニトログリセリンは，8℃で凍結して固体になりますが，液状よりも爆発力は大きくなります。

【問題 19】

硝酸エステル類について，次のうち誤っているものはどれか。

(1)　硝酸エチルは，引火しやすい無色の液体である。

(2)　ニトログリセリンは，常温（20℃）で無色ないし淡黄色の油状液体である。

(3)　ニトロセルロースは，日光の照射や気温が高いときなどに分解が促進されて，自然発火しやすい。

(4)　ニトログリセリンは，グリセリンと硝酸のエステルであり，水にはほとんど溶けない。

解答

【問題 15】(2)　　【問題 16】(4)

(5) ニトログリセリンをしょう脳のアルコール溶液に溶かしたものがコロジオンである。

解説

(1) 正しい。硝酸エチルは引火性のある液体です。

(2), (3) 正しい。

(4) 正しい。なお，エステルとは，一般式で，R-COO-R′ という構造で表される化合物で（R は炭化水素基），アルコールとカルボン酸が**脱水縮合**することによって生じます（この反応を**エステル化**という）。

(5) 誤り。ラッカー等の原料となるコロジオンは，ニトロセルロース（弱硝化綿）をしょう脳ではなく，ジエチルエーテルとアルコール溶液に溶かしたものをいいます。

ニトロ化合物

【問題 20】

第 5 類のニトロ化合物に該当する危険物として，正しいものは次のうちどれか。

(1) ニトロセルロース，ニトログリセリン

(2) 硝酸エチル，ジニトロトルエン

(3) ニトロベンゼン，過酸化ベンゾイル

(4) ピクリン酸，トリニトロトルエン

(5) 硝酸メチル，ジニトロソペンタメチレンテトラミン

解説

(1) 誤り。ニトロセルロース，ニトログリセリンとも**硝酸エステル類**です。

(2) 誤り。ジニトロトルエンはニトロ化合物ですが，硝酸エチルは**硝酸エステル類**です。

(3) 誤り。過酸化ベンゾイルは**有機過酸化物**で，ニトロベンゼンは第 4 類危険物の**第 3 石油類**です。

(4) 正しい。ピクリン酸，トリニトロトルエンともニトロ化合物です。

(5) 誤り。硝酸メチルは**硝酸エステル類**，ジニトロソペンタメチレンテトラミンは**ニトロソ化合物**です。

解答

【問題 17】(5)　　【問題 18】(4)

【問題 21】

第 5 類のニトロ化合物について，次のうち誤っているものはどれか。

(1) 代表的なものに，トリニトロトルエンがある。
(2) 燃焼に必要な酸素を含有している。
(3) 急激な加熱，打撃等により爆発する。
(4) ニトロ基をもつすべての化合物が含まれる。
(5) 火災の初期に，大量の棒状注水で冷却消火する。

解説

この問題は，化学の分野においてニトロ基をもつものは，ということではなく，消防法における第 5 類危険物のニトロ化合物は？　ということなので，ピクリン酸とトリニトロトルエンの 2 つだけであり，(4)が誤りです。

【問題 22】

次のすべての条件に該当する危険物として，正しいものはどれか。

A　硝酸エステル類である。　　B　無色の油状物質である。
C　凍結させると危険性が増す。　　D　ダイナマイトの原料である。

(1) ピクリン酸　　(2) ニトログリセリン
(3) ニトロセルロース　　(4) 硝酸メチル
(5) トリニトロトルエン

解説

硝酸エステル類には，硝酸エチル，硝酸メチル，ニトログリセリン，ニトロセルロースなどがありますが，C と D の性状より，ニトログリセリンが該当します。

【問題 23】

$C_6H_2(NO_2)_3OH$ の性状について，次のうち誤っているものはどれか。

(1) 金属と反応するので，金属製の容器に保管するのを避ける。
(2) 水やアルコール，ジエチルエーテル等に溶ける。
(3) 爆薬の原料となる。
(4) 乾燥状態にすると，安定化する。

解答

【問題 19】(5)　　【問題 20】(4)

(5) メタノールなどと混合したものは，摩擦，打撃などにより激しく爆発する。

解説

$C_6H_2(NO_2)_3OH$ はピクリン酸で乾燥状態にすると危険性が高くなります。

なお，ピクリン酸の化学式は［**$C_6H_2(NO_2)_3OH$**］であり，本試験では，「$C_6H_2(NO_2)_3OH$ の性状について，次のうち誤っているものはどれか。」と，物質名ではなく，化学式で出題される可能性もあるので，注意してください。

【問題 24】

ピクリン酸の性状について，次のうち正しいものはいくつあるか。

A 金属塩にすると，非常に安定になる。

B 甘みのある無色，無臭の液体である。

C ガソリンやアルコールなどと混ざると，爆発の危険性が大きくなる。

D 比重は1より小さい。

E 消火の際は，大量注水により消火する。

(1) 1つ (2) 2つ (3) 3つ (4) 4つ (5) 5つ

解説

A 誤り。ピクリン酸は，金属と反応すると**爆発性**の金属塩になります。

B 誤り。ピクリン酸は，無臭ですが，**苦味**があり有毒で，また，液体ではなく**黄色の結晶（固体）**です。

C 正しい。

D 誤り。ピクリン酸の比重は 1.77 で，1より大きい物質です。

E 正しい。

従って，正しいのは，C，E の**2つ**になります。

【問題 25】

トリニトロトルエンとピクリン酸とに共通する事項として，次のうち誤っているものはどれか。

(1) 比重は1より大きい。

(2) ニトロ化合物で，爆薬原料として用いられる。

(3) 金属と作用して非常に危険な金属塩を生じる。

解答

【問題 21】(4) 【問題 22】(2)

(4) 打撃，衝撃を加えると爆発し，その爆発力は大きい。
(5) ともに黄色または淡黄色の結晶である。

解説

トリニトロトルエンの性状は，ピクリン酸と似ていますが，ただ，ピクリン酸が金属と作用して爆発性の金属塩を生じるのに対し，トリニトロトルエンは金属とは反応しないので，(3)が誤りです。

【問題 26】

トリニトロトルエンとピクリン酸とに共通する事項として，次のうち誤っているものはどれか。

(1) ともに分子中にニトロ基を3個持っている。
(2) ともに比重は1より大きい。
(3) ともに発火点は100℃未満である。
(4) ともにジエチルエーテルに溶ける。
(5) ともに有機化合物で，常温（20℃）では固体である。

解説

発火点は，トリニトロトルエンが230℃，ピクリン酸が320℃と，いずれも100℃以上です。

ニトロソ化合物

【問題 27】 イマヒトツ…

天然ゴムや合成ゴムなどの起泡剤として用いられるジニトロソペンタメチレンテトラミンの性状について，次のうち誤っているものはどれか。

(1) 淡黄色の粉末である。
(2) 水，ベンゼンにわずかに溶ける。
(3) 加熱すると分解し，窒素を発生する。
(4) 酸性溶液中では安定している。
(5) 有機化合物と混触すると発火することがある。

解説

解答

【問題 23】(4)　【問題 24】(2)

ジニトロソペンタメチレンテトラミンは，酸に接触すると爆発的に分解するので，酸性溶液中では不安定です。

アゾ化合物

【問題 28】

アゾビスイソブチロニトリルの性質について，次のうち誤っているものはどれか。

⑴　アセトンやヘプタン中では，安定である。

⑵　分解生成物には，窒素やシアン化水素などがある。

⑶　衝撃，摩擦を加えると，爆発的に分解するおそれがある。

⑷　分解は自己加速的である。

⑸　空気中で微粒子が拡散した場合は，粉じん爆発のおそれがある。

解説

この物質については，ほとんど出題例がありませんが，ごくたまに出題されることがあります。

さて，アゾビスイソブチロニトリルは，アルコールやアセトン，ヘプタンなどの**炭化水素**と激しく反応して，爆発する危険性があります。

ジアゾ化合物

【問題 29】

ジアゾジニトロフェノールについて，次のうち誤っているものはどれか。

⑴　黄色の粉末である。

⑵　光により，変色する。

⑶　燃焼現象は爆ごうを起こしやすい。

⑷　常温（20℃）で水中であっても爆発する，非常に危険性の高い物質である。

⑸　摩擦や衝撃により，容易に爆発する。

解説

ジアゾジニトロフェノールは，水には溶けず，**湿らせて保管する**か，あるいは，**水中に貯蔵**します。

解答

【問題 25】⑶　【問題 26】⑶　【問題 27】⑷

従って，⑷の，水中であっても爆発する，が誤りです。

なお，⑶の「爆ごう」とは，爆発の際に火炎が音速を超える速さで伝播していく現象のことで，デトネーションともいい，強い破壊作用があります。

ヒドラジンの誘導体

【問題 30】

ヒドラジンの誘導体である硫酸ヒドラジンの性状について，次のうち誤っているものはどれか。

⑴　黄色の結晶または褐色の粉末である。

⑵　冷水には溶けないが，温水には溶ける。

⑶　水溶液は酸性を示す。

⑷　還元性が強く，酸化剤とは激しく反応する。

⑸　アルカリと接触するとヒドラジンを遊離する。

解説

硫酸ヒドラジンは，**白色**の結晶です。

> 硫酸ヒドラジン
> ⇒　水溶液は酸性で，還元性の強い白色結晶

その他

【問題 31】

硫酸ヒドロキシルアミンの性状について，次のうち誤っているものはどれか。

⑴　無色または白色の結晶である。　⑵　強力な還元剤である。

⑶　水によく溶ける。　⑷　潮解性がある。

⑸　ガラス製容器を溶かす。

解説

硫酸ヒドロキシルアミンは，ガラス製容器ではなく，鉄製容器を腐食させます。

解答

【問題 28】⑴　【問題 29】⑷

【問題 32】

硫酸ヒドロキシルアミンの性状について，次のうち誤っているものはいくつあるか。

A　水溶液は強い酸性で，金属を腐食させる。

B　アルカリとの接触により激しく分解する。

C　エーテル，エタノールに溶ける。

D　加熱や燃焼及び高温面や炎に触れると刺激性の有毒ガスを発生する。

E　自己反応性がある。

(1)　1つ　　(2)　2つ　　(3)　3つ　　(4)　4つ　　(5)　5つ

解説

A　正しい（なお，ヒドロキシルアミンの水溶液は**弱塩基性**です）。

B　誤り。**酸化剤**との接触により激しく分解します。

C　誤り。エーテル，エタノールには溶けません。

D　正しい。加熱や燃焼により，**ヒューム**や刺激性の有毒ガスである**窒素酸化物**（NOx）や**硫黄酸化物**（SOx）を発生します。

E　正しい。

従って，誤っているのは，B，Cの**2つ**になります。

【問題 33】

硫酸ヒドロキシルアミンの貯蔵，取扱いについて，次のうち誤っているものはいくつあるか。

A　潮解性があるため，容器は密封して貯蔵する。

B　アルカリ物質が存在すると，爆発的な分解が起こる場合がある。

C　乾燥状態にすると危険性を増すので，湿潤な状態で貯蔵する。

D　消火作業の際には必ず空気呼吸器その他の保護具を着用し，風下で作業をしない。

E　水溶液は，鉄製容器に貯蔵してはならない。

(1)　1つ　　(2)　2つ　　(3)　3つ　　(4)　4つ　　(5)　5つ

解説

A　正しい。なお，クラフト紙袋に入った状態で流通することがあります。

解答

【問題 30】(1)　　【問題 31】(5)

B　誤り。硫酸ヒドロキシルアミンは強い還元剤であり，**酸化剤**が存在すると，爆発的な分解が起こる場合があります。

C　誤り。乾燥状態にして貯蔵します。

D　正しい。硫酸ヒドロキシルアミンの蒸気は，目や気道を強く刺激し，体内に入ると死に至ることもあるので，消火作業の際には，必ず空気呼吸器その他の保護具を着用する必要があります。

E　正しい。鉄製容器に貯蔵すると腐食させます。

従って，誤っているのは，B，Cの**2つ**になります。

【問題34】 急行★

アジ化ナトリウムの性状について，次のうち誤っているものはどれか。

(1)　無色（白色）の結晶である。

(2)　水に溶けにくく，エタノールにはよく溶ける。

(3)　空気中で急激に加熱すると激しく分解し，爆発することがある。

(4)　加熱すると窒素を発生しながら，金属ナトリウムを生成し，空気中の酸素と反応して燃焼する。

(5)　水溶液は，弱塩基性である。

解説

(2)　誤り。問題文は逆でアジ化ナトリウムは水には溶けますが，エタノールやエーテルには溶けません。

(3)　正しい。なお，アジ化ナトリウムには爆発危険性はありますが，引火危険はありません。

(4)　正しい。なお，アジ化ナトリウムが燃焼すると，水酸化ナトリウムのヒュームを発生します（ヒューム：物質の加熱や昇華によって生じる粉塵，煙霧，蒸気，揮発性粒子）

【問題35】

アジ化ナトリウムの性状について，次のうち誤っているものはどれか。

(1)　アルミニウムに対しても腐食性がある。

(2)　金属との接触により，発火・爆発することがある。

(3)　固体であり，比重は1より大きい。

解答

【問題32】(2)　　【問題33】(2)

(4) アルカリ金属とは激しく反応するが，銅，銀に対しては安定である。
(5) 酸と反応して，有毒で爆発性のアジ化水素酸を生成する。

解説

アジ化ナトリウム自体に爆発性はありませんが，銅，銀のほか，鉛，水銀などの重金属や，二硫化炭素などと反応し，衝撃に敏感な化合物（アジ化物）を生成します。

【問題 36】

アジ化ナトリウムの火災および消火について，次のうち誤っているものはどれか。

(1) 重金属との混合により，発熱，発火することがある。
(2) 火災時には，刺激性の白煙を多量に発生する。
(3) 火災時には，熱分解によりナトリウムが生成することがある。
(4) 消火には，ハロゲン化物を放射する消火器を使用する。
(5) 消火には，水を使用してはならない。

解説

第5類危険物に，二酸化炭素，**ハロゲン化物**，粉末の各消火剤は不適応です。

【問題 37】

次の内，アジ化ナトリウムと混合しても爆発する危険性のないものはどれか。

(1) 二硫化炭素　　(2) 水
(3) 水銀　　(4) 銅
(5) 鉛

解説

アジ化ナトリウムは，**酸**や**二硫化炭素**，重金属（**銀，銅，鉛，水銀**），と反応すると，衝撃に敏感な化合物を生成し，爆発する危険性があります。

なお，上記のように，アジ化ナトリウムは金属と反応して爆発するおそれがあるので，「**金属のさじ**でアジ化ナトリウムに触れたら爆発した」という出題

解答

【問題 34】(2)

があれば，正解になります。

【問題 38】

硝酸グアニジンの性状について，次のうち誤っているものはどれか。

(1) 無色または白色の固体である。
(2) 水，エタノールに不溶である。
(3) 可燃性物質と混触すると発火するおそれがある。
(4) 急激な加熱，衝撃により爆発するおそれがある。
(5) 大量注水による消火が適切である。

解説

硝酸グアニジンは，水やアルコールに溶けます。

【問題 39】

次の A～E の特徴がすべて当てはまる危険物はどれか。

A 油状の液体である。
B ニトロ基を3つ持つ。
C 水には溶けないが有機溶媒には溶ける。
D 凍結すると危険性が増す。
E 硝酸エステルである。

(1) ニトロセルロース
(2) ニトログリセリン
(3) ピクリン酸
(4) トリニトロトルエン
(5) 硝酸エチル

解説

まず，E の硝酸エステルより，硝酸エチル，硝酸メチル，ニトログリセリン，ニトロセルロースなどが該当することになります。

次に，B の「ニトロ基を3つ持つ。」と D の「凍結すると危険性が増す。」より，ニトログリセリンということになります。

解答

【問題 35】(4)　【問題 36】(4)　【問題 37】(2)

まとめの問題

【問題 40】

次の第 5 類危険物のうち，水溶性のものはいくつあるか。

「ピクリン酸，過酢酸，過酸化ベンゾイル，エチルメチルケトンパーオキサイド，アジ化ナトリウム，ニトロセルロース」

(1) 1つ　(2) 2つ　(3) 3つ　(4) 4つ　(5) 5つ

解説

第 5 類危険物のほとんどのものは**水に溶けません**が，**過酢酸**，**アジ化ナトリウム**，**硫酸ヒドラジン**（ただし温水），ピクリン酸（ただし温水）は水に溶けます。

【問題 41】

次の第 5 類危険物のうち，黄色または淡黄色のものはいくつあるか。

「アジ化ナトリウム，ピクリン酸，トリニトロトルエン，硝酸グアニジン，過酸化ベンゾイル，硫酸ヒドロキシルアミン」

(1) 1つ　(2) 2つ　(3) 3つ　(4) 4つ　(5) 5つ

解説

第 5 類危険物は，そのほとんどが**無色**または**白色**の物質ですが，ニトロ化合物（**ピクリン酸，トリニトロトルエン**），ニトロソ化合物（ジニトロソペンタメチレンテトラミン），ジアゾ化合物（ジアゾジニトロフェノール）は**黄色**か**単黄色**の物質です。

【問題 42】

次の第 5 類危険物のうち，常温（20 ℃）で液状のものはいくつあるか。

「ニトロセルロース，ニトログリセリン，硝酸エチル，ピクリン酸，硝酸メチル，エチルメチルケトンパーオキサイド，過酢酸」

(1) 1つ　(2) 2つ　(3) 3つ　(4) 4つ　(5) 5つ

解説

第 5 類危険物のうち，液体のものは，**エチルメチルケトンパーオキサイド，**

解答

【問題 38】(2)　【問題 39】(2)

過酢酸，硝酸エチル，硝酸メチル，　ニトログリセリンなので，(5)の**5つ**が正解です。

【問題 43】

次の第5類危険物のうち，無機化合物のものはいくつあるか。

「ピクリン酸，アジ化ナトリウム，ニトロセルロース，硝酸グアニジン，硫酸ヒドラジン，ニトログリセリン，硫酸ヒドロキシルアミン」

(1)　1つ　　(2)　2つ　　(3)　3つ　　(4)　4つ　　(5)　5つ

解説

第5類危険物のほとんどは**有機化合物**ですが，**アジ化ナトリウム，硫酸ヒドラジン，硫酸ヒドロキシルアミン**などは無機化合物です。

【問題 44】

次の第5類危険物のうち，引火性を有するものはいくつあるか。

「ニトログリセリン，硝酸メチル，ニトロセルロース，過酢酸，ピクリン酸，エチルメチルケトンパーオキサイド，硝酸エチル」

(1)　1つ　　(2)　2つ　　(3)　3つ　　(4)　4つ　　(5)　5つ

解説

第5類危険物で引火性を有するものは，**過酢酸，エチルメチルケトンパーオキサイド，硝酸エチル，硝酸メチル，ピクリン酸**です。

【問題 45】

次の第5類危険物のうち，自然発火性を有するものは，どれか。

A　過酸化ベンゾイル

B　エチルメチルケトンパーオキサイド

C　アジ化ナトリウム

D　ニトロセルロース

E　硫酸ヒドラジン

(1)　AとC

(2)　AとD

解答

【問題 40】(3)　　【問題 41】(2)　　【問題 42】(5)

(3) BとC
(4) BとD
(5) CとD

解説

第5類危険物で自然発火性を有するものは，Aの過酸化ベンゾイルとDのニトロセルロースです。

【問題46】

次の第5類危険物のうち，強い酸化作用を有するものはいくつあるか。
「ピクリン酸，過酸化ベンゾイル，硫酸ヒドラジン，エチルメチルケトンパーオキサイド，過酢酸，ニトロセルロース，硝酸グアニジン」

(1) 1つ　(2) 2つ　(3) 3つ　(4) 4つ　(5) 5つ

解説

第5類危険物で強い酸化作用があるのは，**過酸化ベンゾイル，エチルメチルケトンパーオキサイド，過酢酸，硝酸グアニジン**などです。

【問題47】

第5類危険物による火災には，一般に大量の水による冷却消火を行うが，次のうち，注水消火が適していない危険物はどれか。

(1) トリニトロトルエン
(2) アジ化ナトリウム
(3) ピクリン酸
(4) ニトロセルロース
(5) 過酢酸

解説

第5類危険物は，燃焼速度が**速く**，消火が非常に困難な物質で，一般的には，大量の水によって冷却消火しますが，アジ化ナトリウムだけは**注水厳禁**です。

解答

【問題43】(3)　【問題44】(5)

【問題 48】

第5類危険物のうち，容器に通気性をもたせて貯蔵する物質はどれか。

(1) ニトロセルロース
(2) ニトログリセリン
(3) ピクリン酸
(4) エチルメチルケトンパーオキサイド
(5) ジニトロソペンタメチレンテトラミン

解説

第5類危険物に限らず，消防法で危険物に指定されている物質を貯蔵する際は，容器を**密封**する必要がありますが，第5類の**エチルメチルケトンパーオキサイド**と第6類の**過酸化水素**だけは，非常に分解しやすいので，容器を密栓せず，**通気性**をもたせます。

【問題 49】

第5類危険物のうち，乾燥させると危険なものは次のうちいくつあるか。

A ニトロセルロース
B 過酸化ベンゾイル
C ピクリン酸
D アジ化ナトリウム
E 硝酸エチル

(1) 1つ　(2) 2つ　(3) 3つ　(4) 4つ　(5) 5つ

解説

第5類危険物のうち，乾燥させると危険なものは，Aのニトロセルロース，Bの過酸化ベンゾイル，Cのピクリン酸です。

解答

【問題 45】(2)　【問題 46】(4)　【問題 47】(2)　【問題 48】(4)　【問題 49】(3)

第６類に共通する特性の重要ポイント

●甲種スッキリ！重要事項 No.17

(1) 共通する性状

① 水よりも**重い**（比重が１より大きい）。

② 一般に水に**溶けやすい**。

③ 水と激しく反応し，**発熱**するものがある。

④ **還元剤**とはよく反応する。

⑤ **無機化合物**（炭素を含まない）である。

⑥ **強酸化剤**なので，有機化合物を酸化させ，場合によっては発火させる。

⑦ **腐食性**があり，皮膚を侵し，また，蒸気は**有毒**である。

(2) 貯蔵および取扱い上の注意

① **可燃物，有機物**との接触をさける。

② 容器は**耐酸性**とし，密栓して**通風**のよい冷暗所に貯蔵する。

③ **火気，直射日光**をさける。

④ 水と反応するものは，水と接触しないようにする。

⑤ 取扱う際は，**保護具**を着用する（皮膚を腐食するので）。

(3) 消火の方法

① 燃焼物（６類危険物によって発火，燃焼させられている物質）に適応する消火剤を用いる。

② **乾燥砂等**は有効である。

③ **二酸化炭素，ハロゲン化物，粉末消火剤**（**炭酸水素塩類のもの**）は適応しないので，使用をさける。

なお流出した場合は，**乾燥砂**をかけるか，あるいは，**中和剤**で中和させる。

11 第6類の危険物に共通する特性の問題

共通する性状

【問題1】

第6類の危険物に共通する性状について，次のうち正しいものはどれか。

(1) いずれも酸素を含有し，液体の比重は1より小さい。
(2) 多くは腐食性があり，その蒸気は有毒である。
(3) 火気や熱により分解されるが，日光に対しては安定している。
(4) 還元剤とは，ほとんど反応しない。
(5) 沸騰すると，可燃性の有毒ガスを発生する。

解説

(1) 誤り。ハロゲン間化合物は酸素を含有せず，また，液体の比重は1より**大きい**ので，誤りです。
(3) 誤り。**過酸化水素**や**硝酸**などは，日光により分解されます。
(4) 誤り。還元剤とは，反応します。
(5) 誤り。

【問題2】

第6類の危険物に共通する性状について，次のうち正しいものはどれか。

(1) 発煙性を有する。
(2) 液体の有機化合物である。
(3) 有機物と接触すると，発火させる危険性がある。
(4) それ自体も燃え，他のものの燃焼を助ける。
(5) 常温（20℃）で可燃性の有毒ガスを発生する。

解説

(1) 誤り。**過塩素酸**や**硝酸**，**発煙硝酸**，**三フッ化臭素**などのように発煙性を有する物質もありますが，すべてではありません。

解答は次ページの下欄にあります。

(2) 誤り。液体の**無機化合物**です。
(3) 正しい。
(4) 誤り。それ自体は不燃性です。従って,「(硝酸などの) 蒸気に火気を近づけたら引火した」という出題があれば誤りなので,注意してください。
(5) 誤り。水と反応して猛毒の**フッ化水素**を発生する**三フッ化臭素**や**五フッ化臭素**のような物質もありますが,すべてではありません。

【問題 3】

第 6 類の危険物に共通する性状について,次のうち正しいものはどれか。
(1) 不燃性である。
(2) 赤褐色を帯びた液体である。
(3) 熱に対しては安定である。
(4) 加熱すると容易に分解して塩素を放出する。
(5) 水を加えると発熱し,可燃性ガスを発生する。

解説

(1) 正しい。
(2) 誤り。原則として,**無色**の液体です。
(3) 誤り。加熱によって分解し,発火,爆発するものもあります。
(4) 誤り。過塩素酸の性状であり,第 6 類に共通する性状ではありません。
(5) 誤り。水を加えて**フッ化水素**を発生する**三フッ化臭素**や**五フッ化臭素**などのような物質もありますが,すべてではありません。

火災予防,消火の方法

【問題 4】

第 6 類の危険物の火災予防,消火の方法として,次のうち誤っているものはどれか。
(1) 日光の直射や熱源を避けて貯蔵する。
(2) 水と激しく反応するものがあるので,水とは接触しないようにする。
(3) 火源があれば燃焼するので,取り扱いには十分注意する。
(4) 貯蔵する容器は,耐酸性のものを使用する。

解答

【問題 1】(2)　【問題 2】(3)

(5)　可燃物や有機物との接触を避ける。

解説

第6類危険物には，過酸化水素のように，加熱によって発火，爆発するものもありますが，自身は**不燃性**なので，火源だけでは燃焼しません。

【問題5】

第6類危険物に共通する火災予防上，最も注意すべきこととして，次のうち適切なものはいくつあるか。

A　可燃物との接触を避ける。

B　空気との接触を避ける。

C　水との接触を避ける。

D　還元剤の混入を避ける。

E　分解しやすいので，容器には通気孔を設けておく。

(1)　1つ　　(2)　2つ　　(3)　3つ　　(4)　4つ　　(5)　5つ

解説

A　正しい。第6類に共通する火災予防上の注意事項です。

B　誤り。空気との接触を避けるのは，第3類危険物の**自然発火性物質**です。

C　誤り。水と激しく反応する**三フッ化臭素**や**五フッ化臭素**などは，水の接触を避ける必要がありますが，第6類危険物に共通する注意事項ではありません。

D　正しい。第6類に共通する火災予防上の注意事項です。

E　誤り。通気孔を設けておくのは**過酸化水素**だけです。

従って，第6類に共通する火災予防上の注意事項として適切なものは，A，Dの**2つ**になります。

なお，「大量にこぼれた場合は，水酸化ナトリウムの濃厚な水溶液で中和する。」という出題例もありますが，水酸化ナトリウムは**強塩基**であり，中和の際に多量の熱が発生するので不適切です（**消石灰**（水酸化カルシウム）や**ソーダ灰**（炭酸ナトリウム）などで中和する）。

解答

【問題3】(1)　　【問題4】(3)

【問題 6】

危険物の性状に照らして，第 6 類のすべての危険物の火災に対し有効な消火方法は，次のうちどれか。

(1) 乾燥砂で覆う。

(2) 二酸化炭素消火剤を放射する。

(3) 噴霧注水する。

(4) 棒状の水を放射する。

(5) 泡消火剤を放射する。

解説

第 6 類の危険物の火災には，一般に**水系の消火剤**を用いますが，**三フッ化臭素**などのハロゲン間化合物は**注水厳禁**です。

また，「**ハロゲン化物消火剤**」「**二酸化炭素消火剤**」「**粉末消火剤（炭酸水素塩類を含むもの）**」などの消火剤も適応せず，共通して使用できるのは，**乾燥砂**ということになります。

解答

【問題 5】(2)　　【問題 6】(1)

第 6 類に属する各危険物の特性の重要ポイント

●甲種スッキリ！重要事項 No.18

第 6 類危険物に属する品名および主な物質は，次のようになります。

(㊎は液体，㊍は結晶，粉は粉末，砂は乾燥砂)

品　名	物質名（品名と物質名が同じものは省略）	化学式	形状	比重	水溶性	単独爆発	消火
①過塩素酸	（品名と同じ）	$HClO_4$	無㊎	1. 77	○	○	水
②過酸化水素	（品名と同じ）	H_2O_2	無㊎	1. 44	○	○	水
③硝酸	（品名と同じ）	HNO_3	無㊎	1. 50以上	○		（注）
④その他のもので政令で定めるもの	フッ化塩素 三フッ化臭素 五フッ化臭素 五フッ化ヨウ素	 BrF_3 BrF_5 IF_5	 無㊎ 無㊎ 無㊎	 2. 84 2. 46 2. 30			粉（リン酸）・砂

（注：燃焼物に適応した消火剤）

＜重要＞
第 6 類危険物は，**不燃性**で比重が**1 より大きい**

12 第6類に属する各危険物の問題

過塩素酸

【問題1】 特急★★

過塩素酸について，次のうち誤っているものはどれか。

(1) 無色の発煙性液体である。
(2) 鉄や亜鉛，銅と激しく反応し，酸化物を生じる。
(3) 水に溶けて発火するおそれがある。
(4) 漏出時はカセイソーダや炭酸水素ナトリウムで慎重に中和する。
(5) 加熱すると分解して腐食性のヒュームを生じる。

解説

過塩素酸が水と接触すると**発熱**はしますが，発火することはありません。

【問題2】 急行★

過塩素酸の性状について，次のうち誤っているものはどれか。

(1) 水と作用して激しく発熱する。
(2) 加熱すると爆発する危険がある。
(3) 蒸気は眼や気管を刺激する。
(4) それ自体は不燃性である。
(5) オキシドールは過塩素酸の 3％ 水溶液である。

解説

オキシドールは過塩素酸ではなく，**過酸化水素**を約3パーセント含む水溶液に安定剤を加えたもので，殺菌·消毒剤のほか，脱色·漂白にも用いられています。

【問題3】 急行★

過塩素酸の性状について，次のうち誤っているものはどれか。

(1) 可燃物との混合物は，発火するおそれがある。
(2) アルコール類と接触すると，発火，または爆発することがある。
(3) 加水分解を起こし，発火するおそれがある。

解答は次ページの下欄にあります。

(4)　強い酸化力を持ち，酸化性は塩酸より強い。

(5)　銀，銅などのイオン化傾向の小さな金属も溶かす。

解説

過塩素酸は，(1)や(2)のように，可燃物やアルコール類と接触すると，発火や爆発することがありますが，加熱や衝撃などが無い状態で加水分解を起こして発火することはありません。

【問題 4】

過塩素酸の流出事故時における処置について，次のうち適切でないものはいくつあるか。

A　過塩素酸を消石灰やチオ硫酸ナトリウムと反応させて，大量の水で洗い流す。

B　付近にあるおがくずやぼろ布で急いで吸い取る。

C　土砂等で過塩素酸を覆い，流出面積の拡大を防ぐ。

D　過塩素酸と接触するおそれのある可燃物を除去する。

E　過塩素酸は水と作用して激しく発熱するので，大量の水による洗浄は絶対に避ける。

(1)　1つ　　(2)　2つ　　(3)　3つ　　(4)　4つ　　(5)　5つ

解説

A　適切である。

B　不適切である。問題文のDにあるように，おがくずやぼろ布などの**可燃物**と接触させてはなりません。

C　適切である。

D　適切である。

E　不適切である。過塩素酸の流出事故や火災の際は，注水によって処置します。

従って，適切でないものは，B，Eの**2つ**になります。

解答

【問題 1】(3)　　【問題 2】(5)

過酸化水素

【問題５】 急行★

過酸化水素の性状について，次のうち誤っているものはどれか。

(1) 引火性をもつ，無色透明の液体である。
(2) オキシフルは３％溶液である。
(3) 分解すると酸素を発生するとともに発熱する。
(4) pH が６を超えると，分解率が上昇する。
(5) 多くの無機化合物または有機化合物と付加物をつくる。

解説

第６類危険物は**不燃性**の液体であり，引火性を有するものはありません。

【問題６】 特急★★

過酸化水素の性状について，次のうち誤っているものはどれか。

(1) 特有の刺激臭をもつ。
(2) 自身は不燃性であるが，可燃物と混合すると爆発するおそれがある。
(3) 過酸化水素の安定剤として，アセトアニリドは適切である。
(4) 水によく溶けるが，エタノールやエーテルには溶けない。
(5) 金属等が混入すると，爆発的に分解することがある。

解説

過酸化水素は，水のほかアルコールやエーテルにも溶けます。

【問題７】 急行★

過酸化水素の性状に関する次の記述 A～E について，正誤の組合せとして，正しいものはどれか。

A 無色で不安定な液体で，水より重い。
B エタノールに溶け，ベンゼンには溶けない。
C 可燃性で非常に引火しやすい。
D 加熱すると，支燃性ガスを生じる。
E 二酸化マンガンや熱，光などによっても分解する。

解答

【問題３】(3)　【問題４】(2)

	A	B	C	D	E
(1)	×	×	○	×	×
(2)	×	○	○	×	×
(3)	○	○	×	○	○
(4)	○	○	×	×	○
(5)	○	○	○	×	×

解説

A　正しい（過酸化水素の比重は 1.44）。

B　正しい。アルコールには溶けますが，石油やベンゼンには溶けません。

C　誤り。第 6 類危険物は**不燃性**です。

D　正しい。第 6 類危険物が加熱などにより分解すると，**酸素**，すなわち，**支燃性ガス**（他の燃焼を助けるガス）を生じます。

E　正しい。従って，正解は(**3**)になります。

【問題 8】

過酸化水素の性状について，正しいものはいくつあるか。

A　石油やベンゼンには溶けない。

B　一般的に，他の物質を酸化し，水となる。

C　分解を抑制するためにアンモニアが用いられている。

D　酸化力の強い物質には「還元剤」として動き，「酸素」となる。

E　水と混合すると，上層に過酸化水素，下層に水の 2 層に分離する。

(1)　1 つ　　(2)　2 つ　　(3)　3 つ　　(4)　4 つ　　(5)　5 つ

解説

A　正しい。過酸化水素は，アルコールやエーテルに溶けますが，石油やベンゼンには溶けません。

B　正しい（過酸化水素の分解式 ⇒ $2H_2O_2 \rightarrow 2H_2O + O_2$）。

C　誤り。アンモニアなどのアルカリと接触すると，爆発的に分解します。

D　正しい。過酸化水素は，一般的には酸化剤ですが，**過マンガン酸カリウム**のように酸化力の強い物質には還元剤として作用して**酸素**になります。

解答

【問題 5】(1)　　【問題 6】(4)

E　誤り。過酸化水素は**水に溶ける**ので，2 層には分離しません。

従って，正しいものは，A，B，D の **3 つ**になります。

【問題 9】

過酸化水素を貯蔵する際の安定剤として使用できるものは，次のうちいくつあるか。

「ピリジン，リン酸，マンガン粉末，ベンゼン，尿酸，エーテル」

(1)　1つ　(2)　2つ　(3)　3つ　(4)　4つ　(5)　5つ

解説

過酸化水素は，きわめて不安定で，常温（20℃）でも水と酸素に分解するので，**リン酸**，**尿酸**，**アセトアニリド**などが安定剤として用いられています。

【問題 10】

過酸化水素の貯蔵，取扱いについて，次のうち誤っているものはいくつあるか。

A　水で希釈するときは，激しく発熱するので少量ずつ水を加える。

B　還元性物質と接触しないように取り扱う。

C　火気や日光の直射を避ける。

D　漏えいしたときは，大量の水で洗い流す。

E　通風のよい冷暗所に，容器を密封して貯蔵する。

(1)　1つ　(2)　2つ　(3)　3つ　(4)　4つ　5つ

解説

A　誤り。過酸化水素は水に溶けやすく，通常は 30～50% に希釈した水溶液であり，その際，激しく発熱することはありません。

B　正しい。**可燃性物質**や**還元性物質**と接触すると，分解して発火，爆発する危険性があるので，それらのものと接触しないようにして取り扱います。

C　D　正しい。

E　誤り。分解して発生した酸素による容器の破損を防ぐため，容器は密封せず，**通気口**を設けておきます。

従って，誤っているのは，A，E の **2 つ**となります。

解答

【問題 7】(3)　【問題 8】(3)

【問題 11】

過酸化水素の貯蔵容器として，次のうち適切な材質のものは次のうちいくつあるか。

A　鉄　　　　B　アルミニウム
C　銅　　　　D　ステンレス鋼
E　トタン

(1)　1つ　　(2)　2つ　　(3)　3つ　　(4)　4つ　　(5)　5つ

解説

過酸化水素は，**アルミニウム**，**ステンレス鋼**，**耐酸性のガラスびん**や**陶磁器**および**硬質塩化ビニル**などの容器で貯蔵します（**鉄**，**銅**，**銅合金**などは**不可**）。

従って，B，Dの2つになります。

【問題 12】

過酸化水素水が漏れたときの処置で次のうち誤っているものはどれか。

(1)　過酸化水素水に触れないようにする。
(2)　水で十分に希釈する。
(3)　木板で壁を作り，広がりを防ぐ。
(4)　周辺を立ち入り禁止とし，換気を行う。
(5)　ステンレスの容器に回収する。

解説

過酸化水素水は，木や布などの有機物と接触すると，分解して加熱，衝撃等により発火，爆発する危険性があります。

硝酸

【問題 13】　急行★

硝酸の性質で誤っているものはどれか。

(1)　強い酸化力があり，濃度90％以上の硝酸は第6類危険物の試験に使用される。
(2)　鉄，アルミニウムは濃硝酸に対して不動態を形成する。
(3)　硝酸と塩酸を体積比1：3で混合した王水は酸化力が強く，白金や金も

解答

【問題 9】(2)　　【問題 10】(2)

溶かす。

(4) 発煙硝酸は硝酸より酸化力が弱い。

(5) 熱濃硝酸は，リンを酸化させ，リン酸を生成する。

解説

発煙硝酸は，硝酸より酸化力が強い物質です。

【問題 14】 急行★

硝酸の性状等について，次の A～E のうち，誤っているものの組合せのはどれか。

A 水とは任意の割合で溶け，水溶液は強い酸性を示す。

B 鉄やアルミニウムは，濃硝酸には溶けるが，希硝酸中では不動態となるため溶けない。

C アルコール，アミン類のほか二硫化炭素やヒドラジン類等と混合すると，発火または爆発する危険性がある。

D 濃硝酸が流出した場合は直ちに多量のおがくずで吸収し，拡散防止を図る。

E 高温の濃硝酸から発生した蒸気を発煙硝酸という。

(1) 1つ (2) 2つ (3) 3つ (4) 4つ (5) 5つ

解説

A 正しい。

B 誤り。問題文は逆で，鉄やアルミニウムなどは，**希**硝酸には溶かされ腐食するが，**濃**硝酸には不動態皮膜を作り溶かされない，となります。

C 正しい。

D 誤り。おがくずなどの有機物（可燃物）と接触すると，発火する危険性があるので，不適切です。

E 誤り。発煙硝酸は，濃硝酸を加圧下で二酸化窒素を飽和状態まで溶かしたものなので，誤りです。

従って，誤っているのは，B，D，E の **3 つ**になります。

なお，B の，「鉄は**希**硝酸には溶かされ腐食するが，**濃**硝酸には溶かされない，」に注意してください。

たとえば，「硝酸を貯蔵している鋼板製貯蔵タンクに，水が入って底部

解答

【問題 11】(2) 【問題 12】(3)

に穴があいた。その原因は？」というような出題がたまにあります。

これは，ズバリ，硝酸が水により希釈され，**希硝酸**になったからです。

【問題 15】

硝酸の性状等について，次のA～Eのうち，誤っているものはいくつあるか。

A　濃硝酸は，硫黄，リンなどの非金属とは反応しない。

B　濃度の高いものは，湿気を含む空気中で発煙する。

C　濃硝酸は，金，白金を腐食させる。

D　水より重い。

E　金属製容器を使用する場合，アルミニウム製のほか，銅製や鉛のものも使用できる。

(1)　1つ　　(2)　2つ　　(3)　3つ　　(4)　4つ　　(5)　5つ

解説

A　誤り。硫黄，リンなどの非金属とも反応します。

B　正しい。

C　誤り。濃硝酸は，ほとんどの金属と反応しますが，**金**や**白金**とは反応しません。

D　正しい。比重は，**1.5**以上です。

E　誤り。**アルミニウム**や**ステンレス**は使用できますが，**銅**や**鉛**は腐食させるので，使用できません。

従って，誤っているのは，A，C，Eの**3つ**になります。

【問題 16】

硝酸と接触すると発火又は爆発する危険性がある物質は，次のうちいくつあるか。

A　アルコール　　B　アミン類

C　二酸化炭素　　D　無水酢酸

E　アセチレン　　F　麻袋

(1)　1つ　　(2)　2つ　　(3)　3つ　　(4)　4つ　　(5)　5つ

解答

【問題 13】(4)　　【問題 14】(3)

解説

硝酸と接触すると発火又は爆発する危険性がある物質は，**有機物**または**可燃物**です。

A　アルコール⇒　**有機物**であり**可燃物**

B　アミン類（アンモニアの水素原子を炭化水素基で置換した化合物）

⇒　**有機物**であり**可燃物**

C　二酸化炭素⇒　不燃物

D～F　⇒　**有機物**であり**可燃物**

従って，硝酸と接触すると発火又は爆発する危険性がある物質は，C以外の**5つ**になります。

【問題 17】

硝酸と接触すると発火又は爆発する危険性がある物質として，次のうち誤っているものはいくつあるか。

A　二硫化炭素　　B　硫酸

C　濃アンモニア水　　D　硫化水素

E　塩酸

(1)　1つ　(2)　2つ　(3)　3つ　(4)　4つ　(5)　5つ

解説

A　二硫化炭素　⇒　有機物であり可燃物

B　硫酸　⇒　**不燃物**

C　濃アンモニア水⇒　可燃物

D　硫化水素　⇒　可燃物

E　塩酸　⇒　塩化水素の水溶液であり，**不燃物**です。

従って，硝酸と接触しても発火又は爆発しない物質は，BとEの**2つ**になります。

【問題 18】

硝酸の貯蔵及び取り扱いについて，次のうち適切でないものはいくつ

解答

【問題 15】(3)　【問題 16】(5)

あるか。

A　鉄，ニッケル，アルミニウム等は濃硝酸と激しく反応して可燃性ガスを発生するので，そのような材質を用いた貯蔵容器は使用しないようにする。

B　希釈する場合は，水に硝酸を滴下する。

C　安定剤として尿酸を加えて貯蔵する。

D　可燃物や有機化合物から離して貯蔵および取扱う。

E　光によって分解し，腐食性の二酸化窒素（NO_2）を発生するので，日光の直射を避け，透明でない遮光性のあるびんなどで貯蔵する。

(1)　1つ　　(2)　2つ　　(3)　3つ　　(4)　4つ　　(5)　5つ

解説

A　誤り。

硝酸はほとんどの金属を腐食させますが，鉄，ニッケル，アルミニウム等は**濃硝酸**とは**不動態を作る**ので反応しません。

従って，**ステンレス**や**アルミニウム製**などの容器を使用して貯蔵します。

C　誤り。尿酸は還元性物質であり，酸化剤とは激しく反応します。

D　正しい。硝酸自身は不燃性ですが，可燃物や有機化合物と接触すると，発火，爆発する危険性があるので，それらから離して貯蔵および取扱います。

E　正しい。$4\,HNO_3 \rightarrow \underline{4\,NO_2} + 2\,H_2O + O_2$（係数の和の出題あり）

従って，適切でないものは，AとCのみになります。

【問題 19】

硝酸の流出事故における処理方法について，次のうち適当でないものはいくつあるか。

A　大量の乾燥砂で流出を防ぐ。　　B　水酸化ナトリウムで中和する。

C　大量の水で希釈する。　　D　ぼろ布にしみ込ませる。

E　硝酸に触れないようにする。

(1)　1つ　　(2)　2つ　　(3)　3つ　　(4)　4つ　　(5)　5つ

解説

A　適切である。

B　不適切である。水酸化ナトリウムではなく，**炭酸ナトリウム（ソーダ**

解答

【問題 17】(2)

灰）または**水酸化カルシウム（消石灰）**で**中和**させます。

C　適切である。

D　不適切である。ぼろ布などの有機物や可燃物と接触させると発火する危険があります。

E　適切である。

従って，適当でないのは，B，D の**2つ**になります。

ハロゲン間化合物

【問題 20】

ハロゲン間化合物の一般的性状について，次のうち誤っているものはどれか。

(1)　揮発性である。
(2)　ハロゲンの単体に似た性質を有する。
(3)　フッ素原子を多数含むものは特に反応性が強い。
(4)　加熱すると酸素を発生する。
(5)　多くの金属や非金属を酸化する。

解説

ハロゲン間化合物とは，**2種類のハロゲンから成る化合物の総称**です。そのハロゲン間化合物ですが，酸素を含有していないので，加熱しても酸素は発生しません。

【問題 21】

ハロゲン間化合物の火災における消火方法として，次のうち適切なものはいくつあるか。

A　乾燥砂で覆う。　　　　B　粉末消火器（リン酸塩類）を放射する。
C　泡消火剤を放射する。　D　霧状の水を放射する。
E　膨張ひる石（バーミキュライト）で覆う。

(1)　1つ　(2)　2つ　(3)　3つ　(4)　4つ　(5)　5つ

解説

ハロゲン間化合物の火災における消火方法は，A の**乾燥砂**か E の**膨張ひる**

解答

【問題 18】(2)　　【問題 19】(2)

石（バーミキュライト）で覆う，あるいは，Bの**粉末消火器（リン酸塩類）**を放射して窒息消火します（⇒**3つ**が正解）。

水とは激しく反応するので，**注水や泡消火剤**は厳禁です。

【問題 22】

三フッ化臭素の性状について，次のうち正しいものはいくつあるか。

A　水より沸点は高いが，引火性のある液体である。

B　酸化力が強く，金属を腐食する。

C　赤紫色の液体で，空気空で発煙する。

D　水より比重が小さい。

E　水や有機化合物とは爆発的に反応するので，ベンゼンやヘキサン等で希釈しない。

(1)　1つ　　(2)　2つ　　(3)　3つ　　(4)　4つ　　(5)　5つ

解説

A　誤り。第6類は不燃性物質です。

B，E　正しい。

C　誤り。**無色**の液体です。なお，赤色または赤褐色の発煙性液体は，発煙硝酸です。

D　誤り。第6類危険物の比重は1より大きく，この三フッ化臭素の比重も2.84となっています。

従って，正しいのは，B，Eの**2つ**になります。なお，三フッ化臭素には，「加水分解により**フッ化水素**を生じる。」という性質もあります。

【問題 23】

五フッ化臭素の性状について，次のうち誤っているものはどれか。

(1)　常温（20℃）で無色の液体である。

(2)　沸点が低く，気化しやすい。

(3)　多数のフッ素原子を含むので，ほとんどの金属と反応してフッ化物をつくる。

(4)　水とは反応しない。

(5)　水より重い。

解答

【問題 20】(4)　　【問題 21】(3)

解説

⑵　正しい。五フッ化臭素の沸点は **41 ℃**と，三フッ化臭素の **126 ℃**に比べてかなり低くなっています。

⑶　正しい。窒素，酸素，希ガスを除くほとんど全ての元素と反応して**フッ化物**を生成します。

⑷　誤り。五フッ化臭素は，三フッ化臭素と同じく，水と反応して（加水分解により）**フッ化水素**を生じます。

⑸　正しい。比重は 2.46 です。

【問題 24】

五フッ化臭素の性状について，次のうち誤っているものはいくつあるか。

A　水と反応して有毒ガスを発生する。

B　火災時に刺激性もしくは有害なヒュームやガスを放出する。

C　三フッ化臭素に比べて反応性は低い。

D　2 種類のハロゲン元素を含んでおり，一般にハロゲン元素に似た性質を有している。

E　火災時は，水系の消火剤かリン酸塩類を使用した粉末消火剤が有効である。

⑴　1 つ　　⑵　2 つ　　⑶　3 つ　　⑷　4 つ　　⑸　5 つ

解説

A　正しい。五フッ化臭素は，水や水蒸気と爆発的に反応し，有毒で腐食性のヒューム（**フッ化水素**，臭化水素）を生成します。

B　正しい。

C　誤り。三フッ化臭素より反応性に富んでいます。

D　正しい。

E　誤り。水とは激しく反応するので，**リン酸塩類を使用した粉末消火剤**か**乾燥砂**で窒息消火します。

従って，誤っているのは，C，E の **2 つ**になります。

【問題 25】

五フッ化ヨウ素の性状について，次のうち誤っているものはいくつあ

解答

【問題 22】⑵　　【問題 23】⑷

るか。

A　気化しやすく，常温（20℃）で無色の液体である。

B　水に溶けやすく，五フッ化臭素のようにフッ化水素を生じることはない。

C　反応性に富み，ほとんどの金属および多くの非金属元素と反応して，フッ化物を生じる。

D　硫黄，赤リンなどと光を放って反応する。

E　強酸で腐食性が強いため，ガラス容器が適している。

(1)　1つ　　(2)　2つ　　(3)　3つ　　(4)　4つ　　(5)　5つ

解説

A　正しい。

B　誤り。水とは激しく反応し，三フッ化臭素，五フッ化臭素と同じく，**フッ化水素**を発生します。

C，D　正しい。

E　誤り。ガラスを侵すので使用できません(**ポリエチレン製**等を使用する)。

従って，誤っているのは，B，Eの**2つ**になります。

＜まとめの問題＞

【問題 26】

次の危険物のうち，液体の色が無色でないものはどれか。

(1)　過塩素酸　　(2)　硝酸

(3)　発煙硝酸　　(4)　過酸化水素

(5)　三フッ化臭素

解説

第6類危険物は，一般に**無色**の液体ですが，発煙硝酸は**赤色**または**赤褐色**の液体です。なお，いずれも**刺激臭**のある**腐食性**のある液体です。

【問題 27】

次の危険物のうち，水と激しく反応するものはどれか。

(1)　過酸化水素　　(2)　硝酸

(3)　五フッ化臭素　　(4)　過塩素酸

解答

【問題 24】(2)

(5) 発煙硝酸

解説

一般に，第6類危険物は**水に溶けやすい**物質ですが，五フッ化臭素などの**ハロゲン間化合物**は，水とは激しく反応します。

【問題28】

次の危険物のうち，水と反応して発熱するものはいくつあるか。

「過酸化水素，過塩素酸，三フッ化臭素，五フッ化臭素，硝酸（高濃度のもの）」

(1) 1つ　(2) 2つ　(3) 3つ　(4) 4つ　(5) 5つ

解説

過酸化水素以外の**4つ**です。

【問題29】

次の危険物のうち，加熱により酸素を発生するものはいくつあるか。

「硝酸，過塩素酸，三フッ化臭素，過酸化水素，五フッ化臭素」

(1) 1つ　(2) 2つ　(3) 3つ　(4) 4つ　(5) 5つ

解説

加熱により酸素を発生するものは，過酸化水素と硝酸（発煙硝酸含む）です。

【問題30】

次の危険物のうち，単独でも加熱，衝撃，摩擦等により爆発する危険性があるものはいくつあるか。

「過酸化水素，三フッ化臭素，硝酸，過塩素酸，五フッ化臭素」

(1) 1つ　(2) 2つ　(3) 3つ　(4) 4つ　(5) 5つ

解説

過塩素酸，過酸化水素の2つです。

解答

【問題25】(2)　【問題26】(3)

【問題 31】

次の危険物のうち，水と反応してフッ化水素を発生するものはいくつあるか。

「硝酸，過酸化水素，三フッ化臭素，過塩素酸，五フッ化ヨウ素」

(1) 1つ　(2) 2つ　(3) 3つ　(4) 4つ　(5) 5つ

解説

物質名に「フッ化」が付く，**三フッ化臭素**，**五フッ化臭素**，**五フッ化ヨウ素**が該当します。

【問題 32】

第6類危険物を貯蔵する際は，一般に容器に密封して貯蔵，取扱うが，次の危険物のうち，容器に通気性を持たせて貯蔵する危険物はどれか。

(1) 過塩素酸　(2) 三フッ化臭素

(3) 硝酸　(4) 五フッ化ヨウ素

(5) 過酸化水素

解説

過酸化水素は，きわめて不安定で，常温（20℃）でも水と酸素に分解して容器内の圧力が上昇するので，容器には通気のための穴を開けておきます。

＜全類総合＞

【問題 33】

塩酸と反応して水素を発生するものは，次のうちいくつあるか。

「マグネシウム，亜鉛，スズ，ニッケル，鉄」

(1) 1つ　(2) 2つ　(3) 3つ　(4) 4つ　(5) 5つ

解説

P.157，(9)のイオン化傾向より，水素（H_2）より左にあるものが該当するので，全て（**5つ**）が正解です。

なお，塩酸は硫酸などの酸とはほとんど反応しません（水素を発生しない）。

解答

【問題 27】(3)　【問題 28】(4)　【問題 29】(2)　【問題 30】(2)

【問題 34】 急行★

次の物質の組合せのうち，混合しても発火，爆発する危険性のない組合せはいくつあるか。

A　ニトロセルロース…………………………アルコール
B　硫黄…………………………………………二硫化炭素
C　硝酸…………………………………………エタノール
D　三酸化クロム………………………………グリセリン
E　エチルメチルケトンパーオキサイド…フタル酸ジメチル
F　過酸化水素…………………………………赤リン

(1)　1つ　　(2)　2つ　　(3)　3つ　　(4)　4つ　　(5)　5つ

解説

混合しても発火，爆発する危険性のない組合せに○，発火，爆発する危険性のある組合せに×を付すと，

A　○。アルコールは，ニトロセルロースを貯蔵する際の保護液として，用いられます。

B　○。二硫化炭素は硫黄から生成される物質で，混合しても発火，爆発する危険性はありません。なお，混合ではありませんが，「**硫黄**と**黄リン**」についての同時貯蔵についても出題例があり，この場合は，一定の条件下のみ可能です（条件を提示せず，「全て」と受け取られるような問題文なら×になります。）。

C　×。発火，爆発する危険性があります。

D　×。三酸化クロムはグリセリン（3 価のアルコール）や**エタノール**などの**アルコール**と混合すると発火，爆発する危険性があります（⇒P.277 問題 22 の解説参照）

E　○。エチルメチルケトンパーオキサイドの純度の高いものは，危険性が高いので，フタル酸ジメチル（ジメチルフタレート）などで希釈されています。

F　×。過酸化水素は第 6 類の**酸化剤**であり，赤リンは第 2 類の**可燃性固体**なので，混合すると，発火，爆発する危険性があります。

従って，混合しても発火，爆発する危険性のない組合せは，A，B，E の **3 つ**になります。

解答

【問題 31】(2)　　【問題 32】(5)

なお，混合すると爆発の危険性がある**主な物質**の組合せを次にまとめておきました（a の物質に b の物質を混ぜると爆発の危険性がある）。

ⓐ	ⓑ
アルカリ金属，粉末状のアルミニウム又はマグネシウム	二硫化炭素及びハロゲン
引火性液体	第 1 類や第 6 類などの酸化剤（過酸化ナトリウム，硝酸アンモニウム，過酸化水素，硝酸，ハロゲンなど）
カリウム，ナトリウム	二酸化炭素，水
過マンガン酸カリウム	エタノール，メタノール，氷酢酸，無水酢酸，二硫化炭素，グリセリン，エチレングリコール，酢酸エチル，酢酸メチル，**過酸化水素**
硝酸（濃）	第 2 類危険物，第 4 類危険物（アルコール，アニリンなどの引火性液体），硫化水素
過酸化水素	第 2 類危険物，第 4 類危険物（アルコール，アニリン，アセトン，酢酸などの引火性液体）などの有機物，鉄，銅，クロムなどの金属（またはそれらの塩），**過マンガン酸カリウム**
アジ化ナトリウム	酸，重金属（鉛，銅，水銀，銀）
アニリン	硝酸，過酸化水素

「ヘキサンとアルキルアルミニウム」は P. 306 問題 7 より，混合しても反応は起きないので注意してください（出題例あり）。

解答

【問題 33】(5)　【問題 34】(3)

巻末資料 1

元素の周期表（1 族, 2 族, 12～18 族：**典型**元素, 3 族～11 族：**遷《せん》移**元素⇒次頁下参照）

周期＼族	1	2	3	4	5	6	7	8	9	10	11	12	13	14	15	16	17	18
1	1● H 1.008 水素																	2● He 4.003 ヘリウム
2	3 Li 6.941 リチウム	4 Be 9.012 ベリリウム											5 B 10.81 ホウ素	6 C 12.01 炭素	7● N 14.01 窒素	8● O 16.00 酸素	9● F 19.00 フッ素	10● Ne 20.18 ネオン
3	11 Na 22.99 ナトリウム	12 Mg 24.31 マグネシウム											13 [Al] 26.98 アルミニウム	14 Si 28.09 ケイ素	15 P 30.97 リン	16 S 32.07 硫黄	17● Cl 35.45 塩素	18● Ar 39.95 アルゴン
4	19 K 39.1 カリウム	20 Ca 40.08 カルシウム	21 Sc 44.96 スカンジウム	22 Ti 47.87 チタン	23 V 50.94 バナジウム	24 Cr 52.00 クロム	25 Mn 54.94 マンガン	26 Fe 55.85 鉄	27 Co 58.93 コバルト	28 Ni 58.69 ニッケル	29 Cu 63.55 銅	30 [Zn] 65.39 亜鉛	31 [Ga] 69.72 ガリウム	32 [Ge] 72.61 ゲルマニウム	33 [As] 74.92 ヒ素	34 Se 78.96 セレン	35○ Br 79.90 臭素	36● Kr 83.80 クリプトン
5	37 Rb 85.47 ルビジウム	38 Sr 87.62 ストロンチウム	39 Y 88.91 イットリウム	40 Zr 91.22 ジルコニウム	41 Nb 92.91 ニオブ	42 Mo 95.94 モリブデン	43 Tc 〔99〕 テクネチウム	44 Ru 101.1 ルテニウム	45 Rh 102.9 ロジウム	46 Pd 106.4 パラジウム	47 Ag 107.9 銀	48 Cd 112.4 カドミウム	49 [In] 114.8 インジウム	50 [Sn] 118.7 スズ	51 [Sb] 121.8 アンチモン	52 [Te] 127.6 テルル	53 I 126.9 ヨウ素	54● Xe 131.3 キセノン
6	55 Cs 132.9 セシウム	56 Ba 137.3 バリウム	57～71 ランタノイド	72 Hf 178.5 ハフニウム	73 Ta 180.9 タンタル	74 W 183.8 タングステン	75 Re 186.2 レニウム	76 Os 190.2 オスミウム	77 Ir 192.2 イリジウム	78 Pt 195.1 白金	79 Au 197.0 金	80○ Hg 200.6 水銀	81 [Tl] 204.4 タリウム	82 [Pb] 207.2 鉛	83 [Bi] 209.0 ビスマス	84 [Po] 〔210〕 ポロニウム	85 At 〔210〕 アスタチン	86● Rn 〔222〕 ラドン

（「Si と P は金属元素である」という出題例あり⇒非金属元素なので×）

〔　〕の数はもっとも長い半減期をもつ同位体の質量数。

↙単体が 20℃，1 気圧で●は気体，○は液体，記号なしは固体

原子番号●
記　号
原子量
名　称

金属　典型元素（白）

非金属　典型元素（濃い灰色）

[記　号]　両性元素

強磁性体　金属　遷移元素（黒）

金属　遷移元素（薄い灰色）

巻末資料 2

《危険等級》

危険等級	類別	品　名　等
Ⅰ	第 1 類	第一種酸化性個体の性状を有するもの
	第 3 類	カリウム・ナトリウム・アルキルアルミニウム・アルキルリチウム・黄リン・第一種自然発火性物質及び禁水性物質の性状を有するもの
	第 4 類	特殊引火物
	第 5 類	第一種自己反応性物質の性状を有するもの
	第 6 類	すべて
Ⅱ	第 1 類	第二種酸化性個体の性状を有するもの
	第 2 類	硫化リン・赤リン・硫黄・第一種可燃性個体の性状を有するもの
	第 3 類	危険等級Ⅰに掲げる危険物以外のもの
	第 4 類	第Ⅰ石油類・アルコール類
	第 5 類	危険等級Ⅰに掲げる危険物以外のもの
Ⅲ	第 1 類・第 2 類・第 4 類において，上記以外の危険物	

＜典型元素と遷移元素＞

・**典型元素**：K 殻や L 殻などの電子殻において，内側から順番に（最大 8 個まで）電子が入っていく元素で，族の番号により価電子数が異なるので，性質が大きく異なります。

周期表では，1 族，2 族と 12～18 族の元素が該当し，**金属元素**と**非金属元素**があります。

・**遷移元素**：典型元素とは異なり，不規則な順番で電子が入っていく元素で，族の番号により価電子数がほとんど変わらないので，性質が大きく異なることはありません。

周期表では 3～11 族の元素が該当し，全て**金属元素**になります。

巻末資料 3

主な物質 1 モル当たりの燃焼に必要な理論酸素量

理論酸素量	品名（太字は重要）
0.5モル	水素（**H**），一酸化炭素（CO），亜鉛（**Zn**）
0. 75モル	アルミニウム（**Al**）
1	炭素（**C**）
1. 5モル	メタノール（CH_3OH）
2モル	**メタン（CH_4），酢酸（CH_3COOH）**
2. 5モル	**アセチレン（C_2H_2），アセトアルデヒド（CH_3CHO）**
3モル	**エタノール（C_2H_5OH），エチレン（C_2H_4）**
3. 5モル	**エタン（C_2H_6）**
4モル	アセトン（CH_3COCH_3），酸化プロピレン（CH_3CHOCH_2）
4. 5モル	**2 －プロパノール（イソプロピルアルコール　C_3H_8O）** （注：異性体である**1 －プロパノール**も化学式は同じなので，理論酸素量も当然，同じです）
5モル	**プロパン（C_3H_8），酢酸エチル（$CH_3COOC_2H_5$）**
6モル	**ジエチルエーテル，イソーブチルアルコール，** **n−ブチルアルコール（いずれも $C_4H_{10}O$ の異性体）**
6. 5モル	イソブタン（**C_4H_{10}**）
7. 5モル	**ベンゼン（C_6H_6），** 1 －ペンタノール（$C_5H_{12}O$）
9モル	シクロヘキサン（C_6H_{12}　非水溶性第 1 石油類）

下線部の物質の反応式は次のとおりです。

メタノール　　　：$CH_4O+3/2O_2 \rightarrow CO_2+2H_2O$
メタン　　　　　：$CH_4+2O_2 \rightarrow CO_2+2H_2O$
アセチレン　　　：$C_2H_2+5/2O_2 \rightarrow 2CO_2+H_2O$
アセトアルデヒド：$CH_3CHO+5/2O_2 \rightarrow 2CO_2+2H_2O$
エタノール　　　：$C_2H_5OH+3O_2 \rightarrow 2CO_2+3H_2O$
エチレン　　　　：$C_2H_4+3O_2 \rightarrow 2CO_2+2H_2O$
エタン　　　　　：$C_2H_6+7/2O_2 \rightarrow 2CO_2+3H_2O$
プロパン　　　　：$C_3H_8+5O_2 \rightarrow 3CO_2+4H_2O$
ジエチルエーテル：$C_2H_5OC_2H_5+6O_2 \rightarrow 4CO_2+5H_2O$
ベンゼン　　　　：$2C_6H_6+15O_2 \rightarrow 12CO_2+6H_2O$

巻末資料 4　危険物の指定数量

（注：指定数量は主な品名のみで、「その他のもので政令で定めるもの」と「前各号に掲げるもののいずれかを含有するもの」は省略してあります）

類別	性質	品　　名	指定数量
第1類	酸化性固体	1．塩素酸塩類	50 kg
		2．過塩素酸塩類	50 kg
		3．無機過酸化物	50 kg
		4．亜塩素酸塩類	50 kg
		5．臭素塩類	50 kg
		6．硝酸塩類	300 kg
		7．ヨウ素酸塩類	300 kg
		8．過マンガン酸塩類	300 kg
		9．重クロム酸塩類	300 kg
第2類	可燃性固体	1．硫化リン	**100 kg**
		2．赤リン	**100 kg**
		3．硫黄	**100 kg**
		4．鉄粉	**500 kg**
		5．金属粉	**100 kg**
		6．マグネシウム	**100 kg**
		7．引火性固体	**1,000 kg**
第3類	自然発火性物質及び禁水性物質	1．カリウム	**10 kg**
		2．ナトリウム	**10 kg**
		3．アルキルアルミニウム	**10 kg**
		4．アルキルリチウム	**10 kg**
		5．黄リン	**20 kg**
		6．アルカリ金属（カリウム，ナトリウムを除く），アルカリ土類金属	10 kg
		7．有機金属化合物（アルキルアルミニウム，アルキルリチウムを除く）	10 kg
		8．金属の水素化合物	50 kg
		9．金属のリン化物	50 kg
		10．カルシウム又はアルミニウムの炭化物	50 kg
第5類	自己反応性物質	1．有機過酸化物	10 kg
		2．硝酸エステル	10 kg
		3．ニトロ化合物	10 kg
		4．ニトロソ化合物	10 kg
		5．アゾ化合物	10 kg
		6．ジアゾ化合物	10 kg
		7．ヒドラジンの誘導体	100 kg
第6類	酸化性液体	全ての物質	**300 kg**

巻末資料

第 4 類の危険物と指定数量（注：水は水溶性，非水は非水溶性）

	性質	主な物品名	指定数量
特殊引火物		ジエチルエーテル，二硫化炭素，アセトアルデヒド，酸化プロピレンなど	50 ℓ
第 1 石油類	非水	ガソリン　ベンゼン　トルエン，酢酸エチル，エチルメチルケトンなど	200 ℓ
	水	アセトン，ピリジン	400 ℓ
アルコール類		メチルアルコール，エチルアルコール	400 ℓ
第 2 石油類	非水	灯油，軽油，キシレン，クロロベンゼン，1−ブタノール	1,000 ℓ
	水	酢酸，アクリル酸，プロピオン酸など	2,000 ℓ
第 3 石油類	非水	重油，クレオソート油，ニトロベンゼンなど	2,000 ℓ
	水	グリセリン，エチレングレコール	4,000 ℓ
第 4 石油類		ギヤー油，シリンダー油など	6,000 ℓ
動植物類		アマニ油，ヤシ油など	10,000 ℓ

第 4 類危険物の指定数量は次のゴロ合わせで覚えよう！

こうして覚えよう！

（「つ」は，2＝ツウより 2 を表します。）

ご	つい	よ	銭湯	フ	ロ	満員
50	200	400	1000	2000	6000	10000
（特殊）	（1 石油）	（アルコール）	（2 石油）	（3 石油）	（4 石油）	（動植物）

なお，石油類はよく出てくる「非水溶性」の数値のみ記してあります。あまり出てきませんが，「水溶性」は“その倍”だと覚えてください。

解答カード（見本）

㊀危

甲種 解答カード

受験地

氏名

受験番号					
		－			
Ⓐ	①	①	①	①	①
Ⓑ	②	②	②	②	②
Ⓒ	③	③	③	③	③
Ⓓ	④	④	④	④	④
Ⓔ	⑤	⑤	⑤	⑤	⑤
Ⓕ	⑥	⑥	⑥	⑥	⑥
Ⓖ	⑦	⑦	⑦	⑦	⑦
Ⓗ	⑧	⑧	⑧	⑧	⑧
Ⓘ	⑨	⑨	⑨	⑨	⑨
		⓪	⓪	⓪	⓪

法令	問1	問2	問3	問4	問5	問6	問7	問8	問9	問10	問11	問12	問13	問14	問15
	①	①	①	①	①	①	①	①	①	①	①	①	①	①	①
	②	②	②	②	②	②	②	②	②	②	②	②	②	②	②
	③	③	③	③	③	③	③	③	③	③	③	③	③	③	③
	④	④	④	④	④	④	④	④	④	④	④	④	④	④	④
	⑤	⑤	⑤	⑤	⑤	⑤	⑤	⑤	⑤	⑤	⑤	⑤	⑤	⑤	⑤

物理・化学	問16	問17	問18	問19	問20	問21	問22	問23	問24	問25
	①	①	①	①	①	①	①	①	①	①
	②	②	②	②	②	②	②	②	②	②
	③	③	③	③	③	③	③	③	③	③
	④	④	④	④	④	④	④	④	④	④
	⑤	⑤	⑤	⑤	⑤	⑤	⑤	⑤	⑤	⑤

性質・消火	問26	問27	問28	問29	問30	問31	問32	問33	問34	問35	問36	問37	問38	問39	問40	問41	問42	問43	問44	問45
	①	①	①	①	①	①	①	①	①	①	①	①	①	①	①	①	①	①	①	①
	②	②	②	②	②	②	②	②	②	②	②	②	②	②	②	②	②	②	②	②
	③	③	③	③	③	③	③	③	③	③	③	③	③	③	③	③	③	③	③	③
	④	④	④	④	④	④	④	④	④	④	④	④	④	④	④	④	④	④	④	④
	⑤	⑤	⑤	⑤	⑤	⑤	⑤	⑤	⑤	⑤	⑤	⑤	⑤	⑤	⑤	⑤	⑤	⑤	⑤	⑤

＜マーク記入例＞

良い例	悪い例			
●	小さい点	レ点	線	うすい

＜記入上の注意＞

(1) マークは記入例を参考にし，良い例のように確実に黒く塗りつぶしてください。

(2) 必ずＨＢ又はＢの鉛筆を使用してください。

(3) 訂正する際は、消しゴムできれいに消してください 。

（コピーをして解答の際に使用して下さい）

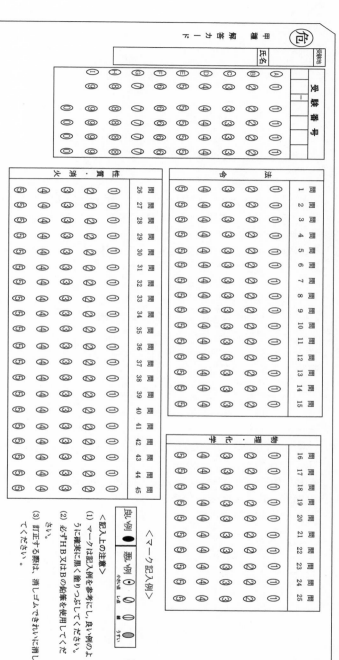

ご注意

（1） 本書の内容に関する問合せについては，明らかに内容に不備がある，と思われる部分のみに限らせていただいておりますので，よろしくお願いいたします。

その際は，FAXまたは郵送，Eメールで「書名」「該当するページ」「返信先」を必ず明記の上，次の宛先までお送りください。

〒546-0012
大阪市東住吉区中野２丁目１番27号
（株）弘文社編集部
Eメール：henshu1@kobunsha.org
FAX：06-6702-4732

※お電話での問合せにはお答えできませんので，あらかじめご了承ください。

（2） 試験内容・受験内容・ノウハウ・問題の解き方・その他の質問指導は行っておりません。

（3） 本書の内容に関して適用した結果の影響については，上項にかかわらず責任を負いかねる場合があります。

（4） 落丁・乱丁本はお取り替えいたします。

著者略歴　**工藤政孝**

学生時代より，専門知識を得る手段として資格の取得に努め，その後，ビルトータルメンテの（株）大和にて電気主任技術者としての業務に就き，その後，土地家屋調査士事務所にて登記業務に就いた後，平成 15 年に資格教育研究所「大望」を設立。(その後「KAZUNO」に名称を変更)。わかりやすい教材の開発，資格指導に取り組んでいる。

【過去に取得した資格一覧（主なもの)】

甲種危険物取扱者，第二種電気主任技術者，第一種電気工事士，一級電気工事施工管理技士，一級ボイラー技士，ボイラー整備士，第一種冷凍機械責任者，甲種第 4 類消防設備士，乙種第 6 類消防設備士，乙種第 7 類消防設備士，第一種衛生管理者，建築物環境衛生管理技術者，二級管工事施工管理技士，下水道管理技術認定，宅地建物取引主任者，土地家屋調査士，測量士，調理師など多数。

【主な著書】

わかりやすい！第一種衛生管理者試験
わかりやすい！第二種衛生管理者試験
わかりやすい！第 4 類消防設備士試験
わかりやすい！第 6 類消防設備士試験
わかりやすい！第 7 類消防設備士試験
本試験によく出る！第 4 類消防設備士問題集
本試験によく出る！第 6 類消防設備士問題集
本試験によく出る！第 7 類消防設備士問題集
これだけはマスター！第 4 類消防設備士試験 筆記＋鑑別編
これだけはマスター！第 4 類消防設備士試験 製図編
わかりやすい！甲種危険物取扱者試験
わかりやすい！乙種第 4 類危険物取扱者試験
わかりやすい！乙種(科目免除者用) 1・2・3・5・6 類危険物取扱者試験
わかりやすい！丙種危険物取扱者試験
最速合格！乙種第 4 類危険物でるぞ～問題集
最速合格！丙種危険物でるぞ～問題集
直前対策！乙種第 4 類危険物 20 回テスト
本試験形式！乙種第 4 類危険物取扱者模擬テスト
本試験形式！丙種危険物取扱者模擬テスト

本試験によく出る！
甲種危険物

著者　工《く》藤《どう》政《まさ》孝《たか》

印刷・製本　亜細亜印刷株式会社

発行所　株式会社　弘文社

〒546-0012 大阪市東住吉区
中野2丁目1番27号
☎ (06) 6797—7441
FAX (06) 6702—4732
振替口座 00940—2—43630
東住吉郵便局私書箱1号

代表者　岡﨑　靖

特別付録：ボーナス問題　(解答はp.8より)

＜法令の分野＞

【問題1】 危険物を移動貯蔵タンクの上部から注入するときは，注入管を用い，かつ，その注入管を移動貯蔵タンクの上部に固定すること。(○×で解答)。

【問題2】 法令上，危険物は危険等級Ⅰ，危険等級Ⅱ及び危険等級Ⅲに区分されているが，危険等級Ⅰの危険物として，次のうち正しいものはどれか。

(1) エタノール　(2) アセトン　(3) 赤リン
(4) 硫黄　(5) 黄リン

【問題3】 法令上，危険物は危険等級Ⅰ，危険等級Ⅱ及び危険等級Ⅲに区分されているが，危険等級Ⅱの危険物として，次のうち正しいものはどれか。

(1) カリウム　(2) トルエン　(3) ナトリウム
(4) 二硫化炭素　(5) アルキルアルミニウム

【問題4】 液体の危険物が入った未開封容器の表示が汚れてしまい，「危険等級Ⅲ」「水溶性」「火気厳禁」という表示だけが読み取れた。この危険物の類は，次のうちどれか。

(1) 第1類　(2) 第2類　(3) 第3類　(4) 第4類　(5) 第5類

【問題5】 法令上，次の第5種消火設備のうち，全ての危険物の消火に適応しているものはいくつあるか。

A　霧状の強化液を放射する消火器
B　乾燥砂
C　二酸化炭素を放射する消火器
D　膨張真珠岩
E　泡を放射する消火器

(1) 1つ　(2) 2つ　(3) 3つ　(4) 4つ　(5) 5つ

＜物理・化学の分野＞

【問題6】 直径が1㎝の粒子を分解して1μmにしたら，表面積は何倍になるか。

(1) 100倍　(2) 500倍　(3) 1000倍　(4) 5000倍　(5) 10000倍

【問題7】　次のうち，温度の上昇とともに増加するのはどれか。

(1)　金属の電気伝導率　　(2)　浸透圧　　(3)　気体の水に対する溶解度

(4)　液体の粘性　　(5)　液体の表面張力

【問題8】　同温度，同圧力で最も浸透圧が大きい水溶液は，次のうちどれか。

(1)　0.5 mol/ℓのグルコース（$C_6H_{12}O_6$）水溶液

(2)　0.2 mol/ℓの硝酸銀（$AgNO_3$）水溶液

(3)　0.1 mol/ℓの塩化カルシウム（$CaCl_2$）水溶液

(4)　0.4 mol/ℓのショ糖（$C_{12}H_{22}O_{11}$）水溶液

(5)　0.3 mol/ℓの塩化ナトリウム（NaCl）水溶液

【問題9】　次の③の熱化学方程式は，①と②の熱化学方程式を利用して，一酸化炭素が完全燃焼した時の反応熱を求めたものである。(　) 内に入る数値として，正しいものは次のうちどれか。

$C + O_2 = CO_2$（気）$+ 394$ kJ ……………………………①

$C + CO_2 = 2CO$（気）$- 162$ kJ ……………………………②

$CO + 1/2O_2 = CO_2$（気）＋（　）kJ ………………………③

(1)　55 kJ　(2)　111 kJ　(3)　139 kJ　(4)　278 kJ　(5)　556 kJ

【問題10】　次の図は，ナトリウムやカリウムなどの金属結晶の単位格子を模式的に表したものである。この図に関する次の説明文の(A)および(B)に当てはまる語句および数値の組合せとして，次のうち正しいものはどれか。

なお，$\sqrt{3} \fallingdotseq 1.732$とする。

「この単位格子の結晶構造は(A)と呼ばれるもので，立方体の頂点と立方体の中心に原子を配列した結晶格子となっている。この単位格子中における金属原子が空間内で占める体積の割合を充填率といい，(B)となっている。」

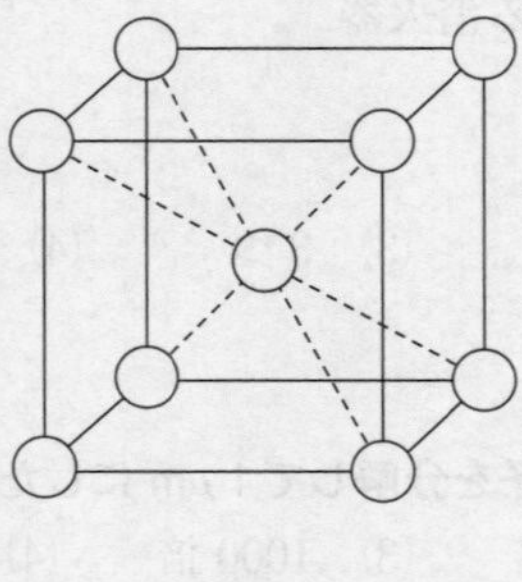

	(A)	(B)		(A)	(B)
⑴	体心立方格子	72%	⑵	面心立方格子	68%
⑶	体心立方格子	74%	⑷	面心立方格子	72%
⑸	体心立方格子	68%			

【問題 11】 次に示す物質中で物質量（mol 数）が最も大きいものはどれか。ただし，メタノールの分子量は 32，水の分子量は 18 とする。

⑴ 36 g の水
⑵ 48 g のメタノール
⑶ 0 ℃，1.013×10^5Pa で 22.4 ℓ の酸素
⑷ 0 ℃，1.013×10^5Pa で 22.4 ℓ の水素
⑸ 0 ℃，2.026×10^5Pa で 11.2 ℓ の窒素

【問題 12】 標準状態で 1.12 ℓ のある鎖式炭化水素を完全燃焼させると 1.8 g の水が生成した。また，この炭化水素に水素を最大限付加させたところ，炭化水素と同体積の水素ガスが反応した。この炭化水素として適切なものは次のうちどれか。

⑴ メタン　⑵ エタン　⑶ エチレン
⑷ アセチレン　⑸ プロピン

【問題 13】 次の表は，結晶の種類と極性溶媒，無極性溶媒への溶解のしやすさについて表したものである。(A)〜(D)の組み合わせのうち，誤っているものはいくつあるか。

	結晶の種類	極性溶媒	無極性溶媒
(A)	イオン結晶	溶けやすい	溶けにくい
(B)	極性を持つ分子結晶	溶けにくい	溶けやすい
(C)	無極性の分子結晶	溶けやすい	溶けにくい
(D)	共有結合の結晶	溶けやすい	溶けにくい

⑴ なし　⑵ 1 つ　⑶ 2 つ　⑷ 3 つ　⑸ 4 つ

【問題 14】 次の化学結合について述べたⒶ～Ⓓの記述のうち，誤っているものはいくつあるか。

A　ファンデルワールス力とは分子や原子などの粒子間に働く弱い力である。

B　非金属元素どうしが電子を共有することで安定的な状態になって結合することを共有結合という。

C　金属元素は電子を放出しやすい性質があり，この放出した電子を介して多数の金属原子が結合することを金属結合という。

D　イオン結合とは非金属元素と金属元素の結合であり，価電子をやりとりすることでイオン化した原子どうしが静電気力（クーロン力）によって結合する。

⑴　なし　⑵　1つ　⑶　2つ　⑷　3つ　⑸　4つ

【問題 15】 過塩素酸（$HClO_4$）201 kgから過塩素酸ナトリウム（$NaClO_4$）245 kgを生成するには，炭酸ナトリウム（Na_2CO_3）が何kg必要か。ただし，H＝1，Na＝23，O＝16，C＝12とする。

⑴　53 kg　⑵　106 kg　⑶　159 kg　⑷　212 kg　⑸　265 kg

【問題 16】 ベンゼンについて，次のうち正しいものはどれか。

⑴　炭素間の結合の長さは単結合と二重結合で異なる。

⑵　ベンゼンの単結合の長さはどの炭素−炭素間の結合よりも長い。

⑶　付加反応より置換反応の方が進行しやすい。

⑷　炭素−水素間の結合の長さは，どの炭素−炭素間の結合より長い。

⑸　ベンゼンの二重結合はエチレンの二重結合より短い。

【問題 17】 ある危険物を水と反応させて発生した気体を燃焼させ，その際に発生した気体を石灰水に混ぜると白く濁った。水と反応した危険物は，次のうちどれか。

⑴　三硫化リン　⑵　ナトリウム　⑶　トリクロロシラン

⑷　炭化カルシウム　⑸　リン化カルシウム

【問題 18】 アルカンについて，次のうち誤っているものはどれか。

⑴　炭素原子間がすべて単結合でつながっている鎖式飽和炭化水素のことをいう。

⑵　メタン（CH_4）は最も簡単なアルカンである。

(3) 炭素数の増加とともに融点，沸点は上昇する。
(4) 比重は1より小さい。
(5) 水や有機溶剤に溶ける。

【問題 19】 次の物質の組合せのうち，異性体でないものはどれか。
(1) エタノールとジメチルエーテル
(2) nブタンとイソブタン
(3) *o*−キシレンと *m*−キシレン
(4) シス−2−ブテンとトランス−2−ブテン
(5) 黄リンと赤リン

＜燃焼，消火の分野＞

【問題 20】 可燃性ガスと空気の混合気体の燃焼範囲について，誤っているものはどれか。
(1) 燃焼範囲が広く，燃焼下限値が低いものほど危険性が大きい。
(2) 物質の種類により，燃焼範囲は異なる。
(3) 燃焼上限値を超えた濃度では，燃焼しない。
(4) 温度が変わっても燃焼範囲は変わらない。
(5) 圧力がある値より小さいと，いかなる濃度でも着火しない。

＜危険物の性質の分野＞

【問題 21】 次のA～Dのすべての性状を示す危険物はどれか。
A 黄色の粉末または結晶である。
B 特異臭がある。
C 常温（20℃）の水で容易に分解する。
D 空気中で燃やすと，刺激臭のあるガスを発生する。
(1) 赤リン (2) 三硫化リン (3) 五硫化リン
(4) 亜鉛粉 (5) 硫黄

【問題 22】 貯蔵タンクに注入するときに，あらかじめタンク内の空気を不活性の気体に置換しておく必要があるものは，次のうちどれか。
(1) ジエチルエーテル (2) トルエン (3) 酸化プロピレン
(4) グリセリン (5) 酢酸

【問題 23】 第5類危険物の貯蔵及び取扱いについて，次のうち正しいものはいくつあるか。

A ジニトロソペンタメチレンテトラミンは，酸中で保存する。

B エチルメチルケトンパーオキサイドは容器を密栓すると，内圧が上昇し分解を促進するので，フタに通気性を持たせる。

C 硝酸エチルは，常温（20℃）でも引火するおそれがある。

D ジアゾジニトロフェノールは，乾燥させて貯蔵する。

E ピクリン酸は，金属製の容器に貯蔵する。

⑴ 1つ ⑵ 2つ ⑶ 3つ ⑷ 4つ ⑸ 5つ

【問題 24】 ヒドロキシルアミン（NH_2OH）の性状について，次のうち誤っているものはどれか。

⑴ 白色の結晶である。

⑵ 水に溶けるが，エタノールには溶けない。

⑶ 潮解性がある。

⑷ 裸火や高温体と接触すると，爆発的に燃焼する。

⑸ 紫外線によって爆発する危険性がある。

【問題 25】 過酢酸，ヒドロキシルアミン，ジニトロソペンタメチレンテトラミンの火災に共通して消火効果が期待できる消火設備は，次のA～Eのうちいくつあるか。

A ハロゲン化物消火設備

B 水噴霧消火設備

C 水溶性液体用泡消火剤

D 二酸化炭素消火設備

E 屋外消火栓設備

⑴ 1つ ⑵ 2つ ⑶ 3つ ⑷ 4つ ⑸ 5つ

【問題 26】 次の危険物の事故事例のうち，事故の原因が重合の暴走反応と考えられるものはどれか。

⑴ 低温で凝固していたドラム缶内のアクリル酸をハンドヒーターを用いて部分的に溶融させ，溶融液をくみ出す作業を繰り返していたところ，爆発した。

⑵ アセチレンガスを製造する工場で，原料の炭化カルシウムが入ったドラ

ム缶を電気ドリルで開けたところ，爆発した。

⑶　ニトロベンゼンのスルホン化反応槽に，発煙硫酸とニトロベンゼンを投入して反応を開始させ，反応温度を30℃に保ったため冷却用コイルに水を流していたところ，水が漏えいし反応器が破裂した。

⑷　ニトロセルロースの製造作業で，硝化終了後，除酸作業を終え，硝化器からニトロセルロースを取り出していたところ，発火した。

⑸　高純度の粉末状の過酸化ベンゾイルをメタノールで洗浄し，蒸発乾燥させた後，プラスチック製シャベルでビニール袋に小分けしていたところ，爆発した。

【問題27】　次のA～Eのうち，過酸化水素の分解を促進し，酸素を発生させるものは，いくつあるか。

A　直射日光
B　過酸化マグネシウム
C　二酸化マンガン粉末
D　リン酸
E　銅の微粒子

⑴　1つ　⑵　2つ　⑶　3つ　⑷　4つ　⑸　5つ

【問題28】　炭素の一般的性状等について，次のうち誤っているものはどれか。

⑴　炭素は，常温において化学的に安定である。
⑵　炭素は，有機化合物を構成している主要な元素である。
⑶　炭素は，燃焼して一酸化炭素と二酸化炭素を生成する。
⑷　すす，木炭およびコークスの主成分は無定形炭素である。
⑸　炭素は，高温赤熱状態において酸化性が強い。

【問題29】　次の物質の組合せのうち，混合しても反応が起きない組合せはどれか。

⑴　過酸化水素……………過マンガン酸カリウム
⑵　マグネシウム…………1―クロロプロパン（塩化プロピル）
⑶　ヘキサン………………アルキルアルミニウム
⑷　鉄粉……………………硝酸
⑸　水素化カリウム………エタノール

特別付録：最新問題情報の解答と解説

＜法令の分野＞

【問題１】 解答 ×

解説 このような規定はありません。

【問題２】 解答 (5)

解説 巻末資料２の表より，危険等級Ⅰに該当するのは(5)の黄リンです（その他は全て危険等級Ⅱです。）。

【問題３】 解答 (2)

解説 巻末資料２の表より，第１石油類のトルエンが危険等級Ⅱの危険物に該当します（その他は，全て危険等級Ⅰです。）。

【問題４】 解答 (4)

解説 危険等級Ⅲというところから，第３類と第５類（と第６類）は除外できるので（危険等級Ⅲは，1，2，4類のみ）残りは，(1)(2)(4)のみ。

また，「水溶性」の表示から，この危険物が液体ということがわかるので，(1)と(2)は固体であり，結局，残りの(4)の第４類が正解になります。

【問題５】 解答 (2)

解説 **乾燥砂**（膨張ひる石，**膨張真珠岩**含む）は，全ての危険物の消火に適応するので，ＢとＤの２つになります。

＜物理・化学の分野＞

【問題６】 解答 (5)

解説 $1\,\mathrm{cm}=10^{-2}\mathrm{m}$ $1\,\mu\mathrm{m}=10^{-6}\mathrm{m}$ 半径をr，直径をDとすると，**表面積**は$4\pi r^2=4\pi\times(D/2)^2=4\pi\times\dfrac{D^2}{4}=\pi D^2$より，**直径の２乗に比例する**＊。

10^{-2}mを10^{-6}mに分解すると，**10^{-4}倍**となるので，上記＊より，粒子１個の表面積は（10^{-4}倍$)^2$＝**10^{-8}倍**となる。一方，体積は，$4/3\pi r^3$より，**直径の３乗に比例する**ので，粒子１個の体積は（10^{-4}倍$)^3$＝**10^{-12}倍**となる。

これより，粒子数は**10^{12}個**となるので，全体の表面積は，上記下線部10^{-8}

に 10^{12} を掛けたものだから，10^4（**10000 倍**）となります。

【問題 7】　解答　⑵

解説　小さな粒子だけを通す膜を半透膜といい，濃度の異なる液体を半透膜で仕切ると，濃度の低い方から高い方へ水が移動し，互いに同じ濃度になろうとします。このときの圧力を浸透圧（P）といい，次式で求められます。

$P=cRT$　（c：体積モル濃度　R：気体定数＝0.082〔ℓ・atm/(K・mol)〕 T：絶対温度）

この式より，温度 T が上昇すると浸透圧 P も増加するのがわかります。

【問題 8】　解答　⑸

解説　浸透圧を P とすると，P は次式で表されます。

$\boldsymbol{P=cRT}$　（c：体積モル濃度　R：気体定数＝0.082〔ℓ・atm/(K・mol)〕 T：絶対温度）

これより，浸透圧は体積モル濃度，気体定数，絶対温度に比例するのですが，問題より，同温なので，結局，浸透圧は**体積モル濃度**に比例することになります。

ただ，ここで注意しなければならないのは，その水溶液が電解質の場合は，その水溶液で分離する粒子数を考慮する必要があります。

つまり，浸透圧は**体積モル濃度**×粒子数に比例することになります。

以上より，それぞれを検討していきますが，⑴のグルコースと⑷のショ糖は非電解質なので，問題の数値そのままで判断します。

⑵　硝酸銀は Ag^+ と NO_3^- の 2 粒子に分離するので，0.2× 2 ＝**0.4 mol/ℓ**。

⑶　塩化カルシウムは，Ca と Cl，Cl の 3 粒子に分離するので，0.1× 3 ＝**0.3 mol/ℓ**

⑸　塩化ナトリウムは，Na と Cl の 2 粒子に分離するので，0.6 mol/ℓ

従って，⑸の塩化ナトリウムの 0.6 mol/ℓ が，最も浸透圧が大きい水溶液ということになります。

【問題 9】　解答　⑷

解説　（ヘスの法則から）①－②より

$O_2-CO_2=CO_2-2CO+556$ kJ（2CO を左辺に移項，$-CO_2$ を右辺に移項）

$2CO+O_2=2CO_2+556$ kJ　（両辺を 2 で割ると）

特別付録　最新問題情報の解答と解説

$CO + 1/2O_2 = CO_2 + 278\ kJ$　となります。

【問題 10】　解答　(5)

解説　この充填率の説明については，要点のみ説明いたします。

体心立方格子の充填率は，単位格子内の金属原子が占める体積の割合なので，次のような式から求められます。

$$充填率 = \frac{単位格子中の原子の体積}{単位格子の体積} \times 100$$

ここで，単位格子の１辺の長さを a とし，原子の半径を r とすると，上式は，

$$充填率 = \frac{43 \times \pi r^3 \times n}{a^3} \times 100$$ となります。

$4/3 \times \pi r^3$ は球の体積を求める式で，n は単位格子中の原子の数で，中心に１個と周囲の原子がそれぞれ 1/8 ずつ単位格子中に存在するので，計２個存在することになります。

また，原子の半径 r を a で表すと，結果的に，原子の半径は，$\sqrt{3}/4 \times a$ と表すことができます（説明は省略します）。

従って，この r と $n = 2$ を上式に代入すると，**充填率＝68%** となるわけです。

なお，**面心立方格子**（立方体の頂点と各面の中心に原子を配列した結晶格子）の充填率は **74%** です。

まとめ

体心立方格子：68%
面心立方格子：74%
（覚え方⇒ 太　　郎や　　メシ　　なし）。
　　　　　体心 → 68　　面心 → 74

【問題 11】　解答　(1)

解説　順に mol 数を記すと，

(1)　36/18 = 2 mol

(2)　48/32 = 1.5 mol

(3)(4)(5)　気体の状態方程式，***PV=nRT***（P：圧力（気圧），V：体積（ℓ/mol），n：mol，R：気体定数（0.082），T：絶対温度（K））より，***n=PV/RT*** となり，このうち RT は定数なので，結局，***n***〔mol〕は ***PV*** に比例することになります。

従って，(4)の PV と(5)の PV は，計算すると同じ値となるので，mol 数も同じになります。また，(3)と(4)も mol 数も同じなので，結局，(3)(4)(5)の mol 数＊は同じとなり，解答から外れることになります（⇒物質量（mol 数）が最も大きいものは1つしかないので）。

よって，(1)の **2 mol** が最も大きい mol 数となります。

（＊求めると，1.013×10^5Pa は1気圧なので，$n=1\times22.4/0.082\times273=1$ mol となります。）

【問題 12】 解答 (3)

解説 まず，問題文後半で水素の付加反応が起こっていることから，この炭化水素は不飽和結合（二重結合や三重結合）を持つことがわかります（単結合のみの場合，水素の付加反応は起こりません）。問題から炭化水素は同体積（同じ mol 数）の水素と反応しているため，下記の反応式より二重結合を1つ持っていれば良いことになります。

$C=C+H_2 \rightarrow C_2H_2$（反応に関わらない原子は省略しています）

二重結合を1つもつ炭化水素（アルケン）の一般式は C_nH_{2n} なので，これを基に燃焼式を作っていきます。反応した炭化水素と水の mol 数を求めると，標準状態の気体は 22.4 ℓ で 1 mol となるので，炭化水素 1.12 ℓ では 1.12/22.4＝0.05 mol となります。また水（H_2O）の分子量は 1×2＋16＝18 なので，1.8 g では 1.8/18＝0.1 mol です。炭化水素が燃焼すると二酸化炭素と水になるので，反応量を式に表すと，

$0.05\,C_nH_{2n}+XO_2 \rightarrow YCO_2+0.1\,H_2O$（酸素と二酸化炭素の反応量は X, Y としています）

ここで，反応式の H の量に注目すると，左辺：$0.05\times2n=0.1n$
右辺：$0.1\times2=0.2$ となりますが，反応の前後で H の量は等しくなるため，$0.1n=0.2$ となります。

これより $n=2$ となり，求める炭化水素の化学式が $\mathbf{C_2H_4}$ であることがわかります。

選択肢の炭化水素はそれぞれ，メタン（CH_4），エタン（C_2H_6），**エチレン（C_2H_4）**，アセチレン（C_2H_2），プロピン（C_3H_4）なので，エチレンが正解となります。

【問題 13】 解答 (4)

解説 原子や分子などの粒子が規則正しく並んでいる物質を**結晶**と言います

が，その結晶の溶媒への溶解は，その**結晶の極性**（電子の偏り）と**溶媒の極性が一致する場合**に溶けやすくなり，一致しない場合には溶けにくくります。つまり，その結晶が極性を持つ場合は極性溶媒には溶けやすいが，無極性溶媒には溶けにくくなり，極性を持たない場合はその逆となります（⇒性質の似た者どうしがよく溶けるということ）。

そこで，それぞれの結晶の性質を見ていくと，

(A)　正しい。イオン結晶は，塩化ナトリウム（NaCl）のような**金属元素**と**非金属元素**のイオン結合によってできる結晶であり，金属元素と非金属元素の電子を引きつける力の違いから極性（電子の偏り）ができるため，水のような極性溶媒にはよく溶けるが，ヘキサンのような無極性溶媒には溶けにくくなります。

(B)，(C)　誤り。非金属元素の共有結合によってできた分子同士がファンデルワールス力のような弱い力で結晶になったものを**分子結晶**と呼びますが，その分子を構成する原子の組み合わせにより極性を持つ場合（塩化水素など）と極性を持たない場合（二酸化炭素）があります。(B)のように極性を持つ場合は極性溶媒に溶けやすく，無極性溶媒には溶けにくいですが，(C)のように極性のない場合はその逆になります。よって(B)と(C)の記述は逆になるので，どちらも誤りです。

(D)　誤り。共有結合の結晶は，ダイヤモンドやケイ素のように非金属元素の共有結合によってできた結晶ですが，この共有結合は**非常に強力**であるため，イオン結晶や分子結晶のように溶媒に溶けることはありません。よって，極性溶媒に溶けやすいという記述が誤りとなります。

【問題 14】　解答　(1)

解説

(A)　正しい。分子や原子などの全ての粒子の間には**ファンデルワールス力**という弱い力が働いています。

(B)　正しい。2個の原子間で電子を共有することにより安定化する結合を**共有結合**と言います。

(C)　正しい。金属結合は電子を放出した**金属イオン**と**自由電子**との間のクーロン力によってできる結合です。

(D)　正しい。イオン結合は**陽イオン**と**陰イオン**の間に働くクーロン力による結合です。

【問題 15】 解答 (2)

解説 **反応式**は次のようになります。

$2\,HClO_4 + Na_2CO_3 \rightarrow 2\,NaClO_4 + H_2O + CO_2$

これより，**2 モルの過塩素酸に 1 モルの炭酸ナトリウム**を加えればよいというのがわかります（⇒2：1）。

過塩素酸の分子量は 100.5 なので，1 モルは 100.5 g になります。

これが 201 kgあるので，201000 g÷100.5 g＝2000 モルになります。

炭酸ナトリウムは上記下線部より，この半分のモル数が必要なので，よって，1000 モル必要ということになります。

炭酸ナトリウムの分子量は 106 なので，106×1000＝106000 g＝**106 kg**となります。

【問題 16】 解答 (3)

解説

(1) 誤り。ベンゼンの炭素間の結合の長さはすべて**同じ**です。

(2) 誤り。ベンゼンの単結合の長さは，アルカン（エタンなど）の炭素-炭素間の単結合より**短い**ので，誤り。

(3) 正しい。

(4) 誤り。**炭素-水素間**の結合の長さは，**炭素-炭素間**の結合より**短い**ので，誤り。

(5) 誤り。ベンゼンの二重結合はエチレンの二重結合より**長い**ので，誤り。

なお，参考までに原子間の結合の長さの大小は次のようになっています。

H−H＜C−H＜C≡C＜C＝C＜C〜C（ベンゼン）＜C−C（ベンゼンの炭素間の結合距離は鎖式炭化水素の単結合と二重結合の間になります）

【問題 17】 解答 (4)

解説 石灰水（水酸化カルシウム）を白濁させる気体は，次のように**二酸化炭素（CO_2）**です。

$Ca(OH)_2 + CO_2 \rightarrow CaCO_3 + H_2O$

（水酸化カルシウム（消石灰）が二酸化炭素と反応し，炭酸カルシウムの沈殿を生じる）

＊ここで，燃焼した際に二酸化炭素を発生させるのは**有機物**です（有機物は炭素Cを含むため，それが燃焼して酸素Oと化合することで二酸化炭素が発生する）。

よって，燃焼した気体は有機物ということになります。

従って，(1)から(5)までの物質を水と反応させたさいに**有機物のガス**を発生するものを探せばよいことになります。

各物質が水と反応すると，(1)の三硫化リンは**硫化水素（H_2S）**，(2)のナトリウムは**水素（H_2）**，(3)のトリクロロシランは**塩化水素（HCl）**，(4)の炭化カルシウムは**アセチレン（C_2H_2）**，(5)のリン化カルシウムは**リン化水素（PH_3＝ホスフィン）**を発生します。

よって，この中で有機物（分子式にＣがあるもの）のガスを発生するのは，(4)の炭化カルシウムということになります。

【問題 18】　解答　(5)

解説　アルカンは，水には溶けません。

【問題 19】　解答　(5)

解説　黄リンと赤リンは**同素体**です。

＜燃焼，消火の分野＞

【問題 20】　解答　(4)

解説　同じ可燃性ガスでも，温度が高くなると，燃焼下限界の値は小さくなり，燃焼範囲は広くなります。

＜危険物の性質の分野＞

【問題 21】　解答　(3)

解説

(1)から(5)まで第２類危険物なので，第２類危険物で黄色系は，**硫化リン**か**硫黄**。また，Ｂの特異臭があることから，無臭の硫黄は×。
Ｃの常温（20℃）の**水**で分解することから**五硫化リン**が正解になります。
（三硫化リンは熱水と，七硫化リンは冷水，熱水双方で分解）

【問題 22】　解答　(3)

解説　酸化プロピレンやアセトアルデヒドは，不活性ガスを封入した容器で貯蔵します。

【問題 23】 解答 (2)

解説

A 誤り。ジニトロソペンタメチレンテトラミンは，酸と接触すると，分解して**発火する**危険性があります。

B 正しい。なお，第6類危険物の**過酸化水素**も同じく，フタに通気性を持たせて貯蔵します。

C 正しい（硝酸エチルの引火点は**10℃**)。

D 誤り。ジアゾジニトロフェノールは，爆発を防ぐため，湿らせて保管，あるいは**水中**や**水とアルコールとの混合液中**に貯蔵します。

E 誤り。ピクリン酸は，**金属**と反応して爆発性の**金属塩**となるので，金属製の容器に貯蔵するのは不適切です。

従って，正しいのは，B，Cの2つになります。

【問題 24】 解答 (2)

解説 硫酸ヒドロキシルアミンの場合，水には溶けてエタノールには溶けませんが，ヒドロキシルアミンの場合は，水にもアルコールにもよく溶けます。

【問題 25】 解答 (3)

解説 これらの物質は，いずれも水系の消火設備が適応するので，B，C，Eの3つということになります。

【問題 26】 解答 (1)

解説 重合とは，低分子量の化合物が多数連結して高分子量の化合物を生じる反応で，その際の発熱により重合が加速され，やがて暴走反応へと至ります。

その重合反応を起こす危険物は少なく，**酸化プロピレン**（特殊引火物），**スチレン**（第2石油類非水溶性），**アクリル酸**（第2石油類水溶性）などが該当するので（いずれも第4類危険物），これらのうちから答えを探せばよいということになります。

重要

●重合反応を起こす危険物
⇒酸化プロピレン，スチレン，アクリル酸

【問題 27】 解答 (4)

解説 過酸化水素は，Aの**日光**のほか，**有機物**や**金属粉**，(E)およびBの**過酸化マグネシウム**，Cの**二酸化マンガン粉末**と接触すると，分解が促進され，**酸素**を発生します（A，B，C，Eの4つ）。

【問題 28】 解答 (5)

解説 炭素に他の物質を酸化または酸素を放出して燃焼を支える性質はありません。

【問題 29】 解答 (3)

解説 P 306，問題7参照（(5)の水素化カリウムは第3類危険物でアルコールと反応する）